MATHEMATIQUES
&
APPLICATIONS

Directeurs de la collection:
X. Guyon et J.-M. Thomas

41

Springer

Paris
Berlin
Heidelberg
New York
Hong Kong
Londres
Milan
Tokyo

MATHEMATIQUES & APPLICATIONS
Comité de Lecture / Editorial Board

JEAN-MARC AZAÏS
Stat. et Proba., U.P.S., Toulouse
azais@cict.fr

FRANÇOIS BACCELLI
LIENS-DMI, ENS, Paris
Francois.Baccelli@ens.fr

MICHEL BENAIM
Maths, Univ. de Cergy-Pontoise
Michel.Benaim@math.u-cergy.fr

DANIEL CLAUDE
LSS, Supelec, Gif sur Yvette
Daniel.Claude@lss.supelec.fr

THIERRY COLIN
Inst. Maths, Univ de Bordeaux 1
colin@math.u-bordeaux.fr

MARIE FRANÇOISE COSTE-ROY
IRMAR, Univ. de Rennes
Marie-Francoise.Roy@univ-rennes1.fr

GERARD DEGREZ
Inst. Von Karman, Belgique
degrez@vki.ac.be

JEAN DELLA-DORA
INP de Grenoble
Jean.Della-Dora@imag.fr

FEDERIC DIAS
ENS de Cachan
Frederic.Dias@cmla.ens-cachan.fr

XAVIER GUYON
SAMOS, Univ. Paris 1
Xavier.Guyon@univ-paris1.fr

MARC HALLIN
Statistique, U.L.B., Bruxelles
mhallin@ulb.ac.be

HUYEN PHAM
Proba. et Mod. Aléatoires, Univ. Paris 7
pham@math.jussieu.fr

DOMINIQUE PICARD
Proba. et Mod. Aléatoires, Univ. Paris 7
picard@math.jussieu.fr

ROBERT ROUSSARIE
Topologie, Univ. de Bourgogne, Dijon
roussari@satie.u-bourgogne.fr

CLAUDE SAMSON
INRIA Sophia-Antipolis
Claude.Samson@sophia.inria.fr

BERNARD SARAMITO
Maths Appl., Univ. de Clermont 2
saramito@ucfma.univ-bpclermont.fr

MARC SCHOENAUER
INRIA Rocquencourt, Le Chesnay
Marc.Schoenauer@inria.fr

ZHAN SHI
Probabilités, Univ. Paris 6
zhan@proba.jussieu.fr

PIERRE SUQUET
Mécanique et Acoustique, CNRS, Marseille,
suquet@lma.cnrs-mrs.fr

JEAN-MARIE THOMAS
Maths. Appl., Univ. de Pau
Jean-Marie.Thomas@univ-pau.fr

ALAIN TROUVE
Inst. Galilée, Univ. Paris 13
trouve@zeus.math.univ-paris13.fr

BRIGITTE VALLEE
Informatique, Univ. de Caen
Brigitte.Vallee@info.unicaen.fr

JEAN-PHILIPPE VIAL
Etudes Management, Univ. de Genève
jean-philippe.vial@hec.unige.ch

JACQUES WOLFMANN
Maths-Info, Univ. de Toulon
wolfmann@univ-tln.fr

BERNARD YCART
Maths-Info, Univ. Paris 5
ycart@math-info.univ-paris5.fr

ENRIQUE ZUAZUA
Matemática Aplicada, Univ.Complutense, Madrid
zuazua@eucmax.sim.ucm.es

Directeurs de la collection:
X. GUYON et J.-M. THOMAS
Instructions aux auteurs:
Les textes ou projets peuvent être soumis directement à l'un des membres du comité de lecture avec copie à X. GUYON ou J.-M. THOMAS. Les manuscrits devront être remis à l'Éditeur *in fine* prêts à être reproduits par procédé photographique.

Alexandre B. Tsybakov

Introduction
à l'estimation
non-paramétrique

Springer

Alexandre B. Tsybakov
Laboratoire de Probabilités et Modèles Aléatoires
Université Paris 6
4 place Jussieu
75252 Paris, France
E-mail: tsybakov@ccr.jussieu.fr

Mathematics Subject Classification 2000: 62G05, 62G07, 62G20

ISBN 3-540-40592-5 Springer-Verlag Berlin Heidelberg New York

Die Deutsche Bibliothek a répertorié cette publication dans la Deutsche Nationalbibliographie; les données
bibliographiques détaillées peuvent être consultées sur Internet à l'adresse http://dnb.ddb.de

Tous droits de traduction, de reproduction et d'adaptation réservés pour tous pays.
La loi du 11 mars 1957 interdit les copies ou les reproductions destinées à une utilisation collective.
Toute représentation, reproduction intégrale ou partielle faite par quelque procédé que ce soit, sans le consentement
de l'auteur ou de ses ayants cause, est illicite et constitue une contrefaçon sanctionnée par les articles 425 et suivants
du Code pénal.

Springer-Verlag Berlin Heidelberg New York
est membre du groupe BertelsmannSpringer Science+Business Media GmbH.
© Springer-Verlag Berlin Heidelberg 2004
http://www.springer.de
Imprimé en Allemagne

Imprimé sur papier non acide   41/3142/ck - 5 4 3 2 1 0 -

Avant-propos

La tradition de considérer le problème de l'estimation statistique comme celui d'estimation d'un nombre fini de paramètres remonte à Fisher. Cependant, les modèles paramétriques ne fournissent qu'une approximation, souvent imprécise, de la structure statistique sous-jacente. Les modèles statistiques qui expliquent plus précisément les données sont souvent plus complexes : les inconnues de ces modèles sont, en général, des fonctions possédant certaines propriétés de régularité. Le problème de l'estimation non-paramétrique consiste à estimer, à partir des observations, une fonction inconnue, élément d'une certaine classe fonctionnelle assez massive.

La théorie de l'estimation non-paramétrique s'est développée considérablement ces deux dernières décennies, en se fixant pour objectif quelques thèmes principaux, en particulier :

(1) Méthodes de construction des estimateurs,
(2) Propriétés statistiques des estimateurs (convergence, vitesse de convergence),
(3) Etude de l'optimalité des estimateurs,
(4) Estimation adaptative.

Les sujets basiques (1) et (2) seront examinés au Chapitre 1, mais ce sont les thèmes (3) et (4) qui occuperont la place centrale de ce livre. On donnera d'abord la construction d'estimateurs ayant une vitesse de convergence optimale au sens minimax pour différentes classes fonctionnelles et différentes distances définissant le risque. On passera ensuite aux estimateurs optimaux au sens minimax exact en présentant, en particulier, la démonstration du Théorème de Pinsker. Finalement, le problème de l'adaptation sera étudié pour le modèle de suite gaussienne. On établira un lien entre le phénomène de Stein et l'adaptation.

Ce livre est une introduction à la théorie de l'estimation non-paramétrique. Il ne prétend pas à une couverture encyclopédique de la théorie existante ni à l'initiation aux applications. Il s'agit de présenter, pour quelques modèles et exemples simples, les idées principales de l'estimation non-paramétrique. Ceci sera fait au travers de démonstrations détaillées et relativement élémentaires d'un certain nombre de résultats classiques, bien connus des spécialistes, mais dont les preuves dans les articles originaux ne sont pas toujours très explicites ni très accessibles. Seuls les modèles à observations indépendantes seront analysés, l'étude du cas de dépendance ne rajoutant que des difficultés de nature technique.

Ce livre a été rédigé à partir des cours enseignés à MIEM (1991), à Katholieke Universiteit Leuven (1991-1993), à l'Université Pierre et Marie Curie (1993-2002) et à l'Institut Henri Poincaré (2001), ainsi qu'à partir des minicours donnés à l'Université Humboldt (1994), à l'Université de Heidelberg

(1995) et au Séminaire Paris-Berlin (Garchy, 1996). Le contenu de ces cours a beaucoup évolué depuis les premières versions. La structure et le volume du livre (mis à part les §§ 1.3, 1.4, 1.5 et 2.7) correspondent surtout au cours de DEA que j'ai enseigné pendant plusieurs années à l'Université Pierre et Marie Curie. Je remercie les étudiants, les collègues et les auditeurs qui ont permis, par leurs questions et remarques, d'améliorer la présentation de ce cours.

Je voudrais remercier Karine Bertin, Gérard Biau, Cristina Butucea, Laurent Cavalier, Arnak Dalalyan, Yuri Golubev, Alexander Gushchin, Gérard Kerkyacharian, Béatrice Laurent, Oleg Lepski, Pascal Massart, Alexander Nazin et Dominique Picard pour des remarques sur différentes versions du texte et je suis particulièrement reconnaissant à Lucien Birgé et Xavier Guyon pour les nombreuses améliorations qu'ils m'ont suggérées. Merci également à Josette Saman pour m'avoir aidé à dactylographier une version préliminaire de cet ouvrage.

Paris, avril 2003   *Alexandre Tsybakov*

Notations

$\lfloor x \rfloor$	le plus grand entier qui est strictement plus petit que le réel x
$\lceil x \rceil$	le plus petit entier qui est strictement plus grand que le réel x
x_+	$\max(x, 0)$
$I(A)$	l'indicatrice de l'ensemble A
Card A	le cardinal de l'ensemble A
$\stackrel{\triangle}{=}$	égal par définition
$\lambda_{\min}(B)$	la plus petite valeur propre de la matrice symétrique B
a^T, B^T	les transposés du vecteur a ou de la matrice B
$\|\cdot\|_p$	la norme de $L_p([0,1], dx)$ pour $1 \le p \le \infty$
$\|\cdot\|$	la norme de $\ell^2(\mathbf{N})$ ou la norme euclidienne de $\mathbf{R}^d$, suivant le contexte
$\mathcal{N}(a, \sigma^2)$	la loi normale dans $\mathbf{R}$ de moyenne a et de variance σ^2
$\mathcal{N}_d(0, I)$	la loi normale standard dans $\mathbf{R}^d$
$\varphi(\cdot)$	la densité de la loi $\mathcal{N}(0, 1)$
$P \ll Q$	la mesure P est absolument continue par rapport à la mesure Q
dP/dQ	la dérivée de Radon-Nikodym de la mesure P par rapport à la mesure Q
$a_n \asymp b_n$	$0 < \liminf_{n \to \infty}(a_n/b_n) \le \limsup_{n \to \infty}(a_n/b_n) < \infty$
$h^* = \arg\min_{h \in H} F(h)$	signifie que $F(h^*) = \min_{h \in H} F(h)$
MSE	risque quadratique en un point (p. 3, p. 34)
MISE	risque quadratique intégré (p. 19, p. 45)
$\Sigma(\beta, L)$	classe de Hölder (p. 5)
$\mathcal{P}(\beta, L)$	classe de Hölder des densités (p. 5)
$W(\beta, L)$	classe de Sobolev (p. 46)
$W^{per}(\beta, L)$	classe de Sobolev périodique (p. 46)
$\tilde{W}(\beta, L)$	classe de Sobolev définie à partir d'un ellipsoïde (p. 47)
$\Theta(\beta, Q)$	ellipsoïde de Sobolev (p. 46)

$H(P,Q)$	distance de Hellinger entre les mesures P et Q (p. 69)
$V(P,Q)$	distance en variation totale entre les mesures P et Q (p. 69)
$K(P,Q)$	divergence de Kullback entre les mesures P et Q (p. 70)
$\chi^2(P,Q)$	divergence du χ^2 entre les mesures P et Q (p. 72)
ψ_n	vitesse optimale de convergence (p. 64)
$p_{e,M}$	probabilité d'erreur minimax (p. 66)
$\overline{p}_{e,M}$	probabilité d'erreur moyenne (p. 95)
C^*	constante de Pinsker (p. 114)
$R(\lambda,\theta)$	risque quadratique intégré de l'estimateur linéaire (p. 60)

Table des matières

1

Estimateurs non-paramétriques

1.1 Exemples de modèles non-paramétriques

1. Estimation d'une densité de probabilité.

Soient $X_1, \ldots, X_n$ des variables aléatoires réelles (v.a.) de même loi absolument continue par rapport à la mesure de Lebesgue sur $\mathbf{R}$. Cette loi a une densité de probabilité p, fonction de $\mathbf{R}$ dans $[0, +\infty[$, supposée inconnue. On s'intéresse au problème de l'estimation de p. Un estimateur de p est une fonction $x \mapsto p_n(x) = p_n(x, X_1, \ldots, X_n)$ mesurable par rapport à l'observation $\mathbf{X} = (X_1, \ldots, X_n)$. Si l'on sait a priori que p appartient à une famille paramétrée $\{g(x, \theta) : \theta \in \Theta\}$ où $\Theta \subseteq \mathbf{R}^k$ et $g(\cdot, \cdot)$ est une fonction connue, alors estimer p est équivalent à estimer le paramètre fini-dimensionnel θ. C'est un exemple de problème d'estimation *paramétrique*. Par contre, si l'on sait seulement que $p \in \mathcal{P}$ où la classe $\mathcal{P}$ n'est pas naturellement en bijection avec un sous-ensemble d'un espace fini-dimensionnel, on parle d'un problème *non-paramétrique*. L'ensemble de toutes les densités de probabilité continues sur $\mathbf{R}$ et l'ensemble de toutes les densités de probabilité lipschitziennes sur $\mathbf{R}$ sont deux exemples de classes non-paramétriques.

2. Régression non-paramétrique.

Supposons que l'on dispose de n couples indépendants de v.a. $(X_1, Y_1), \ldots, (X_n, Y_n)$ telles que

$$Y_i = f(X_i) + \xi_i, \quad X_i \in [0, 1], \tag{1.1}$$

où les v.a. ξ_i vérifient $\mathbf{E}(\xi_i) = 0$ pour tout i et la fonction f de $[0, 1]$ dans $\mathbf{R}$ (dite fonction de régression) est inconnue. Le problème de régression non-paramétrique est celui de l'estimation de f lorsque l'on sait a priori que cette fonction appartient à un ensemble non-paramétrique (infini-dimensionnel) $\mathcal{F}$. Par exemple, $\mathcal{F}$ peut être l'ensemble de toutes les fonctions continues sur $[0, 1]$, ou l'ensemble de toutes les fonctions convexes, etc. Un estimateur de f est une fonction $x \mapsto f_n(x) = f_n(x, \mathbf{X})$ définie sur $[0, 1]$ et mesurable par rapport à l'observation $\mathbf{X} = (X_1, \ldots, X_n, Y_1, \ldots, Y_n)$. Nous étudierons principalement dans la suite le cas particulier $X_i = i/n$.

3. Modèle de bruit blanc gaussien.

C'est un modèle idéal fournissant une approximation de la régression non-paramétrique (1.1) donné par l'équation différentielle stochastique

$$dY(t) = f(t)dt + \frac{1}{\sqrt{n}}\, dW(t), \quad t \in [0, 1],$$

où W est le processus de Wiener standard sur $[0, 1]$, f est une fonction inconnue sur $[0, 1]$, n est un entier et on observe une trajectoire $\mathbf{X} = \{Y(t), 0 \leq t \leq 1\}$ du processus Y. Le problème statistique est celui de l'estimation de la fonction inconnue f. Dans le cas non-paramétrique on sait a priori seulement que $f \in \mathcal{F}$ où $\mathcal{F}$ est une classe infini-dimensionnelle donnée de fonctions. Un estimateur de f est une fonction de $x \mapsto f_n(x) = f_n(x, \mathbf{X})$ définie sur $[0, 1]$ et mesurable par rapport à l'observation $\mathbf{X}$.

Pour chacun des trois modèles précédents, on va s'intéresser à l'étude asymptotique des estimateurs lorsque $n \to \infty$.

1.2 Estimateurs à noyau d'une densité

Soient $X_1, \ldots, X_n$ des v.a. i.i.d. de densité de probabilité p par rapport à la mesure de Lebesgue sur $\mathbf{R}$ et de fonction de répartition $F(x) = \int_{-\infty}^{x} p(t)dt$. Considérons la fonction de répartition empirique

$$F_n(x) = \frac{1}{n} \sum_{i=1}^{n} I(X_i \leq x),$$

où $I(\cdot)$ désigne la fonction indicatrice. D'après la loi forte des grands nombres, presque sûrement,

$$F_n(x) \to F(x), \quad \forall\, x \in \mathbf{R},$$

quand $n \to \infty$. Donc, F_n est un estimateur convergent (consistant) de F. De plus, la convergence presque sûre est uniforme en $x \in \mathbf{R}$ d'après le Théorème de Glivenko – Cantelli (voir, par exemple, Borovkov (1987), Chap.1). Comment peut-on estimer p? Une des premières solutions intuitives a été proposée par Rosenblatt (1956). Pour $h > 0$ assez petit on a

$$p(x) \approx \frac{F(x + h) - F(x - h)}{2h}.$$

En remplaçant ici F par l'estimateur F_n, on obtient

$$\hat{p}_n^R(x) = \frac{F_n(x + h) - F_n(x - h)}{2h}.$$

La fonction $\hat{p}_n^R$ est un estimateur de p appelé *estimateur de Rosenblatt*. On peut aussi l'écrire sous la forme

$$\hat{p}_n^R(x) = \frac{1}{2nh} \sum_{i=1}^n I(x - h < X_i \leq x + h) = \frac{1}{nh} \sum_{i=1}^n K_0\left(\frac{X_i - x}{h}\right),$$

où $K_0(u) = \frac{1}{2}I(-1 < u \leq 1)$. Parzen (1962) a suggéré une généralisation de cet estimateur :

$$\hat{p}_n(x) = \frac{1}{nh} \sum_{i=1}^n K\left(\frac{X_i - x}{h}\right), \tag{1.2}$$

où $K : \mathbf{R} \to \mathbf{R}$ est une fonction intégrable, telle que $\int K(u)du = 1$. C'est *l'estimateur à noyau de la densité* ou *estimateur de Parzen – Rosenblatt*. La fonction K est dite *noyau* et le paramètre h *fenêtre* (en anglais "bandwidth") de l'estimateur.

Dans le cadre asymptotique où $n \to \infty$ on supposera que la fenêtre h dépend de n et on la notera h_n, la suite $(h_n)_{n \geq 1}$ tendant vers 0 lorsque $n \to \infty$. La notation h, sans indice n, sera également utilisée afin d'abréger l'écriture lorsqu'il n'y aura pas d'ambiguïté.

Voici quelques exemples de noyaux classiques :

$K(u) = \frac{1}{2}I(|u| \leq 1)$ (noyau rectangulaire),

$K(u) = (1 - |u|)I(|u| \leq 1)$ (noyau triangulaire),

$K(u) = \frac{3}{4}(1 - u^2)I(|u| \leq 1)$ (noyau parabolique ou d'Epanechnikov),

$K(u) = \frac{15}{16}(1 - u^2)^2 I(|u| \leq 1)$ (noyau "biweight"),

$K(u) = \frac{1}{\sqrt{2\pi}} \exp(-\frac{u^2}{2})$ (noyau gaussien),

$K(u) = \frac{1}{2} \exp(-|u|/\sqrt{2}) \sin(|u|/\sqrt{2} + \pi/4)$ (noyau de Silverman).

On remarquera que si le noyau K est positif et si $X_1, \ldots, X_n$ sont fixés, la fonction $x \mapsto \hat{p}_n(x)$ est une densité de probabilité.

1.2.1 Propriétés des estimateurs à noyau

Soit $x_0 \in \mathbf{R}$ fixé. On définit le *risque quadratique* de $\hat{p}_n$ au point x_0 par

$$\text{MSE} = \text{MSE}(x_0) \stackrel{\triangle}{=} \mathbf{E}_p\left[(\hat{p}_n(x_0) - p(x_0))^2\right],$$

où MSE signifie en anglais "Mean Squared Error" et $\mathbf{E}_p$ désigne l'esperance par rapport à la loi de $(X_1, \ldots, X_n)$:

$$\mathbf{E}_p\left[(\hat{p}_n(x_0) - p(x_0))^2\right] \stackrel{\triangle}{=} \int \ldots \int (\hat{p}_n(x_0, x_1, \ldots, x_n) - p(x_0))^2 \prod_{i=1}^n [p(x_i)dx_i].$$

Il est évident que

$$\text{MSE} = b^2(x_0) + \sigma^2(x_0), \tag{1.3}$$

où

$$b(x_0) = \mathbf{E}_p[\hat{p}_n(x_0)] - p(x_0)$$

et

$$\sigma^2(x_0) = \mathbf{E}_p\left[\left(\hat{p}_n(x_0) - \mathbf{E}_p[\hat{p}_n(x_0)]\right)^2\right].$$

Définition 1.1 *Les quantités $b(x_0)$ et $\sigma^2(x_0)$ sont appelées respectivement* **biais** *et* **variance** *de l'estimateur $\hat{p}_n$ au point x_0.*

Etude de la variance de l'estimateur $\hat{p}_n$.

Proposition 1.1 *Supposons que la densité p vérifie $p(x) \leq p_{\max} < \infty$, pour tout $x \in \mathbf{R}$, et que K est un noyau tel que*

$$\int K(u)du = 1, \quad \int K^2(u)du < \infty. \tag{1.4}$$

Alors, quels que soient $x_0 \in \mathbf{R}, h > 0$, et $n \geq 1$,

$$\sigma^2(x_0) \leq \frac{C_1}{nh}$$

avec $C_1 = p_{\max} \int K^2(u)du$.

DÉMONSTRATION. On note

$$\eta_i(x_0) = K\left(\frac{X_i - x_0}{h}\right) - \mathbf{E}_p\left[K\left(\frac{X_i - x_0}{h}\right)\right].$$

Les v.a. $\eta_i(x_0), i = 1, \ldots, n$, sont i.i.d., de moyenne 0 et de variance

$$\mathbf{E}_p\left[\eta_i^2(x_0)\right] \leq \mathbf{E}_p\left[K^2\left(\frac{X_i - x_0}{h}\right)\right]$$

$$= \int K^2\left(\frac{z - x_0}{h}\right)p(z)dz$$

$$\leq p_{\max}h \int K^2(u)du.$$

Donc,

$$\sigma^2(x_0) = \mathbf{E}_p\left[\left(\frac{1}{nh}\sum_{i=1}^{n}\eta_i(x_0)\right)^2\right] = \frac{1}{nh^2}\mathbf{E}_p\left[\eta_1^2(x_0)\right] \leq \frac{C_1}{nh}.$$

∎

CONCLUSION : si $h = h_n$ est tel que $nh \to \infty$ quand $n \to \infty$, alors $\sigma^2(x_0) \to 0$.

Etude du biais de l'estimateur $\hat{p}_n$.

La valeur du biais est

$$b(x_0) = \mathbf{E}_p[\hat{p}_n(x_0)] - p(x_0) = \frac{1}{h} \int K\left(\frac{z - x_0}{h}\right) p(z)dz - p(x_0).$$

On va étudier le comportement de $b(x_0)$ en fonction de h en supposant que la densité p et le noyau K sont suffisamment réguliers.

Dans la suite $\lfloor\beta\rfloor$ désigne le plus grand entier qui est strictement plus petit que le réel β.

Définition 1.2 *Soit T un intervalle de $\mathbf{R}$ et soient $\beta > 0, L > 0$. La* **classe de Hölder** *$\Sigma(\beta, L)$ sur T est définie comme l'ensemble de toutes les fonctions $f : T \to \mathbf{R}$ telles que la dérivée $f^{(\ell)}, \ell = \lfloor\beta\rfloor$, existe et vérifie*

$$|f^{(\ell)}(x) - f^{(\ell)}(x')| \leq L|x - x'|^{\beta-\ell}, \quad \forall\, x, x' \in T.$$

Définition 1.3 *Soit $\ell \geq 1$ un entier. On dit que $K : \mathbf{R} \to \mathbf{R}$ est un* **noyau d'ordre** *ℓ si les fonctions $u \mapsto u^j K(u), j = 0, 1, \ldots, \ell$, sont intégrables et vérifient*

$$\int K(u)du = 1, \quad \int u^j K(u)du = 0, \quad j = 1, \ldots, \ell.$$

Quelques exemples de noyaux d'ordre ℓ seront donnés au § 1.2.2. Notons que dans la littérature on utilise souvent une autre définition du noyau d'ordre ℓ : on dit qu'un noyau K est d'ordre $\ell + 1$ (avec $\ell \geq 1$) s'il vérifie la Définition 1.3 et $\int u^{\ell+1}K(u)du \neq 0$. La Définition 1.3 semble plus naturelle, car le plus souvent on n'a pas besoin de l'hypothèse $\int u^{\ell+1}K(u)du \neq 0$. Par exemple, la Proposition 1.2 ci-après reste vraie si $\int u^{\ell+1}K(u)du = 0$ et même si cette dernière intégrale n'existe pas.

Supposons maintenant que p appartient à la classe de densités $\mathcal{P} = \mathcal{P}(\beta, L)$ définie par

$$\mathcal{P}(\beta, L) = \left\{ p \;\middle|\; p \geq 0, \int p = 1 \text{ et } p \in \Sigma(\beta, L) \text{ sur } \mathbf{R} \right\}$$

et que K est un noyau d'ordre ℓ. On a alors le résultat suivant.

Proposition 1.2 *Soit $p \in \mathcal{P}(\beta, L)$ et soit K un noyau d'ordre $\ell = \lfloor\beta\rfloor$ tel que*

$$\int |u|^\beta |K(u)|du < \infty.$$

Alors quels que soient $x_0 \in \mathbf{R}, h > 0$ et $n \geq 1$,

$$|b(x_0)| \leq C_2 h^\beta$$

avec

$$C_2 = \frac{L}{\ell!} \int |u|^\beta |K(u)|du.$$

DÉMONSTRATION. On a

$$b(x_0) = \frac{1}{h} \int K\left(\frac{z - x_0}{h}\right) p(z)dz - p(x_0)$$

$$= \int K(u)\Big[p(x_0 + uh) - p(x_0)\Big]du.$$

Or

$$p(x_0 + uh) = p(x_0) + p'(x_0)uh + \cdots + \frac{(uh)^\ell}{\ell!}p^{(\ell)}(x_0 + \tau uh), \qquad (1.5)$$

où $0 \leq \tau \leq 1$. Comme K est d'ordre $\ell = \lfloor \beta \rfloor$, on a donc :

$$b(x_0) = \int K(u)\frac{(uh)^\ell}{\ell!}p^{(\ell)}(x_0 + \tau uh)du$$

$$= \int K(u)\frac{(uh)^\ell}{\ell!}(p^{(\ell)}(x_0 + \tau uh) - p^{(\ell)}(x_0))du$$

et

$$|b(x_0)| \leq \int |K(u)|\frac{|uh|^\ell}{\ell!}\Big|p^{(\ell)}(x_0 + \tau uh) - p^{(\ell)}(x_0)\Big|du$$

$$\leq L \int |K(u)|\frac{|uh|^\ell}{\ell!}|\tau uh|^{\beta-\ell}\,du \leq C_2 h^\beta.$$

∎

Majoration du risque quadratique.

Si p et K vérifient les hypothèses des Propositions 1.1 et 1.2 on obtient

$$\mathrm{MSE} \leq C_2^2 h^{2\beta} + \frac{C_1}{nh}. \qquad (1.6)$$

Le minimum en h du membre de droite dans (1.6) est atteint au point

$$h_n^* = \left(\frac{C_1}{2\beta C_2^2}\right)^{\frac{1}{2\beta+1}} n^{-\frac{1}{2\beta+1}}.$$

Par conséquent, si l'on choisit $h = h_n^*$, on obtient, uniformément en x_0,

$$\mathrm{MSE}(x_0) = O\left(n^{-\frac{2\beta}{2\beta+1}}\right), \quad n \to \infty.$$

On peut en fait démontrer le résultat suivant.

Théorème 1.1 *Supposons que les conditions (1.4) et les hypothèses de la Proposition 1.2 sont satisfaites et fixons $h = \alpha n^{-\frac{1}{2\beta+1}}$, $\alpha > 0$. Alors l'estimateur à noyau $\hat{p}_n$ vérifie, pour tout $n \geq 1$,*

$$\sup_{x_0 \in \mathbf{R}} \sup_{p \in \mathcal{P}(\beta, L)} \mathbf{E}_p[(\hat{p}_n(x_0) - p(x_0))^2] \leq C n^{-\frac{2\beta}{2\beta+1}},$$

où $C = C(\beta, L, \alpha, K(\cdot))$.

DÉMONSTRATION. D'après ce que l'on vient de voir – cf. (1.6) – il suffit de montrer qu'il existe une constante $p_{\max} < \infty$ telle que

$$\sup_{x \in \mathbf{R}} \sup_{p \in \mathcal{P}(\beta, L)} p(x) \leq p_{\max}. \tag{1.7}$$

Il suffit pour cela de prouver que $p(0)$ est borné par une constante $p_{\max}$ qui ne dépend que de β et L. En effet, grâce à l'invariance de $\mathcal{P}(\beta, L)$ par rapport aux translations,

$$\sup_{x} \sup_{p \in \mathcal{P}(\beta, L)} p(x) = \sup_{p \in \mathcal{P}(\beta, L)} p(0).$$

Pour tout réel u, on introduit le polynôme de Taylor $\pi(u)$ associé à p par

$$\pi(u) = p(0) + p'(0)u + \cdots + p^{(\ell)}(0)\frac{u^\ell}{\ell!}.$$

D'après (1.5), pour tout $p \in \mathcal{P}(\beta, L)$, on a

$$|\pi(u)| \leq p(u) + \frac{L|u|^\beta}{\ell!}$$

et, puisque p est une densité,

$$\int_0^1 |\pi(u)| du \leq 1 + \frac{L}{(\beta+1)\ell!}. \tag{1.8}$$

Rappellons que, dans un espace vectoriel de dimension finie, toutes les normes sont équivalentes. En appliquant ce résultat à l'espace des polynômes sur [0,1] de degré au plus égal à ℓ, on obtient,

$$\int_0^1 |\pi(u)| du \geq C(\ell) \sqrt{\int_0^1 |\pi(u)|^2 du} \tag{1.9}$$

pour une constante $C(\ell) > 0$. Or,

$$\int_0^1 |\pi(u)|^2 du = a^T \left(\int_0^1 U(u) U^T(u) du \right) a \tag{1.10}$$

$$\geq \lambda_{\min}\left(\int_0^1 U(u) U^T(u) du \right) (p^2(0) + (p'(0))^2 + \ldots + (p^{(\ell)}(0))^2),$$

où

$$U(u) = \left(1, u, u^2/2!, \ldots, u^\ell/\ell!\right)^T, \quad a = \left(p(0), p'(0), p''(0), \ldots, p^{(\ell)}(0)\right)^T,$$

et $\lambda_{\min}(B)$ désigne la plus petite valeur propre de la matrice carrée B. En utilisant (1.8), (1.9), (1.10) et en tenant compte du fait que la matrice $\int_0^1 U(u)U^T(u)du$ est définie positive (cf. le Lemme 1.6, p. 37), on conclut que $p(0)$ est bornée par une constante $p_{\max}$ qui ne dépend que de L et β. Ceci prouve (1.7) et par conséquent le théorème. Notons que le calcul ci-dessus montre un résultat plus général : toutes les dérivées $p^{(k)}(x)$, $k \leq \ell$, sont uniformément bornées par une constante qui ne dépend que de L et β. ∎

Sous les conditions du Théorème 1.1, la *vitesse de convergence* de l'estimateur $\hat{p}_n(x_0)$ est $\psi_n = n^{-\frac{\beta}{2\beta+1}}$, puisque, pour une constante C finie et tout $n \geq 1$,

$$\sup_{p \in \mathcal{P}(\beta,L)} \mathbf{E}_p\Big[(\hat{p}_n(x_0) - p(x_0))^2\Big] \leq C\psi_n^2.$$

Deux questions se posent alors. Peut-on améliorer la vitesse ψ_n si l'on utilise d'autres estimateurs de la densité ? Quelle est la meilleure vitesse de convergence possible ? Pour répondre à ces questions de manière précise, il est utile de définir le *risque minimax* R_n^* associé à la classe $\mathcal{P}(\beta, L)$:

$$R_n^*(\mathcal{P}(\beta, L)) \triangleq \inf_{T_n} \sup_{p \in \mathcal{P}(\beta,L)} \mathbf{E}_p\Big[(T_n(x_0) - p(x_0))^2\Big],$$

où $\inf_{T_n}$ désigne la borne inférieure sur l'ensemble de *tous les estimateurs T_n* de p. On peut montrer (voir Chapitre 2, Exercice 2.6) que $R_n^*(\mathcal{P}(\beta, L)) \geq C'\psi_n^2 = C'n^{-\frac{2\beta}{2\beta+1}}$, pour une constante $C' > 0$. Ceci signifie que, sous les conditions du Théorème 1.1, l'estimateur à noyau atteint la vitesse optimale de convergence sur la classe $\mathcal{P}(\beta, L)$ et que cette vitesse est égale à $n^{-\frac{\beta}{2\beta+1}}$. La définition précise de la vitesse optimale sera donnée au Chapitre 2.

1.2.2 Construction d'un noyau d'ordre ℓ

Le Théorème 1.1 repose sur l'existence de noyaux d'ordre ℓ. Pour construire de tels noyaux, on peut procéder comme suit.

Soit $\{\varphi_m(\cdot)\}_{m=0}^\infty$ la base orthonormée des polynômes de Legendre dans $L_2([-1, 1], dx)$ définie par

$$\varphi_0(x) \equiv \frac{1}{\sqrt{2}}, \quad \varphi_m(x) = \sqrt{\frac{2m+1}{2}}\, \frac{1}{2^m m!}\, \frac{d^m}{dx^m}\Big[(x^2 - 1)^m\Big], \quad m = 1, 2, \ldots$$

pour $x \in [-1, 1]$ (Szegö (1975)). On a,

$$\int_{-1}^1 \varphi_m(u)\varphi_k(u)du = \delta_{mk}, \tag{1.11}$$

où δ_{mk} est le symbole de Kronecker :

$$\delta_{mk} = \begin{cases} 1 \text{ si } m = k, \\ 0 \text{ si } m \neq k. \end{cases}$$

Proposition 1.3 *La fonction K définie par*

$$K(u) = \sum_{m=0}^{\ell} \varphi_m(0)\varphi_m(u)I(|u| \leq 1) \qquad (1.12)$$

est un noyau d'ordre ℓ.

DÉMONSTRATION. Puisque φ_q est un polynôme de degré q, pour tout $j = 0, 1, \ldots, \ell$, il existe des réels b_q tels que

$$u^j = \sum_{q=0}^{j} b_q\varphi_q(u), \qquad \text{pour tout } u \in [-1, 1]. \qquad (1.13)$$

Soit K le noyau (1.12). Alors, d'après (1.11) et (1.13),

$$\int u^j K(u)du = \sum_{q=0}^{j} \sum_{m=0}^{\ell} \int_{-1}^{1} b_q\varphi_q(u)\varphi_m(0)\varphi_m(u)du,$$

$$= \sum_{q=0}^{j} b_q\varphi_q(0) = 0^j = \begin{cases} 1 \text{ si } j = 0, \\ 0 \text{ si } j = 1, \ldots, \ell. \end{cases}$$

∎

Un noyau K est dit symétrique si $K(u) = K(-u)$ pour tout $u \in \mathbf{R}$. On remarquera que le noyau K défini par (1.12) est symétrique. En effet, $\varphi_m(0) = 0$ pour tout m impair et les polynômes de Legendre φ_m sont des fonctions paires pour tout m pair. La symétrie implique que le noyau (1.12) avec ℓ pair est aussi un noyau d'ordre $\ell + 1$. En outre, pour expliciter le noyau (1.12) il suffit d'utiliser les polynômes de Legendre de degré pair.

Exemple 1.1 Les deux premiers polynômes de Legendre de degré pair sont

$$\varphi_0(x) \equiv \sqrt{\frac{1}{2}}, \qquad \varphi_2(x) = \sqrt{\frac{5}{2}}\frac{(3x^2 - 1)}{2}.$$

La Proposition 1.3 suggère donc d'introduire le noyau d'ordre 2 :

$$K(u) = \left(\frac{9}{8} - \frac{15}{8}u^2\right)I(|u| \leq 1),$$

qui est en fait, par symétrie, un noyau d'ordre 3.

Notons que l'on peut étendre la construction ci-dessus aux bases de polynômes $\{\varphi_m\}_{m=0}^{\infty}$ orthonormées avec poids. En effet, en modifiant légèrement la démonstration de la Proposition 1.3, on voit qu'un noyau d'ordre ℓ peut aussi être défini par

$$K(u) = \sum_{m=0}^{\ell} \varphi_m(0)\varphi_m(u)\mu(u),$$

où μ est une fonction de poids positive sur $\mathbf{R}$ vérifiant $\mu(0) = 1$, φ_m est un polynôme de degré m et la base $\{\varphi_m\}_{m=0}^{\infty}$ est orthonormée avec poids μ :

$$\int \varphi_m(u)\varphi_k(u)\mu(u)du = \delta_{mk}.$$

Ceci permet de construire de nombreux exemples de noyaux d'ordre ℓ, dont ceux qui correspondent à la base d'Hermite ($\mu(u) = e^{-u^2}$; K est de support $]-\infty, +\infty[$) et aux bases de Gegenbauer ($\mu(u) = (1-u^2)_+^{\alpha}$ avec $\alpha > 0$; K est de support $[-1,1]$).

Exercice 1.1 *Montrer que tout noyau symétrique K est un noyau d'ordre 1, pourvu que la fonction $u \mapsto uK(u)$ soit intégrable. Chercher l'ordre maximal du noyau de Silverman. Indication : passer à la transformée Fourier et représenter le noyau de Silverman sous la forme*

$$K(u) = \int_{-\infty}^{\infty} \frac{\cos(2\pi tu)}{1 + (2\pi t)^4} \, dt.$$

Exercice 1.2 *Un estimateur à noyau de la dérivée s-ième $p^{(s)}$ d'une densité $p \in \mathcal{P}(\beta, L)$, $s < \beta$, peut être défini par*

$$\hat{p}_{n,s}(x) = \frac{1}{nh^{s+1}} \sum_{i=1}^{n} K\left(\frac{X_i - x}{h}\right).$$

Dans cette expression, $h > 0$ est la fenêtre et $K : \mathbf{R} \to \mathbf{R}$ est le noyau borné de support $[-1, 1]$ vérifiant pour $\ell = \lfloor \beta \rfloor$:

$$\int u^j K(u)du = 0, \quad j = 0, 1, \ldots, s-1, s+1, \ldots, \ell, \tag{1.14}$$

$$\int u^s K(u)du = s! \tag{1.15}$$

(1) Montrer que, uniformément sur la classe $\mathcal{P}(\beta, L)$, le biais de $\hat{p}_{n,s}(x_0)$ est contrôlé par $ch^{\beta-s}$ et la variance de $\hat{p}_{n,s}(x_0)$ est contrôlée par $c'(nh^{2s+1})^{-1}$, où $c > 0$ et $c' > 0$ sont deux constantes convenables et x_0 est un point fixé dans $\mathbf{R}$.

(2) Montrer que le risque quadratique (MSE) maximal sur $\mathcal{P}(\beta, L)$ de $\hat{p}_{n,s}(x_0)$ est de l'ordre de $O\left(n^{-\frac{2(\beta-s)}{2\beta+1}}\right)$ quand $n \to \infty$, si la fenêtre $h = h_n$ est choisie de façon optimale.

(3) Soit $\{\varphi_m\}_{m=0}^{\infty}$ la base orthonormée de Legendre sur $[-1, 1]$. Montrer que le noyau

$$K(u) = \sum_{m=0}^{\ell} \varphi_m^{(s)}(0)\varphi_m(u)I(|u| \leq 1)$$

vérifie les conditions (1.14), (1.15).

1.2.3 Estimation d'une densité multidimensionnelle

L'estimateur de Parzen – Rosenblatt admet une version multidimension-nelle. Par exemple, en dimension 2, une définition possible de l'estimateur à noyau est la suivante. Supposons que l'on dispose de n couples de v.a. $(X_1, Y_1), \ldots, (X_n, Y_n)$ tels que les (X_i, Y_i) sont i.i.d. et de densité $p(x, y)$ sur $\mathbf{R}^2$. L'estimateur à noyau de $p(x, y)$ est défini par

$$\hat{p}_n(x, y) = \frac{1}{nh^2} \sum_{i=1}^{n} K\left(\frac{X_i - x}{h}\right) K\left(\frac{Y_i - y}{h}\right), \qquad (1.16)$$

où K est un noyau intégrable sur $\mathbf{R}$ tel que $\int K = 1$ et $h > 0$ est une fenêtre.

Exercice 1.3 *Soit (x_0, y_0) un point fixé de $\mathbf{R}^2$. Étudier la vitesse de conver-gence de l'estimateur $\hat{p}_n(x_0, y_0)$ en supposant que la densité $p(\cdot, \cdot)$ vérifie*

$$|p(x, y) - p(x', y')| \le L(|x - x'| + |y - y'|), \quad \forall (x, y), (x', y') \in \mathbf{R}^2,$$

avec une constante $L > 0$ donnée. On cherchera d'abord des bornes pour le biais et pour la variance de $\hat{p}_n(x_0, y_0)$, puis pour le risque quadratique au point x_0. On cherchera ensuite la valeur h_n^* fournissant le minimum par rapport à h du majorant ainsi obtenu de ce risque et on donnera sa vitesse de convergence optimale.

1.3 Risque asymptotique exact en un point

Le Théorème 1.1 nous permet d'établir des majorations du risque quadra-tique en un point fixé. Avec des hypothèses supplémentaires, il est possible de donner la limite exacte, lorsque $n \to \infty$, de ce risque convenablement nor-malisé. Dans ce paragraphe, on considérera la version la plus simple et la plus classique d'un tel résultat (Parzen (1962)). L'étude du comportement asymptotique exact du risque repose sur le lemme suivant.

Lemme 1.1 (Lemme de Bochner.) *Supposons que g est une fonction bornée sur $\mathbf{R}$, continue dans un voisinage du point $x_0 \in \mathbf{R}$ et que Q est une fonction sur $\mathbf{R}$ telle que*

$$\int |Q(u)| du < \infty.$$

Alors,

$$\lim_{h \to 0} \frac{1}{h} \int Q\left(\frac{z - x_0}{h}\right) g(z)\, dz = g(x_0) \int Q(u)\, du.$$

DÉMONSTRATION. On note $u = (z - x_0)/h$. Alors, pour tout $h > 0$,

$$\left| \frac{1}{h} \int Q\left(\frac{z-x_0}{h}\right) g(z)\, dz - g(x_0) \int Q(u)\, du \right|$$

$$= \left| \int [g(x_0 + uh) - g(x_0)] Q(u)\, du \right|$$

$$\leq \sup_{|u| \leq h^{-1/2}} |g(x_0 + uh) - g(x_0)| \int |Q(u)|\, du$$

$$+ \int_{|u| \geq h^{-1/2}} |g(x_0 + uh) - g(x_0)| |Q(u)|\, du$$

$$\leq \sup_{|v| \leq h^{1/2}} |g(x_0 + v) - g(x_0)| \int |Q(u)|\, du$$

$$+ 2 \sup_u |g(u)| \int_{|u| \geq h^{-1/2}} |Q(u)|\, du$$

et la conclusion s'obtient en faisant tendre h vers 0. ∎

Analysons maintenant la variance puis le biais de l'estimateur $\hat{p}_n$ au point x_0 à la lumière du lemme précédent.

Proposition 1.4 *Supposons que la densité p à estimer est bornée sur $\mathbf{R}$, continue dans un voisinage de x_0, $p(x_0) > 0$, et que K est un noyau tel que*

$$\int K(u)du = 1, \quad \int K^2(u)du < \infty.$$

Alors la variance de l'estimateur $\hat{p}_n$ en x_0 vérifie, pour tout $n \geq 1$,

$$\sigma^2(x_0) = \frac{p(x_0)}{nh} \int K^2(u)du\ (1 + o(1)),$$

où $o(1)$ ne dépend pas de n et tend vers 0 quand $h \to 0$.

DÉMONSTRATION. En reprenant la démonstration de la Proposition 1.1, on obtient

$$\sigma^2(x_0) = \frac{1}{nh^2} \mathbf{E}_p[\eta_1^2(x_0)] \tag{1.17}$$

$$= \frac{1}{nh^2}\left\{ \mathbf{E}_p\left[K^2\left(\frac{X_1 - x_0}{h}\right) \right] - \left[\mathbf{E}_p K\left(\frac{X_1 - x_0}{h}\right) \right]^2 \right\}.$$

Or, d'après le Lemme de Bochner,

$$\frac{1}{h} \int K\left(\frac{z - x_0}{h}\right) p(z)dz = p(x_0) \int K(u)du\ (1 + o(1)) \quad \text{quand } h \to 0,$$

donc

$$\mathbf{E}_p K\left(\frac{X_1 - x_0}{h}\right) = h\left[\frac{1}{h}\int K\left(\frac{z - x_0}{h}\right)p(z)dz\right] = O(h), \qquad (1.18)$$

quand $h \to 0$. D'autre part, d'après ce même lemme,

$$\frac{1}{h}\int K^2\left(\frac{z - x_0}{h}\right)p(z)dz = p(x_0)\int K^2(u)du \,(1 + o(1)) \quad \text{quand } h \to 0,$$

donc

$$\mathbf{E}_p\left[K^2\left(\frac{X_1 - x_0}{h}\right)\right] = h\left[\frac{1}{h}\int K^2\left(\frac{z - x_0}{h}\right)p(z)dz\right]$$

$$= hp(x_0)\int K^2(u)du \,(1 + o(1)), \qquad (1.19)$$

quand $h \to 0$. On peut alors conclure en substituant (1.18) et (1.19) dans (1.17). ∎

Proposition 1.5 *Supposons que la densité p est de classe $C^2(\mathbf{R})$, la dérivée p'' est bornée sur $\mathbf{R}$, $p''(x_0) \neq 0$, et que K est un noyau d'ordre 1 tel que*

$$\int u^2 |K(u)|du < \infty, \qquad \int u^2 K(u)du \neq 0.$$

Alors le biais de l'estimateur $\hat{p}_n$ en x_0 vérifie, pour tout $n \geq 1$,

$$b(x_0) = \frac{h^2}{2}p''(x_0)\int u^2 K(u)du \,(1 + o(1)), \qquad (1.20)$$

où $o(1)$ ne dépend pas de n et tend vers 0 quand $h \to 0$.

DÉMONSTRATION. En reprenant les calculs de la démonstration de la Proposition 1.2 avec $\ell = 2$, et en utilisant le fait que K est un noyau d'ordre 1, on obtient, pour tout $h > 0$,

$$b(x_0) = \frac{h^2}{2}\int u^2 K(u)p''(x_0 + \tau u h)du$$

$$= \frac{h^2}{2}\left[p''(x_0)\int u^2 K(u)du + \Delta\right], \qquad (1.21)$$

où $0 \leq \tau \leq 1$ et

$$\Delta = \int u^2 K(u)(p''(x_0 + \tau u h) - p''(x_0))du.$$

Par ailleurs, comme dans la démonstration du Lemme 1.1,

$$\Delta \leq \int \sup_{|u| \leq h^{-1/2}} |p''(x_0 + \tau u h) - p''(x_0)| \ u^2 |K(u)| du$$

$$+ \int_{|u| > h^{-1/2}} |p''(x_0 + \tau u h) - p''(x_0)| \ u^2 |K(u)| du$$

$$\leq \sup_{|t| \leq h^{1/2}} |p''(x_0 + t) - p''(x_0)| \int u^2 |K(u)| du$$

$$+ 2 \sup_u |p''(u)| \int_{|u| > h^{-1/2}} u^2 |K(u)| du = o(1), \qquad (1.22)$$

où $o(1)$ tend vers 0 quand $h \to 0$. Puisque $p''(x_0) \int u^2 K(u) du \neq 0$, on peut conclure par (1.21). ∎

Nous sommes maintenant en mesure de formuler le théorème donnant le comportement asymptotique exact du risque quadratique de $\hat{p}_n$ en x_0.

Théorème 1.2 *Supposons que :*

(i) la fonction K est un noyau d'ordre 1 vérifiant les conditions

$$\int K^2(u) du < \infty, \quad \int u^2 |K(u)| du < \infty, \quad S_K \triangleq \int u^2 K(u) du \neq 0;$$
$$(1.23)$$

(ii) la densité p est de classe $C^2(\mathbf{R})$ avec $p(x_0) > 0$, $p''(x_0) \neq 0$, et la dérivée p'' est bornée sur $\mathbf{R}$.

Alors le risque quadratique de l'estimateur $\hat{p}_n(x_0)$ vérifie, pour tout $n \geq 1$,

$$\text{MSE} = \mathbf{E}_p \Big[(\hat{p}_n(x_0) - p(x_0))^2 \Big]$$

$$= \left[\frac{p(x_0)}{nh} \int K^2(u) du + \frac{h^4}{4} S_K^2 (p''(x_0))^2 \right] (1 + o(1)), \quad (1.24)$$

où $o(1)$ ne dépend pas de n et tend vers 0 quand $h \to 0$.

DÉMONSTRATION. Il suffit de rappeler que $\text{MSE} = \sigma^2(x_0) + b^2(x_0)$ et d'appliquer les Propositions 1.4 et 1.5. ∎

Le terme principal du risque quadratique est donné par l'expression entre crochets dans (1.24) :

$$G(K, h) = \frac{p(x_0)}{nh} \int K^2(u) du + \frac{h^4}{4} S_K^2 (p''(x_0))^2. \qquad (1.25)$$

Comme ce terme dépend du noyau K et de la fenêtre h de l'estimateur $\hat{p}_n$, il est naturel de se poser le problème des choix optimaux de K et de h. Supposons d'abord que le noyau K est fixé. La valeur optimale $h^{MSE}(K)$ de h est alors donnée par

$$h^{MSE}(K) = \arg\min_{h>0} G(K,h).$$

Ici et dans la suite, $h^* = \arg\min_{h \in H} F(h)$, pour une fonction $F : H \to \mathbf{R}$, signifie que $F(h^*) = \min_{h \in H} F(h)$.

Il est facile de voir que si $p(x_0) > 0$ et $p''(x_0) \neq 0$,

$$h^{MSE}(K) = \left(\frac{p(x_0) \int K^2}{n(p''(x_0))^2 S_K^2} \right)^{1/5}. \tag{1.26}$$

La fenêtre optimale $h^{MSE}(K) = h_n^{MSE}(K)$ dépend de n et tend vers 0, lorsque $n \to \infty$, à la vitesse $n^{-1/5}$. En outre,

$$\min_{h>0} G(K,h) = \frac{5}{4}(p(x_0))^{4/5}|p''(x_0)|^{2/5}V(K)n^{-4/5},$$

où

$$V(K) \triangleq \left(\int K^2 \right)^{4/5} |S_K|^{2/5}.$$

Malheureusement, la fenêtre optimale (1.26) dépend des valeurs inconnues $p(x_0)$ et $p''(x_0)$. Ce choix de fenêtre est donc impossible à mettre en oeuvre en pratique. Il est important de noter que la fonction aléatoire $\hat{p}_n$ définie par (1.2) avec la fenêtre $h = h^{MSE}(K)$ n'est plus un estimateur, car elle dépend de la densité p à estimer. On peut appeler cette fonction pseudo-estimateur ou oracle (voir le § 1.10.3 pour la définition générale de l'oracle). On obtient donc le corollaire suivant.

Corollaire 1.1 *Supposons que les hypothèses du Théorème 1.2 sont vérifiées. Si $\hat{p}_n$ est le pseudo-estimateur défini par (1.2) avec la fenêtre $h = h^{MSE}(K)$, on a*

$$\lim_{n \to \infty} n^{4/5} \mathbf{E}_p \left[(\hat{p}_n(x_0) - p(x_0))^2 \right] = \frac{5}{4}(p(x_0))^{4/5}|p''(x_0)|^{2/5}V(K). \tag{1.27}$$

Étudions maintenant le problème du choix optimal de K en nous contentant de chercher un noyau optimal sous la contrainte de positivité, $K \geq 0$. Notons d'abord qu'asymptotiquement la dépendance du risque par rapport au noyau K ne se manifeste que par l'intermédiaire de $V(K)$ (cf. (1.27)). Un noyau optimal K^* est donc un noyau qui minimise la fonctionnelle $V(K)$, soit

$$V(K^*) = \min_{K \in \mathcal{K}} V(K), \tag{1.28}$$

où $\mathcal{K}$ désigne l'ensemble des noyaux positifs d'ordre 1 satisfaisant aux conditions (1.23). Le lemme suivant montre que s'il existe une solution K^* de (1.28), tous les noyaux $K_s^*(\cdot) = s^{-1}K^*(\cdot/s)$ sont aussi des solutions de (1.28), quel que soit $s > 0$.

Lemme 1.2 *Soit K un noyau tel que $V(K) < \infty$. Alors, pour tout $s > 0$, $V(K) = V(K_s)$ où $K_s(\cdot) = s^{-1}K(\cdot/s)$.*

DÉMONSTRATION. Il suffit de remarquer que $\int K_s^2 = s^{-1} \int K^2$ et que $S_{K_s} = s^2 S_K$. ∎

Compte tenu de ce résultat, s'il existe une solution K^* à (1.28), on peut toujours supposer qu'elle vérifie la contrainte supplémentaire $\int u^2 K^*(u) du = q$, où $q > 0$ est un réel fixé. Notons donc

$$\mathcal{K}_q = \left\{ K \in \mathcal{K} \;\middle|\; \int u^2 K(u)\, du = q \right\}.$$

D'après le Lemme 1.2 et la définition de $V(K)$,

$$\min_{K \in \mathcal{K}} V(K) = \min_{K \in \mathcal{K}_q} V(K) = q^{2/5} \left(\min_{K \in \mathcal{K}_q} \int K^2 \right)^{4/5},$$

de sorte que pour obtenir une solution de (1.28), il suffit de trouver K^* solution du problème de minimisation

$$\min_{K \in \mathcal{K}_q} \int K^2. \tag{1.29}$$

Étudions d'abord le problème auxiliaire :

$$\min_{K \in \mathcal{K}_q'} \int K^2, \tag{1.30}$$

où l'ensemble $\mathcal{K}_q' \supset \mathcal{K}_q$ s'obtient si l'on supprime les contraintes $\int u K(u) du = 0$ et $\int K^2 < \infty$ dans la définition de $\mathcal{K}_q$:

$$\mathcal{K}_q' = \left\{ K : \mathbf{R} \to \mathbf{R} \;\middle|\; K \geq 0,\ \int K = 1,\ \int u^2 K(u)\, du = q \right\}.$$

Il s'agit d'un problème de minimisation d'une fonctionnelle convexe sous des contraintes linéaires dont la solution peut être trouvée par la méthode des multiplicateurs de Lagrange. La fonctionnelle de Lagrange s'écrit ici sous la forme

$$\mathcal{L}(K) = \int \left[K^2(u) + \lambda_1 K(u) + \lambda_2\, u^2 K(u) \right] du + C,$$

où λ_1 et λ_2 sont les multiplicateurs de Lagrange qui correspondent aux contraintes $\int K = 1$ et $\int u^2 K(u) du = q$ respectivement, et C est une constante qui ne dépend pas de K. D'après la méthode des multiplicateurs de Lagrange, la solution du problème (1.30) coïncide avec celle du problème

$$\min_{K \geq 0} \mathcal{L}(K), \tag{1.31}$$

pour le choix de λ_1 et λ_2 qui satisfait les contraintes linéaires. On note que s'il existe une fonction $K \geq 0$ qui minimise $K^2(u) + \lambda_1 K(u) + \lambda_2 u^2 K(u)$

pour tout $u \in \mathbf{R}$, alors cette fonction minimise la fonctionnelle de Lagrange, fournissant donc la solution recherchée. Il est facile de voir que, pour tout $u \in \mathbf{R}$ fixé, le minimum $\min_{x \geq 0}(x^2 + \lambda_1 x + \lambda_2 u^2 x)$ est atteint au point $x^* = (-(\lambda_1 + \lambda_2 u^2)/2)_+$. Par conséquent, la solution du problème (1.31) est de la forme

$$K^*(u, \lambda_1, \lambda_2) = (-(\lambda_1 + \lambda_2 u^2)/2)_+.$$

Il ne reste plus qu'à déterminer les valeurs λ_1 et λ_2 de façon à satisfaire les contraintes

$$\int K^*(u, \lambda_1, \lambda_2) du = 1, \qquad \int u^2 K^*(u, \lambda_1, \lambda_2) du = q.$$

Si l'on choisit $q = 1/5$, les valeurs λ_1 et λ_2 vérifiant ces contraintes sont $\lambda_1 = -\lambda_2 = -3/2$ et le noyau correspondant est

$$K^*(u) = K^*(u, -3/2, 3/2) = \frac{3}{4}(1 - u^2)_+,$$

que l'on appelle *noyau d'Epanechnikov*. Le choix particulier de $q = 1/5$ a été dicté par le souci d'obtenir comme solution un noyau de support $[-1, 1]$. On a donc démontré que le noyau d'Epanechnikov vérifie

$$V(K^*) = \min_{K \in \mathcal{K}'_{1/5}} V(K).$$

Puisque ce même noyau appartient à $\mathcal{K}_{1/5} \subset \mathcal{K}'_{1/5}$ (en effet, $\int u K^*(u) du = 0$ et $\int (K^*(u))^2 du < \infty$), il en résulte que

$$V(K^*) = \min_{K \in \mathcal{K}_{1/5}} V(K) = \min_{K \in \mathcal{K}} V(K).$$

On peut résumer les calculs précédents comme suit.

Proposition 1.6 *Une solution du problème de minimisation (1.28) est donnée par le noyau d'Epanechnikov*

$$K^*(u) = \frac{3}{4}(1 - u^2)_+ \tag{1.32}$$

qui fournit la valeur minimale $V(K^*) = 3^{4/5} 5^{-6/5}$.

Pour ce noyau, (1.26) donne l'expression de la fenêtre

$$h^{MSE}(K^*) = \left(\frac{15 p(x_0)}{n (p''(x_0))^2} \right)^{1/5}. \tag{1.33}$$

Ce choix de h n'est pas réalisable dans la pratique, puisqu'il dépend de la densité p qui est inconnue. On appelle *oracle d'Epanechnikov* le pseudo-estimateur défini par (1.2) avec le noyau $K = K^*$ et la fenêtre $h = h^{MSE}(K^*)$ donnés respectivement par (1.32) et (1.33). Notons ce pseudo-estimateur $\hat{p}_n^E$.

En conclusion, la minimisation du risque quadratique asymptotique simultanément par rapport à K et h donne le résultat suivant.

Corollaire 1.2 *Supposons que l'hypothèse (ii) du Théorème 1.2 est vérifiée. Alors le risque quadratique de l'oracle d'Epanechnikov $\hat{p}_n^E$ vérifie*

$$\lim_{n \to \infty} n^{4/5} \mathbf{E}_p \left[(\hat{p}_n^E(x_0) - p(x_0))^2 \right] = \frac{3^{4/5}}{5^{1/5}4} (p(x_0))^{4/5} |p''(x_0)|^{2/5}. \qquad (1.34)$$

Remarques.

Les résultats de ce paragraphe sont exposés parce qu'ils font partie du "folklore" de l'estimation non-paramétrique. Ils sont souvent vus à tort comme un repère principal pour le choix optimal du noyau K et de la fenêtre h. Nous allons montrer ici que ce n'est pas un bon point de vue.

(1) Tout d'abord, comme on l'a déjà remarqué, ces résultats ne permettent pas de construire effectivement un estimateur : les expressions (1.26) et (1.33) donnant la fenêtre h^{MSE} dépendent des valeurs inconnues de $p(x_0)$ et de $p''(x_0)$. Parfois on essaye d'*imiter l'oracle d'Epanechnikov*, i.e. d'approximer les fenêtres (1.26) ou (1.33) en remplaçant les valeurs inconnues de $p(x_0)$ et $p''(x_0)$ par des estimateurs préliminaires consistants. Mais à nouveau, pour construire des estimateurs à noyau préliminaires de $p(x_0)$ et de $p''(x_0)$, on retombe sur le problème, non résolu, du choix de h.

(2) Un problème plus grave vient du fait que l'oracle d'Epanechnikov $\hat{p}_n^E$ n'est pas une bonne référence. En effet, supposons que la densité à estimer p est "un peu" plus régulière que juste une fonction de $C^2(\mathbf{R})$, par exemple, que p appartient à une classe de Hölder $\Sigma(2 + \delta, L)$ sur $\mathbf{R}$ pour une constante finie $L > 0$ et pour une valeur $\delta > 0$. Evidemment, cette densité appartient aussi à $C^2(\mathbf{R})$ mais, d'après le Théorème 1.1, il existe un estimateur à noyau convergeant vers p à la vitesse $n^{-(2+\delta)/(5+2\delta)}$, plus rapide que la vitesse $n^{-2/5}$ de l'oracle d'Epanechnikov. Il faut souligner que l'amélioration ici porte sur la vitesse de convergence et non sur les constantes. Donc, les résultats de la minimisation en h et K présentés dans ce paragraphe sont dénués de sens pour une telle densité p ainsi que pour toute autre densité ayant plus que deux dérivées continues. Un calcul plus fin permet d'étendre ce raisonnement sous une forme légèrement moins forte aux densités $p \in C^2(\mathbf{R})$ (cf., e.g., Brown, Low et Zhao (1997)). Autrement dit, pour toute densité p vérifiant les hypothèses de ce paragraphe, on peut exhiber un véritable estimateur dont le risque converge plus rapidement vers 0 que celui de l'oracle $\hat{p}_n^E$.

1.4 Risque intégré des estimateurs à noyau

Nous avons précédemment étudié le comportement de $\hat{p}_n(x_0)$, l'estimateur à noyau de la densité en un point fixé, mais arbitraire, x_0. Il est également intéressant d'évaluer le risque global de $\hat{p}_n$. On introduit pour cela le *risque quadratique intégré* de $\hat{p}_n$:

$$\text{MISE} \stackrel{\triangle}{=} \mathbf{E}_p \int (\hat{p}_n(x) - p(x))^2 dx,$$

où MISE signifie en anglais "Mean Integrated Squared Error". D'après le Théorème de Tonelli – Fubini et (1.3) on voit que

$$\text{MISE} = \int \text{MSE}(x)dx = \int b^2(x)dx + \int \sigma^2(x)dx. \qquad (1.35)$$

Cette décomposition du risque quadratique intégré en somme de deux termes, le terme de biais et le terme de variance, est analogue à celle obtenue pour le risque quadratique (MSE). Le contrôle de ces deux termes est aussi similaire. Commençons par l'étude du terme de variance.

Proposition 1.7 *Supposons que K est un noyau tel que*

$$\int K(u)du = 1, \quad \int K^2(u)du < \infty.$$

Alors, quels que soient $h > 0$, $n \geq 1$ et la densité de probabilité p,

$$\int \sigma^2(x)dx \leq \frac{1}{nh} \int K^2(u)du.$$

DÉMONSTRATION. D'après (1.17) on a

$$\int \sigma^2(x)dx \leq \frac{1}{nh^2} \int \left[\int K^2\left(\frac{z-x}{h}\right) p(z)dz \right] dx \qquad (1.36)$$

$$= \frac{1}{nh^2} \int p(z) \left[\int K^2\left(\frac{z-x}{h}\right) dx \right] dz$$

$$= \frac{1}{nh} \int K^2(u)du.$$

∎

On notera que cette majoration pour le terme de variance ne nécessite aucune condition sur la densité p; elle est vraie pour toute densité. Par contre, pour majorer le terme de biais dans (1.35), il est nécessaire de se restreindre à un sous-ensemble de la classe de toutes les densités. On supposera donc que p est suffisamment régulière. Comme il s'agit de l'estimation pour le risque MISE correspondant à la norme $L_2(\mathbf{R})$, il est naturel d'imposer des conditions de régularité sur p par rapport à cette norme, ce qui nous conduit à la définition suivante.

Définition 1.4 *Soient $\beta > 0, L > 0$. On appelle* **classe de Nikol'ski** $\mathcal{H}(\beta, L)$ *l'ensemble de toutes les fonctions $f : \mathbf{R} \to \mathbf{R}$ dont la dérivée $f^{(\ell)}$, $\ell = \lfloor \beta \rfloor$, existe et vérifie*

$$\left[\int \left(f^{(\ell)}(x+t) - f^{(\ell)}(x) \right)^2 dx \right]^{1/2} \leq L|t|^{\beta - \ell}, \quad \forall t \in \mathbf{R}. \qquad (1.37)$$

On supposera que p appartient à la classe de fonctions définie par

$$\mathcal{P}_\mathcal{H}(\beta, L) = \left\{ p \in \mathcal{H}(\beta, L) \,\middle|\, p \geq 0 \quad \text{et} \quad \int p = 1 \right\}.$$

On aura également besoin du lemme suivant dont la démonstration se trouve dans l'Annexe (Lemme A.1).

Lemme 1.3 (Inégalité de Minkowski généralisée.) *Pour toute fonction borélienne g sur $\mathbf{R} \times \mathbf{R}$ on a*

$$\int \left(\int g(u, x)\, du \right)^2 dx \leq \left[\int \left(\int g^2(u, x)\, dx \right)^{1/2} du \right]^2.$$

On peut alors démontrer :

Proposition 1.8 *Soit $p \in \mathcal{P}_\mathcal{H}(\beta, L)$ et soit K un noyau d'ordre $\ell = \lfloor \beta \rfloor$ tel que*

$$\int |u|^\beta |K(u)|\, du < \infty.$$

Alors, quels que soient $h > 0$ et $n \geq 1$,

$$\int b^2(x)\, dx \leq C_2^2 h^{2\beta}$$

avec

$$C_2 = \frac{L}{\ell!} \int |u|^\beta |K(u)|\, du.$$

DÉMONSTRATION. On a, pour tout $x \in \mathbf{R}$, $u \in \mathbf{R}$, $h > 0$:

$$p(x+uh) = p(x) + p'(x)uh + \cdots + \frac{(uh)^\ell}{(\ell-1)!} \int_0^1 (1-\tau)^{\ell-1} p^{(\ell)}(x+\tau uh)\, d\tau. \quad (1.38)$$

Comme K est d'ordre $\ell = \lfloor \beta \rfloor$, on obtient

$$
\begin{aligned}
b(x) &= \int K(u) \frac{(uh)^\ell}{(\ell-1)!} \left[\int_0^1 (1-\tau)^{\ell-1} p^{(\ell)}(x+\tau uh)\, d\tau \right] du \\
&= \int K(u) \frac{(uh)^\ell}{(\ell-1)!} \left[\int_0^1 (1-\tau)^{\ell-1} (p^{(\ell)}(x+\tau uh) - p^{(\ell)}(x))\, d\tau \right] du.
\end{aligned}
$$

On en déduit que

$$\int b^2(x)\, dx$$

$$\leq \int \left(\int |K(u)| \frac{|uh|^\ell}{(\ell-1)!} \int_0^1 (1-\tau)^{\ell-1} \left| p^{(\ell)}(x+\tau uh) - p^{(\ell)}(x) \right| d\tau du \right)^2 dx.$$

En utilisant deux fois l'inégalité de Minkowski généralisée et ensuite le fait que p appartient à la classe de Nikol'ski $\mathcal{H}(\beta, L)$, on peut majorer le terme de biais par

$$\int \left(\int |K(u)| \frac{|uh|^\ell}{(\ell-1)!} \left[\int_0^1 (1-\tau)^{\ell-1} \left| p^{(\ell)}(x+\tau uh) - p^{(\ell)}(x) \right| d\tau \right] du \right)^2 dx$$

$$\leq \left(\int |K(u)| \frac{|uh|^\ell}{(\ell-1)!} \times \right.$$

$$\left. \left[\int \left(\int_0^1 (1-\tau)^{\ell-1} \left| p^{(\ell)}(x+\tau uh) - p^{(\ell)}(x) \right| d\tau \right)^2 dx \right]^{1/2} du \right)^2$$

$$\leq \left(\int |K(u)| \frac{|uh|^\ell}{(\ell-1)!} \times \right.$$

$$\left. \left[\int_0^1 (1-\tau)^{\ell-1} \left[\int \left(p^{(\ell)}(x+\tau uh) - p^{(\ell)}(x) \right)^2 dx \right]^{1/2} d\tau \right] du \right)^2$$

$$\leq \left(\int |K(u)| \frac{|uh|^\ell}{(\ell-1)!} \left[\int_0^1 (1-\tau)^{\ell-1} L|uh|^{\beta-\ell} d\tau \right] du \right)^2$$

$$= C_2^2 h^{2\beta}.$$

∎

Sous les hypothèses des Propositions 1.7 et 1.8 on obtient donc

$$\text{MISE} \leq C_2^2 h^{2\beta} + \frac{\int K^2}{nh},$$

et la valeur h_n^* de h qui minimise le second membre est donnée par

$$h_n^* = \left(\frac{\int K^2}{2\beta C_2^2} \right)^{\frac{1}{2\beta+1}} n^{-\frac{1}{2\beta+1}}.$$

Si l'on choisit $h = h_n^*$, on obtient

$$\text{MISE} = O\left(n^{-\frac{2\beta}{2\beta+1}} \right), \quad n \to \infty,$$

ce qui est un résultat analogue à celui obtenu pour le risque quadratique ponctuel (MSE). On peut le résumer comme suit.

Théorème 1.3 *Supposons que les hypothèses des Propositions 1.7 et 1.8 sont satisfaites et fixons $h = \alpha n^{-\frac{1}{2\beta+1}}$, $\alpha > 0$. Alors l'estimateur à noyau $\hat{p}_n$ vérifie pour tout $n \geq 1$*

$$\sup_{p \in \mathcal{P}_{\mathcal{H}}(\beta, L)} \mathbf{E}_p \int (\hat{p}_n(x) - p(x))^2 \, dx \leq C n^{-\frac{2\beta}{2\beta+1}},$$

où $C > 0$ est une constante qui ne dépend que de β, L, α et du noyau K.

Le comportement asymptotique exact du risque quadratique intégré (MISE) s'étudie de la même façon que dans le Théorème 1.2.

Théorème 1.4 *Supposons que :*

(i) la fonction K est un noyau d'ordre 1 vérifiant les conditions

$$\int K^2(u)du < \infty, \qquad \int u^2|K(u)|du < \infty, \qquad \int u^2 K(u)du \neq 0;$$

(ii) la densité p est différentiable sur $\mathbf{R}$, sa dérivée p' est absolument continue sur $\mathbf{R}$ et

$$\int (p''(x))^2 dx < \infty.$$

Alors le risque quadratique intégré de l'estimateur à noyau $\hat{p}_n$ vérifie, pour tout $n \geq 1$,

$$\text{MISE} = \mathbf{E}_p \int (\hat{p}_n(x) - p(x))^2 dx$$

$$= \left[\frac{1}{nh} \int K^2(u)du + \frac{h^4}{4} S_K^2 \int (p''(x))^2 dx \right] (1 + o(1)), \quad (1.39)$$

où $S_K = \int u^2 K(u)du$ et $o(1)$ ne dépend pas de n et tend vers 0 quand $h \to 0$.

Démonstration.

(i) Considérons d'abord le terme de variance $\int \sigma^2(x)dx$. D'après (1.36),

$$\int \sigma^2(x)dx = \frac{1}{nh} \int K^2(u)du - \frac{1}{nh^2} \int \left(\int K\left(\frac{z-x}{h}\right) p(z)dz \right)^2 dx.$$

Les hypothèses du théorème impliquent que la densité de probabilité p est uniformément bornée sur $\mathbf{R}$, donc $p \in L_2(\mathbf{R})$. En utilisant l'inégalité de Cauchy – Schwarz et le Théorème de Tonelli – Fubini, on obtient

$$\int \left(\int K\left(\frac{z-x}{h}\right) p(z)dz \right)^2 dx$$

$$\leq \int \left(\int \left| K\left(\frac{z-x}{h}\right) \right|^{1/2} \left| K\left(\frac{z-x}{h}\right) \right|^{1/2} p(z)dz \right)^2 dx$$

$$\leq \int \left[\int \left| K\left(\frac{t-x}{h}\right) \right| dt \right] \int \left| K\left(\frac{z-x}{h}\right) \right| p^2(z)dzdx$$

$$= h^2 \left(\int |K(u)|du \right)^2 \int p^2(z)dz,$$

ce qui implique que le terme de variance vérifie

$$\int \sigma^2(x)dx = \frac{1}{nh} \int K^2(u)du \ (1 + o(1)), \qquad (1.40)$$

où $o(1)$ ne dépend pas de n et tend vers 0 quand $h \to 0$.

(ii) Etudions maintenant le terme de biais $\int b^2(x)dx$. Comme p'' n'est pas nécessairement continue, on ne peut pas utiliser (1.21), mais on obtient, en tenant compte de (1.38) et du fait que le noyau K est d'ordre 1,

$$b(x) = h^2 \int u^2 K(u) \left[\int_0^1 (1-\tau)p''(x+\tau uh)d\tau \right] du. \qquad (1.41)$$

Si l'on définit

$$b^* = \frac{h^4}{4} \left(\int u^2 K(u) du \right)^2 \int (p''(x))^2 dx$$

$$= h^4 \int \left[\int u^2 K(u) \left(\int_0^1 (1-\tau)p''(x)d\tau \right) du \right]^2 dx,$$

on remarque que

$$\left| \int b^2(x)dx - b^* \right| = h^4 \left| \int A_1(x)A_2(x)dx \right|$$

$$\leq h^4 \left(\int A_1^2(x)dx \right)^{1/2} \left(\int A_2^2(x)dx \right)^{1/2}, \qquad (1.42)$$

avec

$$A_1(x) \triangleq \int u^2 K(u) \left(\int_0^1 (p''(x+\tau uh) - p''(x))(1-\tau)d\tau \right) du,$$

et

$$A_2(x) \triangleq \int u^2 K(u) \left(\int_0^1 (p''(x+\tau uh) + p''(x))(1-\tau)d\tau \right) du.$$

En utilisant successivement l'inégalité de Minkowski généralisée, l'inégalité de Cauchy – Schwarz et le Théorème de Tonelli – Fubini, on obtient

$$\int \left(\int u^2 |K(u)| \left[\int_0^1 |p''(x+\tau uh)|(1-\tau)d\tau \right] du \right)^2 dx$$

$$\leq \left(\int u^2 |K(u)| \left(\int \left[\int_0^1 |p''(x+\tau uh)|(1-\tau)d\tau \right]^2 dx \right)^{1/2} du \right)^2$$

$$\leq \left(\int u^2 |K(u)| \times \right.$$

$$\left. \left(\int \int_0^1 (p''(x+\tau uh))^2 (1-\tau)d\tau dx \int_0^1 (1-\tau)d\tau \right)^{1/2} du \right)^2$$

$$= \frac{1}{4} \left(\int u^2 |K(u)|du \right)^2 \int (p''(x))^2 dx < \infty. \qquad (1.43)$$

On en déduit que l'intégrale $\int A_2^2(x)dx$ est bornée par une constante qui ne dépend pas de h. La même démarche que dans (1.43) et la division du domaine d'intégration en deux parties : $|u| \leq h^{-1/2}$ et $|u| > h^{-1/2}$, donne le résultat suivant

$$\int A_1^2(x)dx$$

$$\leq \left(\int u^2 |K(u)| \left(\int \left[\int_0^1 |p''(x + \tau u h) - p''(x)|d\tau \right]^2 dx \right)^{1/2} du \right)^2$$

$$\leq \left(\int u^2 |K(u)| \left(\int \int_0^1 (p''(x + \tau u h) - p''(x))^2 d\tau dx \right)^{1/2} du \right)^2$$

$$\leq \left(\sup_{|u| \leq h^{-1/2}} \left[\int_0^1 \int (p''(x + \tau u h) - p''(x))^2 dx d\tau \right]^{1/2} \int u^2 |K(u)| du \right.$$

$$\left. + 2 \left[\int (p''(x))^2 dx \right]^{1/2} \int_{|u| > h^{-1/2}} u^2 |K(u)| du \right)^2 . \tag{1.44}$$

On utilise maintenant le lemme suivant dont la démonstration se trouve dans l'Annexe (Lemme A.2).

Lemme 1.4 *Si $f \in L_2(\mathbf{R})$, alors*

$$\lim_{\delta \to 0} \sup_{|t| \leq \delta} \int (f(x + t) - f(x))^2 dx = 0.$$

Vu le Lemme 1.4, on a, lorsque $h \to 0$,

$$\sup_{|u| \leq h^{-1/2}} \int_0^1 \int (p''(x + \tau u h) - p''(x))^2 dx d\tau \tag{1.45}$$

$$\leq \sup_{|t| \leq h^{1/2}} \int (p''(x + t) - p''(x))^2 dx = o(1).$$

En utilisant (1.42) – (1.45), on obtient finalement

$$\int b^2(x)dx = b^*(1 + o(1)) \quad \text{quand } h \to 0.$$

Cette relation et (1.40) entraînent le théorème. ∎

Le terme principal du risque intégré dans (1.39), soit

$$\frac{1}{nh} \int K^2(u)du + \frac{h^4}{4} S_K^2 \int (p''(x))^2 dx \tag{1.46}$$

est l'intégrale en x_0, de $-\infty$ à $+\infty$, du terme principal du risque ponctuel MSE (cf. (1.24)). Il est utile de noter que, si K est un noyau positif, l'expression (1.46) donne une borne *non-asymptotique* pour MISE, valable pour tout n et h. En effet, nous avons le résultat suivant.

Théorème 1.5 *Supposons que :*

(i) la fonction K est un noyau d'ordre 1 vérifiant les conditions

$$\int K^2(u)du < \infty, \qquad \int u^2|K(u)|du < \infty,$$

(ii) la densité p est différentiable sur $\mathbf{R}$, sa dérivée p' est absolument continue sur $\mathbf{R}$ et

$$\int (p''(x))^2 dx < \infty.$$

Alors le risque quadratique intégré de l'estimateur à noyau $\hat{p}_n$ vérifie, pour tout $n \geq 1$ et tout $h > 0$,

$$\text{MISE} = \mathbf{E}_p \int (\hat{p}_n(x) - p(x))^2 dx$$

$$\leq \frac{1}{nh} \int K^2(u)du + \frac{h^4}{4} \left(\int u^2|K(u)|du \right)^2 \int (p''(x))^2 dx. \quad (1.47)$$

DÉMONSTRATION. Il suffit de noter que, vu (1.41) et (1.43),

$$\int b^2(x)dx \leq \frac{h^4}{4} \left(\int u^2|K(u)|du \right)^2 \int (p''(x))^2 dx \quad (1.48)$$

et d'appliquer la Proposition 1.7 et (1.35). ∎

Comme dans le cas du risque ponctuel, nous pouvons étudier le problème du choix de K et h qui minimisent (1.46). La solution est similaire à celle obtenue pour la minimisation de (1.25). Notamment, le noyau optimal parmi les noyaux positifs est celui d'Epanechnikov et la fenêtre optimale est donnée par

$$h^{MISE}(K) = \left(\frac{\int K^2}{nS_K^2 \int (p'')^2} \right)^{1/5}. \quad (1.49)$$

En particulier, si $K = K^*$ (le noyau d'Epanechnikov),

$$h^{MISE}(K^*) = \left(\frac{15}{n \int (p'')^2} \right)^{1/5}. \quad (1.50)$$

Ce choix de h n'est pas réalisable dans la pratique, puisqu'il dépend de p'' qui est inconnue.

Notons $\hat{p}_n^{EI}$ le pseudo-estimateur défini par (1.2) avec le noyau $K = K^*$ et la fenêtre $h = h^{MISE}(K^*)$ donnés respectivement par (1.32) et (1.50). On appelle $\hat{p}_n^{EI}$ *oracle d'Epanechnikov intégré*. On obtient, sous la condition (ii) du Théorème 1.4,

$$\lim_{n\to\infty} n^{4/5} \mathbf{E}_p \int (\hat{p}_n^{EI}(x) - p(x))^2 dx = \frac{3^{4/5}}{5^{1/5}4} \left(\int (p''(x))^2 dx \right)^{1/5}. \qquad (1.51)$$

Cependant, ces résultats ne sont pas très significatifs, car, vu le Théorème 1.5, il s'agit ici de la minimisation en $K \geq 0$ et en h de la majoration pour MISE donnée par (1.46). Cette majoration n'est précise que lorsque $h \to 0$ (cf. Théorème 1.4) tandis que, pour n et h fixés, elle peut être assez grossière, comme en témoignent des comparaisons numériques avec le risque MISE exact (voir Wand et Jones (1995), p. 27). De plus, les remarques faites à la fin du § 1.3 restent valables dans le cas de l'étude du risque intégré, modulo quelques modifications évidentes.

1.5 Validation croisée

Dans ce paragraphe, on suppose que le noyau K est fixé, et on ne s'intéresse qu'au choix de la fenêtre h. Notons que MISE = MISE(h) est une fonction de la fenêtre h et que la valeur idéale de h est donnée par

$$h_{id} = \arg\min_{h>0} \text{MISE}(h). \qquad (1.52)$$

Malheureusement, cette valeur n'est pas accessible car la fonction MISE(h) dépend de la densité inconnue p. Les résultats du paragraphe précédent ne permettent pas de construire un estimateur qui approche cette valeur idéale. Pour ce faire, il faut utiliser d'autres méthodes dont la plus courante est celle de la validation croisée. On se contentera ici de définir cette méthode et de donner l'heuristique qui la motive, sans entrer dans la démonstration de ses propriétés asymptotiques.

L'idée principale de la méthode de validation croisée est celle de la minimisation par rapport à h d'un estimateur du risque intégré (MISE). Nous allons essayer de remplacer MISE(h) par une fonction de h mesurable par rapport à l'échantillon et dont la valeur, pour chaque $h > 0$, est un estimateur sans biais de MISE(h). Pour cela, notons que

$$\text{MISE}(h) = \mathbf{E}_p \int (\hat{p}_n - p)^2 = \mathbf{E}_p \left[\int \hat{p}_n^2 - 2 \int \hat{p}_n p \right] + \int p^2.$$

Comme la dernière intégrale $\int p^2$ ne dépend pas de h, la valeur h_{id} de h qui minimise MISE(h) – cf. (1.52) – est aussi celle qui minimise la fonction

$$J(h) \triangleq \mathbf{E}_p \left[\int \hat{p}_n^2 - 2 \int \hat{p}_n p \right].$$

Cherchons un estimateur sans biais de $J(h)$. Il suffit pour cela d'estimer sans biais les quantités $\mathbf{E}_p \left[\int \hat{p}_n^2 \right]$ et $\mathbf{E}_p \left[\int \hat{p}_n p \right]$. Or $\mathbf{E}_p \left[\int \hat{p}_n^2 \right]$ admet l'estimateur sans biais trivial $\int \hat{p}_n^2$. Il reste donc à trouver un estimateur sans biais de $\mathbf{E}_p\left[\int \hat{p}_n p\right]$. Notons

$$\hat{p}_{n,-i}(x) = \frac{1}{(n-1)h} \sum_{j \neq i} K\left(\frac{X_j - x}{h}\right).$$

Montrons qu'un estimateur sans biais de $G = \mathbf{E}_p\left[\int \hat{p}_n p\right]$ est donné par

$$\hat{G} = \frac{1}{n} \sum_{i=1}^{n} \hat{p}_{n,-i}(X_i).$$

En effet, comme les X_i sont i.i.d.,

$$\mathbf{E}_p(\hat{G}) = \mathbf{E}_p\left[\hat{p}_{n,-1}(X_1)\right]$$

$$= \mathbf{E}_p\left[\frac{1}{(n-1)h} \sum_{j \neq 1} \int K\left(\frac{X_j - z}{h}\right) p(z)\,dz\right]$$

$$= \frac{1}{h} \int p(x) \int K\left(\frac{x - z}{h}\right) p(z)\,dz\,dx,$$

pourvu que le dernier membre soit fini. D'autre part,

$$G = \mathbf{E}_p\left[\int \hat{p}_n p\right]$$

$$= \mathbf{E}_p\left[\frac{1}{nh} \sum_{i=1}^{n} \int K\left(\frac{X_i - z}{h}\right) p(z)\,dz\right]$$

$$= \frac{1}{h} \int p(x) \int K\left(\frac{x - z}{h}\right) p(z)\,dz\,dx,$$

ce qui implique que $G = \mathbf{E}_p(\hat{G})$.

Finalement, un estimateur sans biais de $J(h)$ est donné par :

$$CV(h) = \int \hat{p}_n^2 - \frac{2}{n} \sum_{i=1}^{n} \hat{p}_{n,-i}(X_i),$$

où CV signifie en anglais "Cross-Validation" (*validation croisée*). Nous avons donc démontré la proposition suivante.

Proposition 1.9 *Soient K un noyau et p une densité de probabilité tels que $\int p^2 < \infty$ et pour tout $h > 0$:*

$$\int \int p(x) \left| K\left(\frac{x - z}{h}\right) \right| p(z)\,dz\,dx < \infty.$$

Alors, pour tout $h > 0$,

$$\mathbf{E}_p[CV(h)] = \text{MISE}(h) - \int p^2.$$

Comme la fonction $CV(\cdot)$ est calculable à partir des observations $X_1, \ldots, X_n$, on peut évaluer

$$h_{CV} = \arg\min_{h>0} CV(h),$$

pourvu que le minimum soit atteint. Finalement, on peut définir l'estimateur $\hat{p}_{n,CV}$ de la densité p par la méthode de la validation croisée :

$$\hat{p}_{n,CV}(x) = \frac{1}{nh_{CV}} \sum_{i=1}^{n} K\left(\frac{X_i - x}{h_{CV}}\right).$$

Il s'agit d'un estimateur à noyau dont la fenêtre aléatoire h_{CV} dépend de l'échantillon $X_1, \ldots, X_n$. On peut démontrer (Stone (1984)) que le risque quadratique intégré de l'estimateur $\hat{p}_{n,CV}$ est asymptotiquement équivalent à celui du pseudo-estimateur à noyau idéal qui serait construit avec la fenêtre h_{id} définie par (1.52). On rencontrera des résultats similaires ainsi que des estimateurs sans biais du risque pour d'autres problèmes d'estimation dans le Chapitre 3.

1.6 Régression non-paramétrique. Estimateur de Nadaraya – Watson

Il existe deux modèles principaux de régression non-paramétrique.

1. Régression non-paramétrique à effets aléatoires.

Soit (X, Y) un couple de v.a. réelles telles que Y soit intégrable ($\mathbf{E}|Y| < \infty$). La fonction

$$f(x) = \mathbf{E}(Y|X = x)$$

est appelée fonction de régression de Y sur X. Supposons que l'on dispose d'un n-échantillon $(X_1, Y_1), \ldots, (X_n, Y_n)$ de v.a. de même loi que (X, Y). On se propose de construire un estimateur $\hat{f}_n(x) = \hat{f}_n(x, (X_1, Y_1), \ldots, (X_n, Y_n))$ de la fonction f. Dans l'approche non-paramétrique on suppose seulement que $f \in \mathcal{F}$ où $\mathcal{F}$ est une classe non-paramétrique donnée. L'ensemble des valeurs $\{X_1, \ldots, X_n\}$ est appelé *dispositif expérimental* ou *design*.

Le résidu conditionnel $\xi \triangleq Y - \mathbf{E}(Y|X)$ étant centré ($\mathbf{E}(\xi) = 0$), on peut écrire

$$Y_i = f(X_i) + \xi_i, \quad i = 1, \ldots, n, \tag{1.53}$$

où les ξ_i sont i.i.d. de même loi que ξ avec, en particulier, $\mathbf{E}(\xi_i) = 0$. Les variables ξ_i jouent donc le rôle de "bruit".

2. Régression non-paramétrique à effets fixes.

Le modèle est également défini par (1.53), mais ici les $X_i \in \mathbf{R}$ sont fixés, déterministes, au lieu d'être aléatoires et i.i.d.

Exemple 1.1 *Modèle de régression non-paramétrique pour le dispositif expérimental régulier.*

On suppose que $X_i = i/n$, que f est une fonction de $[0,1]$ dans $\mathbf{R}$ et que les observations Y_i sont données par

$$Y_i = f(i/n) + \xi_i, \quad i = 1, 2, \ldots, n,$$

où les ξ_i sont des variables aléatoires i.i.d. et centrées ($\mathbf{E}(\xi_i) = 0$). Dans la suite, nous étudierons principalement ce modèle.

A partir d'un noyau K et d'une fenêtre $h > 0$, on peut construire des estimateurs à noyau pour la régression non-paramétrique analogues à ceux que l'on a construit pour estimer une densité. Il existe plusieurs types d'estimateurs à noyau pour la régression dont le plus célèbre est celui de Nadaraya – Watson (cf. Nadaraya (1964) et Watson(1964)). L'estimateur de Nadaraya – Watson de la fonction de régression f est défini par

$$f_n^{NW}(x) = \frac{\sum_{i=1}^n Y_i K\left(\frac{X_i - x}{h}\right)}{\sum_{i=1}^n K\left(\frac{X_i - x}{h}\right)} \quad \text{si} \quad \sum_{i=1}^n K\left(\frac{X_i - x}{h}\right) \neq 0$$

et $f_n^{NW}(x) = 0$ sinon.

Exemple 1.2 *Estimateur de Nadaraya – Watson à noyau rectangulaire.*
Si l'on choisit $K(u) = \frac{1}{2} I(|u| \leq 1)$, alors $f_n^{NW}(x)$ est la moyenne arithmétique des Y_i tels que $X_i \in [x - h, x + h]$. *Pour n fixé*, les deux cas extrêmes pour la fenêtre sont :
(i) $h \to \infty$. Alors $f_n^{NW}(x)$ tend vers $n^{-1} \sum_{i=1}^n Y_i$ qui est une fonction constante indépendante de x. L'erreur systématique (biais) est trop grande.
(ii) $h \to 0$. Alors, $f_n^{NW}(X_i) = Y_i$ dès que $h < \min_{i,j} |X_i - X_j|$, et

$$\lim_{h \to 0} f_n^{NW}(x) = 0 \quad \text{si } x \neq X_i.$$

L'estimateur f_n^{NW} est donc très oscillant : il reproduit les données Y_i aux points X_i et il s'annule ailleurs. L'erreur stochastique (variance) est donc trop grande.
La fenêtre h optimale équilibrant biais et variance se trouve entre ces deux extrêmes.

On peut aussi représenter l'estimateur de Nadaraya – Watson comme une somme pondérée des Y_i :

$$f_n^{NW}(x) = \sum_{i=1}^n Y_i W_{ni}^{NW}(x)$$

avec des poids

$$W_{ni}^{NW}(x) = \frac{K\left(\frac{X_i-x}{h}\right)}{\sum_{j=1}^{n} K\left(\frac{X_j-x}{h}\right)} \ I\left(\sum_{j=1}^{n} K\left(\frac{X_j-x}{h}\right) \neq 0\right).$$

Définition 1.5 *Un estimateur $\hat{f}_n(x)$ de $f(x)$ est dit* **estimateur linéaire** *de la régression non-paramétrique si*

$$\hat{f}_n(x) = \sum_{i=1}^{n} Y_i\, W_{ni}(x)$$

où les poids $W_{ni}(x)$ ne dépendent pas des observations Y_i.

Généralement, pour tout x (ou pour presque tout x par rapport à la mesure de Lebesgue) les poids $W_{ni}(x)$ satisfont à la relation

$$\sum_{i=1}^{n} W_{ni}(x) = 1.$$

La justification intuitive de f_n^{NW} est claire. Supposons que la loi de (X, Y) admette une densité $p(x, y)$ par rapport à la mesure de Lebesgue telle que $p(x) = \int p(x, y)dy > 0$. Alors

$$f(x) = \mathbf{E}(Y|X = x) = \frac{\int y p(x, y)dy}{\int p(x, y)dy} = \frac{\int y p(x, y)dy}{p(x)}.$$

Si l'on remplace $p(x, y)$ par $\hat{p}_n(x, y)$, l'estimateur de la densité jointe de (X, Y) défini par (1.16) et $p(x)$ par $\hat{p}_n(x)$, on retrouve f_n^{NW} d'après le résultat suivant.

Proposition 1.10 *Soient $\hat{p}_n(x)$ et $\hat{p}_n(x, y)$ les estimateurs à noyau de la densité définis respectivement par (1.2) et (1.16) avec un noyau K d'ordre 1. On a alors*

$$f_n^{NW}(x) = \frac{\int y \hat{p}_n(x, y)dy}{\hat{p}_n(x)} \tag{1.54}$$

si $\hat{p}_n(x) \neq 0$.

DÉMONSTRATION. D'après (1.16),

$$\int y\hat{p}_n(x, y)dy = \frac{1}{nh^2} \sum_{i=1}^{n} K\left(\frac{X_i-x}{h}\right) \int y\, K\left(\frac{Y_i-y}{h}\right) dy.$$

Or, puisque K est d'ordre 1,

$$\frac{1}{h} \int y\, K\left(\frac{Y_i-y}{h}\right) dy = \int \frac{y-Y_i}{h}\, K\left(\frac{Y_i-y}{h}\right) dy + \frac{Y_i}{h} \int K\left(\frac{Y_i-y}{h}\right) dy$$

$$= -h \int u K(u)du + Y_i \int K(u)du = Y_i. \qquad \blacksquare$$

Si la densité marginale p des X_i est connue, on peut utiliser $p(x)$ au lieu de $\hat{p}_n(x)$ dans (1.54), et on obtient un estimateur un peu différent de f_n^{NW} :

$$f_n(x) = \frac{\int y\hat{p}_n(x,y)dy}{p(x)} = \frac{1}{nhp(x)} \sum_{i=1}^{n} Y_i K\left(\frac{X_i - x}{h}\right).$$

En particulier, si p est la densité de la loi uniforme sur $[0,1]$,

$$f_n(x) = \frac{1}{nh} \sum_{i=1}^{n} Y_i K\left(\frac{X_i - x}{h}\right). \tag{1.55}$$

Bien que le raisonnement précédent concerne le modèle de régression à effets aléatoires, l'estimateur (1.55) est aussi adapté au cas d'un dispositif expérimental régulier ($X_i = i/n$).

1.7 Estimateurs par polynômes locaux

Si $K \geq 0$, l'estimateur de Nadaraya – Watson f_n^{NW} vérifie

$$f_n^{NW}(x) = \arg\min_{\theta \in \mathbf{R}} \sum_{i=1}^{n} (Y_i - \theta)^2 K\left(\frac{X_i - x}{h}\right). \tag{1.56}$$

Donc, f_n^{NW} est obtenu par une approximation des moindres carrés localement constante des valeurs Y_i. Plus généralement, définissons l'approximation des moindres carrés localement polynomiale. Si $f \in \Sigma(\beta, L)$, $\beta > 1, \ell = \lfloor\beta\rfloor$, alors, pour z suffisamment voisin de x,

$$f(z) \approx f(x) + f'(x)(z - x) + \cdots + \frac{f^{(\ell)}(x)}{\ell!}(z - x)^\ell = \theta^T(x)U\left(\frac{z - x}{h}\right),$$

où

$$U(u) = \left(1, u, u^2/2!, \ldots, u^\ell/\ell!\right)^T,$$

$$\theta(x) = \left(f(x), f'(x)h, f''(x)h^2, \ldots, f^{(\ell)}(x)h^\ell\right)^T.$$

Définition 1.6 *Soient $K : \mathbf{R} \to \mathbf{R}$ un noyau, $h > 0$ une fenêtre et $\ell \geq 0$ un entier. Le vecteur $\hat{\theta}_n(x) \in \mathbf{R}^{\ell+1}$ défini par*

$$\hat{\theta}_n(x) = \arg\min_{\theta \in \mathbf{R}^{\ell+1}} \sum_{i=1}^{n} \left[Y_i - \theta^T U\left(\frac{X_i - x}{h}\right)\right]^2 K\left(\frac{X_i - x}{h}\right) \tag{1.57}$$

est appelé **estimateur localement polynomial d'ordre** ℓ *(et noté* LP(ℓ)) de $\theta(x)$. *La statistique*

$$\hat{f}_n(x) = U^T(0)\hat{\theta}_n(x)$$

est l'estimateur localement polynomial d'ordre ℓ de f(x).

Notons que $\hat{f}_n(x)$ est simplement la première coordonnée du vecteur $\hat{\theta}_n(x)$. En comparant (1.57) avec (1.56), on remarque que l'estimateur f_n^{NW} de Nadaraya – Watson avec $K \geq 0$ est un estimateur LP(0).

Pour x fixé, l'estimateur (1.57) est un estimateur des moindres carrés pondéré. En effet, nous pouvons écrire $\hat{\theta}_n(x)$ sous la forme

$$\hat{\theta}_n(x) = \arg\min_{\theta \in \mathbf{R}^{\ell+1}} (-2\theta^T \mathbf{a} + \theta^T \mathcal{B}_{nx}\theta), \tag{1.58}$$

où la matrice $\mathcal{B}_{nx}$ et le vecteur $\mathbf{a}$ sont définis par

$$\mathcal{B}_{nx} = \frac{1}{nh}\sum_{i=1}^{n} U\left(\frac{X_i - x}{h}\right) U^T\left(\frac{X_i - x}{h}\right) K\left(\frac{X_i - x}{h}\right),$$

$$\mathbf{a} = \frac{1}{nh}\sum_{i=1}^{n} Y_i U\left(\frac{X_i - x}{h}\right) K\left(\frac{X_i - x}{h}\right).$$

Une condition nécessaire pour que $\hat{\theta}_n(x)$ réalise le minimum dans (1.58) est qu'il satisfasse au système des équations normales

$$\mathcal{B}_{nx}\hat{\theta}_n(x) = \mathbf{a}. \tag{1.59}$$

Si la matrice $\mathcal{B}_{nx}$ est définie positive (noté $\mathcal{B}_{nx} > 0$) l'estimateur LP(ℓ) est unique ((1.59) est alors la condition nécessaire et suffisante caractérisant le point où le minimum est atteint) et donné par $\hat{\theta}_n(x) = \mathcal{B}_{nx}^{-1}\mathbf{a}$. On en déduit que

$$\hat{f}_n(x) = \sum_{i=1}^{n} Y_i W_{ni}^*(x), \tag{1.60}$$

où

$$W_{ni}^*(x) = \frac{1}{nh}U^T(0)\mathcal{B}_{nx}^{-1}U\left(\frac{X_i - x}{h}\right) K\left(\frac{X_i - x}{h}\right),$$

ce qui démontre la proposition suivante.

Proposition 1.11 *Si la matrice $\mathcal{B}_{nx}$ est définie positive, l'estimateur localement polynomial $\hat{f}_n(x)$ de $f(x)$ est un estimateur linéaire.*

L'estimateur localement polynomial LP(ℓ) de f possède la propriété remarquable de reproduire les polynômes de degré $\leq \ell$ comme le montre le résultat suivant.

Proposition 1.12 *Soient x un réel tel que $\mathcal{B}_{nx} > 0$ et Q un polynôme de degré $\leq \ell$. Alors*

$$\sum_{i=1}^{n} Q(X_i) W_{ni}^*(x) = Q(x)$$

pour tout échantillon $(X_1, \ldots, X_n)$. En particulier,

$$\sum_{i=1}^{n} W_{ni}^*(x) = 1 \quad et \quad \sum_{i=1}^{n} (X_i - x)^k W_{ni}^*(x) = 0 \quad pour \ \ k = 1, \ldots, \ell. \quad (1.61)$$

DÉMONSTRATION. Comme Q est un polynôme de degré $\leq \ell$,

$$\begin{aligned}
Q(X_i) &= Q(x) + Q'(x)(X_i - x) + \cdots + \frac{Q^{(\ell)}(x)}{\ell!}(X_i - x)^\ell \\
&= q^T(x) U\left(\frac{X_i - x}{h}\right),
\end{aligned}$$

où $q(x) = (Q(x), Q'(x)h, \ldots, Q^{(\ell)}(x)h^\ell)^T \in \mathbf{R}^{\ell+1}$. Posons $Y_i = Q(X_i)$. Alors l'estimateur LP(ℓ) vérifie

$$\begin{aligned}
\hat{\theta}_n(x) &= \arg\min_{\theta \in \mathbf{R}^{\ell+1}} \sum_{i=1}^{n} \left(Q(X_i) - \theta^T U\left(\frac{X_i - x}{h}\right)\right)^2 K\left(\frac{X_i - x}{h}\right) \\
&= \arg\min_{\theta \in \mathbf{R}^{\ell+1}} \sum_{i=1}^{n} \left((q(x) - \theta)^T U\left(\frac{X_i - x}{h}\right)\right)^2 K\left(\frac{X_i - x}{h}\right) \\
&= \arg\min_{\theta \in \mathbf{R}^{\ell+1}} (q(x) - \theta)^T \mathcal{B}_{nx}(q(x) - \theta).
\end{aligned}$$

Donc, si $\mathcal{B}_{nx} > 0$, on a $\hat{\theta}_n(x) = q(x)$, et l'égalité des premières coordonnées implique que $\hat{f}_n(x) = Q(x)$. La conclusion s'ensuit en posant $Y_i = Q(X_i)$ dans (1.60). ∎

Exercice 1.4 *On définit les estimateurs LP(ℓ) des dérivées $f^{(k)}(x)$, $k = 1, \ldots, \ell - 1$, par*

$$\hat{f}_{nk}(x) = (U^{(k)}(0))^T \hat{\theta}_n(x) h^{-k},$$

où $U^{(k)}(u)$ est le vecteur dont les coordonnées sont les dérivées d'ordre k des coordonnées respectives de $U(u)$. Montrer que si $\mathcal{B}_{nx} > 0$, l'estimateur $\hat{f}_{nk}(x)$ est linéaire et qu'il reproduit les polynômes de degré $\leq \ell - k$.

1.8 Biais et variance des estimateurs par polynômes locaux

Nous allons ici étudier le biais et la variance de l'estimateur LP(ℓ) construit à partir des observations (X_i, Y_i), $i = 1, \ldots, n$, telles que

$$Y_i = f(X_i) + \xi_i, \qquad i = 1, \ldots, n, \tag{1.62}$$

où les ξ_i sont des v.a. indépendantes, centrées ($\mathbf{E}(\xi_i) = 0$), les X_i des valeurs déterministes dans $[0, 1]$ et f une fonction de $[0, 1]$ dans $\mathbf{R}$.

Soit $\hat{f}_n(x_0)$ l'estimateur LP(ℓ) de $f(x_0)$ au point $x_0 \in [0, 1]$. Le biais et la variance de $\hat{f}_n(x_0)$ sont donnés respectivement par

$$b(x_0) = \mathbf{E}_f \left[\hat{f}_n(x_0) \right] - f(x_0), \quad \sigma^2(x_0) = \mathbf{E}_f \left[\hat{f}_n^2(x_0) \right] - \left(\mathbf{E}_f \left[\hat{f}_n(x_0) \right] \right)^2,$$

où $\mathbf{E}_f$ désigne l'espérance par rapport à la loi du vecteur aléatoire $(Y_1, \ldots, Y_n)$ dont les coordonnées suivent le modèle (1.62). On abrègera parfois $\mathbf{E}_f$ en $\mathbf{E}$. Le risque quadratique de $\hat{f}_n(x_0)$ au point fixé x_0 est

$$\mathrm{MSE} = \mathrm{MSE}(x_0) \triangleq \mathbf{E}_f \left[(\hat{f}_n(x_0) - f(x_0))^2 \right] = b^2(x_0) + \sigma^2(x_0).$$

Pour étudier les termes de biais et de variance dans la décomposition précédente du risque de l'estimateur LP(ℓ), nous allons introduire les hypothèses suivantes.

Hypothèses (LP)

(LP1) *Il existe un réel $\lambda_0 > 0$ et un entier n_0 tels que la plus petite valeur propre $\lambda_{\min}(\mathcal{B}_{nx})$ de $\mathcal{B}_{nx}$ vérifie*

$$\lambda_{\min}(\mathcal{B}_{nx}) \geq \lambda_0$$

pour tout $n \geq n_0$ et tout $x \in [0, 1]$.

(LP2) *Il existe un réel $a_0 > 0$ tel que, pour tout intervalle $A \subseteq [0, 1]$ et tout $n \geq 1$,*

$$\frac{1}{n} \sum_{i=1}^{n} I(X_i \in A) \leq a_0 \max(\mathrm{Leb}(A), 1/n),$$

où $\mathrm{Leb}(A)$ désigne la mesure de Lebesgue de A.

(LP3) *Le noyau K est à support compact, inclus dans $[-1, 1]$, et il existe un nombre $K_{\max} < \infty$ tel que $|K(u)| \leq K_{\max}, \forall u \in \mathbf{R}$.*

L'hypothèse (LP1) renforce la condition $\mathcal{B}_{nx} > 0$ introduite au paragraphe précédent en imposant une uniformité par rapport à n et x. On verra plus loin que cette hypothèse est naturelle dans la mesure où la matrice $\mathcal{B}_{nx}$ converge généralement vers une limite quand $n \to \infty$. L'hypothèse (LP2) signifie que les points d'observation X_i sont bien répartis sur $[0, 1]$. Finalement, l'hypothèse (LP3) n'est pas restrictive car le statisticien a le choix du noyau K.

Puisque la matrice $\mathcal{B}_{nx}$ est symétrique, l'hypothèse (LP1) implique que, pour tout $n \geq n_0$, $x \in [0, 1]$ et $v \in \mathbf{R}^{\ell+1}$,

$$\|\mathcal{B}_{nx}^{-1}v\| \le \|v\|/\lambda_0, \tag{1.63}$$

où $\|\cdot\|$ désigne la norme euclidienne de $\mathbf{R}^{\ell+1}$.

Lemme 1.5 *Sous les hypothèses (LP1) – (LP3), les poids W_{ni}^* de l'estimateur LP(ℓ) vérifient, pour tout $n \ge n_0$, $h \ge 1/(2n)$ et $x \in [0,1]$,*

(i) $\displaystyle\sup_{i,x} |W_{ni}^*(x)| \le \frac{C_*}{nh}$,

(ii) $\displaystyle\sum_{i=1}^{n} |W_{ni}^*(x)| \le C_*,$

(iii) $W_{ni}^*(x) = 0 \quad si \quad |X_i - x| > h,$

où la constante C_* ne dépend que de λ_0, a_0, et $K_{\max}$.

DÉMONSTRATION.
(i) En utilisant (1.63) et le fait que $\|U(0)\| = 1$, on obtient

$$|W_{ni}^*(x)| \le \frac{1}{nh} \left\| \mathcal{B}_{nx}^{-1} U\left(\frac{X_i - x}{h}\right) K\left(\frac{X_i - x}{h}\right) \right\|$$

$$\le \frac{1}{nh\lambda_0} \left\| U\left(\frac{X_i - x}{h}\right) K\left(\frac{X_i - x}{h}\right) \right\|$$

$$\le \frac{K_{\max}}{nh\lambda_0} \left\| U\left(\frac{X_i - x}{h}\right) \right\| I\left(\left|\frac{X_i - x}{h}\right| \le 1\right)$$

$$\le \frac{K_{\max}}{nh\lambda_0} \sqrt{1 + 1 + \frac{1}{(2!)^2} + \cdots + \frac{1}{(\ell!)^2}} \le \frac{2K_{\max}}{nh\lambda_0}.$$

(ii) De façon similaire, on obtient en utilisant (LP2),

$$\sum_{i=1}^{n} |W_{ni}^*(x)| \le \frac{K_{\max}}{nh\lambda_0} \sum_{i=1}^{n} \left\| U\left(\frac{X_i - x}{h}\right) \right\| I\left(\left|\frac{X_i - x}{h}\right| \le 1\right)$$

$$\le \frac{2K_{\max}}{nh\lambda_0} \sum_{i=1}^{n} I(x - h \le X_i \le x + h)$$

$$\le \frac{2K_{\max}a_0}{\lambda_0} \max\left(2, \frac{1}{nh}\right) \le \frac{4K_{\max}a_0}{\lambda_0}.$$

Il suffit alors, pour conclure, de choisir $C_* = \max\{2K_{\max}/\lambda_0, 4K_{\max}a_0/\lambda_0\}$ et de remarquer que (iii) se déduit du fait que le support de K est inclus dans $[-1, 1]$. ∎

Proposition 1.13 *Supposons que f appartient à la classe de Hölder $\Sigma(\beta, L)$ sur $[0,1]$, où $\beta > 0, L > 0$. Soit $\hat{f}_n$ l'estimateur LP(ℓ) de f avec $\ell = \lfloor \beta \rfloor$. Supposons en outre que :*

   (i)   les valeurs $X_1, \ldots, X_n$ sont déterministes ;
   (ii) les hypothèses (LP1) – (LP3) sont vérifiées ;
   (iii) les v.a. ξ_i sont indépendantes et telles que, pour tout $i = 1, \ldots, n$,

$$\mathbf{E}(\xi_i) = 0, \qquad \mathbf{E}(\xi_i^2) \leq \sigma_{\max}^2 < \infty.$$

Alors pour tout $x_0 \in [0,1]$, $n \geq n_0$ et $h \geq 1/(2n)$, on a les majorations

$$|b(x_0)| \leq q_1 \, h^\beta, \qquad \sigma^2(x_0) \leq \frac{q_2}{nh},$$

où $q_1 = C_* L/\ell!$ et $q_2 = \sigma_{\max}^2 C_*^2$.

DÉMONSTRATION. En utilisant (1.61) et le développement de Taylor de f, on peut écrire, lorsque $f \in \Sigma(\beta, L)$,

$$
\begin{aligned}
b(x_0) &= \mathbf{E}\left[\hat{f}_n(x_0)\right] - f(x_0) = \sum_{i=1}^n f(X_i) \, W_{ni}^*(x_0) - f(x_0) \\
&= \sum_{i=1}^n (f(X_i) - f(x_0)) W_{ni}^*(x_0) \\
&= \sum_{i=1}^n \frac{f^{(\ell)}(x_0 + \tau_i(X_i - x_0)) - f^{(\ell)}(x_0)}{\ell!} (X_i - x_0)^\ell \, W_{ni}^*(x_0),
\end{aligned}
$$

où $0 \leq \tau_i \leq 1$. Ce développement et les résultats (ii) et (iii) du Lemme 1.5 impliquent que

$$
\begin{aligned}
|b(x_0)| &\leq \sum_{i=1}^n \frac{L|X_i - x_0|^\beta}{\ell!} |W_{ni}^*(x_0)| \\
&= L \sum_{i=1}^n \frac{|X_i - x_0|^\beta}{\ell!} |W_{ni}^*(x_0)| I(|X_i - x_0| \leq h) \\
&\leq L \sum_{i=1}^n \frac{h^\beta}{\ell!} |W_{ni}^*(x_0)| \leq \frac{LC_*}{\ell!} h^\beta = q_1 \, h^\beta.
\end{aligned}
$$

Quant à la variance, elle vérifie

$$
\begin{aligned}
\sigma^2(x_0) &= \mathbf{E}\left[\left(\sum_{i=1}^n \xi_i \, W_{ni}^*(x_0)\right)^2\right] = \sum_{i=1}^n (W_{ni}^*(x_0))^2 \mathbf{E}(\xi_i^2) \\
&\leq \sigma_{\max}^2 \sup_{i,x} |W_{ni}^*(x)| \sum_{i=1}^n |W_{ni}^*(x_0)| \leq \frac{\sigma_{\max}^2 C_*^2}{nh} = \frac{q_2}{nh}.
\end{aligned}
$$

∎

La Proposition 1.13 implique que

$$\text{MSE} \leq q_1^2 h^{2\beta} + q_2/nh$$

et la valeur h_n^* de h qui minimise cette majoration du risque est donnée par

$$h_n^* = \left(\frac{q_2}{2\beta q_1^2}\right)^{\frac{1}{2\beta+1}} n^{-\frac{1}{2\beta+1}}.$$

On en déduit le résultat suivant.

Théorème 1.6 *Sous les hypothèses de la Proposition 1.13 et avec le choix de la fenêtre* $h = h_n = \alpha n^{-\frac{1}{2\beta+1}}, \alpha > 0$, *on obtient la majoration*

$$\limsup_{n\to\infty} \sup_{f\in\Sigma(\beta,L)} \sup_{x_0\in[0,1]} \mathbf{E}_f\left[\psi_n^{-2}|\hat{f}_n(x_0) - f(x_0)|^2\right] \leq C < \infty, \qquad (1.64)$$

où $\psi_n = n^{-\frac{\beta}{2\beta+1}}$ *est la vitesse de convergence, et* C *est une constante qui ne dépend que de* $\beta, L, \lambda_0, a_0, \sigma_{\max}^2, K_{\max}$ *et* α.

Corollaire 1.3 *Sous les hypothèses du Théorème 1.6, on a :*

$$\limsup_{n\to\infty} \sup_{f\in\Sigma(\beta,L)} \mathbf{E}_f\left[\psi_n^{-2}\|\hat{f}_n - f\|_2^2\right] \leq C < \infty, \qquad (1.65)$$

où $\|f\|_2^2 = \int_0^1 f^2(x)dx$, $\psi_n = n^{-\frac{\beta}{2\beta+1}}$ *et* C *est une constante qui ne dépend que de* $\beta, L, \lambda_0, a_0, \sigma_{\max}^2, K_{\max}$ *et* α.

La question de savoir quand les hypothèses (LP1) – (LP3) sont vérifiées se pose alors. Pour ce qui est de (LP3), il suffit de choisir un noyau K convenable. La condition (LP2) est satisfaite pour des dispositifs expérimentaux assez généraux. Un exemple important est celui du dispositif expérimental régulier donné par $X_i = i/n$ pour lequel (LP2) est vérifiée avec $a_0 = 2$. Reste le problème de (LP1). Si, par exemple, le dispositif expérimental est régulier et n est assez grand, $\mathcal{B}_{nx}$ est proche de la matrice $\mathcal{B} = \int U(x)U^T(x)K(x)\, dx$ et il suffit donc de s'assurer que cette dernière est définie positive, ce qui est vrai, sauf cas pathologique, d'après le lemme suivant.

Lemme 1.6 *Soit* $K : \mathbf{R} \to [0, +\infty[$ *une fonction telle que la mesure de Lebesgue* $\text{Leb}(u : K(u) > 0) > 0$. *Alors la matrice*

$$\mathcal{B} = \int U(u)U^T(u)K(u)du$$

est définie positive : $\mathcal{B} > 0$.

DÉMONSTRATION. Il suffit de vérifier que pour tout $v \in \mathbf{R}^{\ell+1}$ tel que $v \neq 0$ on a

$$v^T \mathcal{B} v > 0.$$

Or,

$$v^T \mathcal{B} v = \int (v^T U(u))^2 K(u) du \geq 0.$$

S'il existe $v \neq 0$ tel que $\int [v^T U(u)]^2 K(u)\, du = 0$, alors $v^T U(u) = 0$ sur $G = \{u : K(u) > 0\}$. Mais la fonction $u \mapsto v^T U(u)$ est un polynôme de degré $\leq \ell$ qui ne s'annule qu'en un nombre fini de points, ce qui contredit l'hypothèse que $\mathrm{Leb}(G) > 0$.   ∎

Lemme 1.7 *Supposons qu'il existe $K_{\min} > 0, \Delta > 0$ tels que*

$$K(u) \geq K_{\min} I(|u| \leq \Delta), \quad \forall\, u \in \mathbf{R}, \tag{1.66}$$

et que $X_i = i/n$, pour $i = 1, \ldots, n$. Soit une suite $h = h_n$ telle que

$$h_n \to 0, \quad n h_n \to \infty, \tag{1.67}$$

lorsque $n \to \infty$. Alors, l'hypothèse (LP1) est satisfaite.

DÉMONSTRATION. Il faut montrer que

$$\inf_{\|v\|=1} v^T \mathcal{B}_{nx} v \geq \lambda_0$$

pour n assez grand. Or, d'après (1.66),

$$v^T \mathcal{B}_{nx} v \geq \frac{K_{\min}}{nh} \sum_{i=1}^n (v^T U(z_i))^2 I(|z_i| \leq \Delta) \tag{1.68}$$

où $z_i = (X_i - x)/h$. Notons que $z_i - z_{i-1} = (nh)^{-1}$ et

$$z_1 = \frac{1}{nh} - \frac{x}{h} \leq \frac{1}{nh}, \quad z_n = \frac{1-x}{h} \geq 0.$$

Si $x < 1 - h\Delta$, alors $z_n > \Delta$ et les points z_i forment une grille de pas $(nh)^{-1}$ sur un intervalle qui recouvre $[0, \Delta]$. De plus $nh \to \infty$, donc

$$\frac{1}{nh} \sum_{i=1}^n (v^T U(z_i))^2 I(|z_i| \leq \Delta) \geq \frac{1}{nh} \sum_{i=1}^n (v^T U(z_i))^2 I(0 \leq z_i \leq \Delta) \tag{1.69}$$

$$\to \int_0^\Delta (v^T U(z))^2 dz \quad \text{quand } n \to \infty,$$

d'après la convergence des sommes de Riemann vers l'intégrale.

Si $x \geq 1 - h\Delta$, alors $z_1 < -\Delta$ pour n assez grand d'après (1.67) et les points z_i forment une grille de pas $(nh)^{-1}$ sur un intervalle qui recouvre $[-\Delta, 0]$. On obtient comme précédemment

$$\frac{1}{nh} \sum_{i=1}^{n} (v^T U(z_i))^2 I(|z_i| \leq \Delta) \geq \frac{1}{nh} \sum_{i=1}^{n} (v^T U(z_i))^2 I(-\Delta \leq z_i \leq 0) \quad (1.70)$$

$$\rightarrow \int_{-\Delta}^{0} (v^T U(z))^2 dz \quad \text{quand } n \rightarrow \infty.$$

Il est facile de voir que la convergence dans (1.69) et (1.70) est uniforme sur $\{\|v\| = 1\}$. En utilisant cette remarque et (1.68) – (1.70), on déduit que

$$\inf_{\|v\|=1} v^T B_{nx} v \geq \frac{K_{\min}}{2} \min \left\{ \inf_{\|v\|=1} \int_0^\Delta (v^T U(z))^2 dz, \inf_{\|v\|=1} \int_{-\Delta}^0 (v^T U(z))^2 dz \right\}$$

pour n assez grand. Il suffit alors d'appliquer le Lemme 1.6 avec $K(u) = I(0 \leq u \leq \Delta)$ et $K(u) = I(-\Delta \leq u \leq 0)$ respectivement pour conclure.   ■

En utilisant le Théorème 1.6, le Corollaire 1.3 et le Lemme 1.7 on obtient le résultat suivant.

Théorème 1.7 *Supposons que f appartient à la classe de Hölder $\Sigma(\beta, L)$ sur $[0,1]$, où $\beta > 0, L > 0$. Soit $\hat{f}_n$ l'estimateur LP(ℓ) de f avec $\ell = \lfloor \beta \rfloor$. Supposons en outre que :*

(i) $X_i = i/n$ pour $i = 1, \ldots, n$;

(ii)   les v.a. ξ_i sont indépendantes et telles que, pour tout $i = 1, \ldots, n$,

$$\mathbf{E}(\xi_i) = 0, \qquad \mathbf{E}(\xi_i^2) \leq \sigma_{\max}^2 < \infty;$$

(iii)   il existe des constantes $K_{\min} > 0$, $\Delta > 0$, $K_{\max} < \infty$ telles que le noyau K vérifie

$$K_{\min} I(|u| \leq \Delta) \leq K(u) \leq K_{\max} I(|u| \leq 1), \quad \forall\, u \in \mathbf{R};$$

(iv) $h = h_n = \alpha n^{-\frac{1}{2\beta+1}}$, pour un réel $\alpha > 0$.

Alors, l'estimateur $\hat{f}_n$ vérifie (1.64) et (1.65).

1.9 Convergence des estimateurs dans L_∞

Soit la norme

$$\|f\|_\infty = \sup_{t \in [0,1]} |f(t)|.$$

Le risque L_∞ de l'estimateur $\hat{f}_n$ est défini par $\mathbf{E}_f \|\hat{f}_n - f\|_\infty^2$. Nous allons ici nous intéresser à la question de déterminer à quelle vitesse le risque L_∞ de l'estimateur localement polynomial converge vers 0. Pour ce faire, nous aurons besoin des résultats préliminaires suivants.

Lemme 1.8 *Soient $\eta_1, \ldots, \eta_M$ des variables aléatoires telles que, pour deux constantes $\alpha_0 > 0$ et $C_0 < \infty$, $\max\limits_{1 \leq j \leq M} \mathbf{E}[\exp(\alpha_0 \eta_j^2)] \leq C_0$. Alors*

$$\mathbf{E}\left[\max_{1 \leq j \leq M} \eta_j^2\right] \leq \frac{1}{\alpha_0} \log(C_0 M).$$

DÉMONSTRATION. En utilisant l'inégalité de Jensen, on obtient

$$\mathbf{E}\left[\max_j \eta_j^2\right] = \frac{1}{\alpha_0}\mathbf{E}\left[\max_j \log\left(\exp(\alpha_0 \eta_j^2)\right)\right] = \frac{1}{\alpha_0}\mathbf{E}\left[\log\left(\max_j \exp(\alpha_0 \eta_j^2)\right)\right]$$

$$\leq \frac{1}{\alpha_0} \log \mathbf{E}\left[\max_j \exp(\alpha_0 \eta_j^2)\right] \leq \frac{1}{\alpha_0}\log \mathbf{E}\left[\sum_{j=1}^{M} \exp(\alpha_0 \eta_j^2)\right]$$

$$\leq \frac{1}{\alpha_0} \log\left(M \max_j \mathbf{E}\left[\exp(\alpha_0 \eta_j^2)\right]\right) \leq \frac{1}{\alpha_0} \log(C_0 M).$$

∎

Notons que, dans le Lemme 1.8, les v.a. η_j ne sont pas supposées indépendantes.

Corollaire 1.4 *Soient $\eta_1, \ldots, \eta_M$ des vecteurs aléatoires gaussiens dans $\mathbf{R}^d$ tels que $\mathbf{E}(\eta_j) = 0$ et $\max\limits_{1 \leq j \leq M} \max\limits_{1 \leq k \leq d} \mathbf{E}(\eta_{jk}^2) \leq \sigma_{\max}^2 < \infty$, où η_{jk} est la k-ème coordonnée du vecteur η_j. Alors*

$$\mathbf{E}\left[\max_{1 \leq j \leq M} \|\eta_j\|^2\right] \leq 4d\sigma_{\max}^2 \log(\sqrt{2}Md),$$

où $\|\cdot\|$ désigne la norme euclidienne de $\mathbf{R}^d$.

DÉMONSTRATION. On a

$$\mathbf{E}\left[\max_{1 \leq j \leq M} \|\eta_j\|^2\right] \leq d\,\mathbf{E}\left[\max_{1 \leq j \leq M} \max_{1 \leq k \leq d} \eta_{jk}^2\right],$$

Les η_{jk} sont des v.a. gaussiennes centrées et de variance $\sigma_{jk}^2 = \mathbf{E}(\eta_{jk}^2) \leq \sigma_{\max}^2$. Par conséquent, pour $\alpha_0 = 1/(4\sigma_{\max}^2)$,

$$\mathbf{E}\left[\exp(\alpha_0 \eta_{jk}^2)\right] \leq \frac{1}{\sqrt{2\pi}\sigma_{jk}} \int \exp\left(-\frac{x^2}{4\sigma_{jk}^2}\right) dx = \sqrt{2}.$$

Il suffit alors, pour conclure, d'appliquer le Lemme 1.8 avec $C_0 = \sqrt{2}$. ∎

On peut ainsi montrer le résultat suivant concernant le risque L_∞ des estimateurs localement polynomiaux d'une fonction de régression $f \in \Sigma(\beta, L)$ sur $[0, 1]$.

Théorème 1.8 *Supposons que f appartient à la classe de Hölder $\Sigma(\beta, L)$ sur $[0,1]$, où $\beta > 0, L > 0$. Soit $\hat{f}_n$ l'estimateur LP(ℓ) de f avec $\ell = \lfloor \beta \rfloor$ construit en utilisant la fenêtre*

$$h_n = \alpha \left(\frac{\log n}{n} \right)^{\frac{1}{2\beta+1}}, \tag{1.71}$$

pour un réel $\alpha > 0$. Supposons en outre que :
(i) les valeurs $X_1, \ldots, X_n$ sont déterministes;
(ii) les hypothèses (LP1) – (LP3) sont vérifiées;
(iii) les v.a. ξ_i sont i.i.d. de loi $\mathcal{N}(0, \sigma_\xi^2)$ avec $0 < \sigma_\xi^2 < \infty$;
(iv) le noyau K est lipschitzien : $K \in \Sigma(1, L_K)$ sur $\mathbf{R}$ avec $0 < L_K < \infty$.
Alors il existe une constante $C < \infty$ telle que

$$\limsup_{n \to \infty} \sup_{f \in \Sigma(\beta, L)} \mathbf{E}_f \left[\psi_n^{-2} \| \hat{f}_n - f \|_\infty^2 \right] \leq C,$$

où

$$\psi_n = \left(\frac{\log n}{n} \right)^{\frac{\beta}{2\beta+1}}. \tag{1.72}$$

DÉMONSTRATION. Il vient, d'après la Proposition 1.13,

$$\mathbf{E}\|\hat{f}_n - f\|_\infty^2 \leq \mathbf{E} \left[\| \hat{f}_n - \mathbf{E}\hat{f}_n \|_\infty + \| \mathbf{E}\hat{f}_n - f \|_\infty \right]^2$$

$$\leq 2\mathbf{E}\|\hat{f}_n - \mathbf{E}\hat{f}_n\|_\infty^2 + 2\left(\sup_{x \in [0,1]} |b(x)| \right)^2$$

$$\leq 2\mathbf{E}\|\hat{f}_n - \mathbf{E}\hat{f}_n\|_\infty^2 + 2q_1^2 h_n^{2\beta}. \tag{1.73}$$

Par ailleurs,

$$\mathbf{E}\|\hat{f}_n - \mathbf{E}\hat{f}_n\|_\infty^2 = \mathbf{E}\left[\sup_{x \in [0,1]} \left| \hat{f}_n(x) - \mathbf{E}\left[\hat{f}_n(x) \right] \right|^2 \right]$$

$$= \mathbf{E}\left[\sup_{x \in [0,1]} \left| \sum_{i=1}^n \xi_i W_{ni}^*(x) \right|^2 \right], \tag{1.74}$$

où

$$W_{ni}^*(x) = \frac{1}{nh} U^T(0) \mathcal{B}_{nx}^{-1} U\left(\frac{X_i - x}{h} \right) K\left(\frac{X_i - x}{h} \right)$$

$$= \frac{1}{nh} U^T(0) \mathcal{B}_{nx}^{-1} S_i(x)$$

et

$$S_i(x) = U\left(\frac{X_i - x}{h} \right) K\left(\frac{X_i - x}{h} \right).$$

D'après (1.63),

$$\left| \sum_{i=1}^{n} \xi_i W_{ni}^*(x) \right| \le \frac{1}{nh} \left\| \mathcal{B}_{nx}^{-1} \sum_{i=1}^{n} \xi_i S_i(x) \right\| \le \frac{1}{\lambda_0 nh} \left\| \sum_{i=1}^{n} \xi_i S_i(x) \right\|,$$

où $\| \cdot \|$ désigne la norme euclidienne. Soient $M = n^2$ et $x_j = j/M$ pour $j = 1, \ldots, M$. Alors

$$A \overset{\triangle}{=} \sup_{x \in [0,1]} \left| \sum_{i=1}^{n} \xi_i W_{ni}^*(x) \right| \le \frac{1}{\lambda_0 nh} \sup_{x \in [0,1]} \left\| \sum_{i=1}^{n} \xi_i S_i(x) \right\|$$

$$\le \frac{1}{\lambda_0 nh} \left(\max_{1 \le j \le M} \left\| \sum_{i=1}^{n} \xi_i \, S_i(x_j) \right\| \right.$$

$$\left. + \sup_{x,x': \, |x-x'| \le 1/M} \left\| \sum_{i=1}^{n} \xi_i \, (S_i(x) - S_i(x')) \right\| \right).$$

Le noyau K étant à support dans $[-1, 1]$, $K \in \Sigma(1, L_K)$ et $U(\cdot)$ étant un vecteur dont toutes les coordonnées sont des polynômes, il existe une constante $\bar{L}$ telle que $\|U(u)K(u) - U(u')K(u')\| \le \bar{L}|u - u'|$, $\forall \, u, u' \in \mathbf{R}$. Donc

$$A^2 \le \left(\frac{1}{\lambda_0 nh} \right)^2 \left(\max_j \left\| \sum_{i=1}^{n} \xi_i S_i(x_j) \right\| + \frac{\bar{L}}{Mh} \sum_{i=1}^{n} |\xi_i| \right)^2$$

$$\le \frac{2}{\lambda_0^2 nh} \left[\max_j \|\eta_j\|^2 \right] + \frac{2\bar{L}^2}{\lambda_0^2 n^2 h^4 M^2} \left(\sum_{i=1}^{n} |\xi_i| \right)^2,$$

où les vecteurs aléatoires η_j sont donnés par

$$\eta_j = \frac{1}{\sqrt{nh}} \sum_{i=1}^{n} \xi_i \, S_i(x_j).$$

On en déduit que

$$\mathbf{E}(A^2) \le \frac{2}{\lambda_0^2 nh} \mathbf{E} \left[\max_j \|\eta_j\|^2 \right] + \frac{2\bar{L}^2}{\lambda_0^2 n^2 h^4 M^2} \mathbf{E} \left[\left(\sum_{i=1}^{n} |\xi_i| \right)^2 \right]. \tag{1.75}$$

Or,

$$\frac{1}{M^2 n^2 h^4} \mathbf{E} \left[\left(\sum_{i=1}^{n} |\xi_i| \right)^2 \right] \le \frac{\mathbf{E}(\xi_1^2)}{M^2 h^4} = \frac{\sigma_\xi^2}{(nh)^4} = o \left(\frac{1}{nh} \right). \tag{1.76}$$

Les η_j étant des vecteurs gaussiens centrés, il vient, comme dans la démonstration du Lemme 1.5 :

$$\mathbf{E}[\|\eta_j\|^2] = \frac{1}{nh} \sum_{i=1}^n \sigma_\xi^2 \left\| U\left(\frac{X_i - x_j}{h}\right) \right\|^2 K^2\left(\frac{X_i - x_j}{h}\right) \qquad (1.77)$$

$$\leq \frac{4K_{\max}^2 \sigma_\xi^2}{nh} \sum_{i=1}^n I\left(|X_i - x_j| \leq h\right)$$

$$\leq 4K_{\max}^2 \sigma_\xi^2 a_0 \max\left(2, \frac{1}{nh}\right).$$

Il s'ensuit, d'après le Corollaire 1.4, que

$$\mathbf{E}\left[\max_j \|\eta_j\|^2\right] = O(\log M) = O(\log n) \quad \text{quand } n \to \infty. \qquad (1.78)$$

En utilisant (1.74) – (1.78), on obtient

$$\mathbf{E}\|\hat{f}_n - \mathbf{E}\hat{f}_n\|_\infty^2 \leq \frac{q_3 \log n}{nh},$$

où $q_3 > 0$ est une constante qui ne dépend ni de f, ni de n. Cette majoration et (1.73) impliquent alors que

$$\mathbf{E}\|\hat{f}_n - f\|_\infty^2 \leq \frac{q_3 \log n}{nh} + 2q_1^2 h^{2\beta}.$$

Le choix de fenêtre $h = h_n$ donné par (1.71) permet alors de conclure. ∎

Remarques.

(1) Le Théorème 1.8 affirme que la vitesse ψ_n donnée par (1.72) est une vitesse uniforme de convergence de $\hat{f}_n$ en norme L_∞ sur la classe $\Sigma(\beta, L)$. Par rapport à la vitesse de convergence en un point fixé x_0 ou à la vitesse de convergence en norme L_2, un facteur logarithmique supplémentaire apparaît impliquant une convergence plus lente. Nous verrons au Chapitre 2 que (1.72) est néanmoins la vitesse optimale de convergence en norme L_∞ sur la classe $\Sigma(\beta, L)$.

(2) Les hypothèses du Théorème 1.8 peuvent être améliorées. Par exemple, la normalité des variables ξ_i n'est pas nécessaire (cf. Ibragimov et Hasminskii (1982)).

1.10 Estimateurs par projection

Nous continuons ici l'étude du modèle de régression non-paramétrique

$$Y_i = f(X_i) + \xi_i, \qquad i = 1, \dots, n,$$

où les ξ_i sont des v.a. indépendantes, $\mathbf{E}(\xi_i) = 0$, les $X_i \in [0, 1]$ sont déterministes et $f : [0, 1] \to \mathbf{R}$. Nous étudierons principalement ici le cas particulier $X_i = i/n$.

Supposons que $f \in L_2[0,1]$. Etant donnée une base orthonormée $\{\varphi_j\}_{j=1}^{\infty}$ de $L_2[0,1]$, on introduit les coefficients de Fourier de f :

$$\theta_j = \int_0^1 f(x)\varphi_j(x)dx.$$

Supposons que l'on puisse écrire

$$f(x) = \sum_{j=1}^{\infty} \theta_j \varphi_j(x) \tag{1.79}$$

où la série converge pour tout $x \in [0,1]$.

L'estimation par projection de f est fondée sur une idée simple : prendre l'approximation de f par sa projection sur les N premières fonctions de base $\varphi_1, \ldots, \varphi_N$ et remplacer les θ_j par leurs estimateurs. Notons que, si les X_i sont "uniformément" répartis sur $[0,1]$, comme c'est le cas pour $X_i = i/n$, les coefficients θ_j sont bien approchés par les sommes $n^{-1} \sum_{i=1}^{n} f(X_i)\varphi_j(X_i)$. En remplaçant dans ces sommes les inconnues $f(X_i)$ par les observations Y_i, on obtient les estimateurs $\hat{\theta}_j$ des coefficients θ_j donnés par

$$\hat{\theta}_j = \frac{1}{n} \sum_{i=1}^{n} Y_i \varphi_j(X_i).$$

Définition 1.7 *Soit $N \geq 1$ un entier. La statistique*

$$\hat{f}_{nN}(x) = \sum_{j=1}^{N} \hat{\theta}_j \varphi_j(x)$$

est dite **estimateur par projection** *de $f(x)$.*

Cette définition n'est opérationnelle que si la répartition des X_i est uniforme ou presque uniforme sur $[0,1]$. Une généralisation pour des X_i arbitraires est décrite au § 1.10.4.

La quantité N joue un rôle analogue à celui de la fenêtre h de l'estimateur à noyau : N, comme h, est un *paramètre de lissage*, i.e. le paramètre dont le choix est crucial pour établir l'équilibre biais – variance.

Notons que $\hat{f}_{nN}$ est un estimateur linéaire :

$$\hat{f}_{nN}(x) = \sum_{i=1}^{n} Y_i W_{ni}^{**}(x)$$

avec

$$W_{ni}^{**}(x) = \frac{1}{n} \sum_{j=1}^{N} \varphi_j(X_i)\varphi_j(x).$$

Les bases $\{\varphi_j\}$ le plus souvent utilisées pour l'estimation par projection sont la base trigonométrique et les bases d'ondelettes.

Exemple 1.3 *La base trigonométrique.*

C'est la base orthonormée de $L_2[0,1]$ définie par

$$\varphi_1(x) \equiv 1,$$
$$\varphi_{2k}(x) = \sqrt{2}\cos(2\pi kx),$$
$$\varphi_{2k+1}(x) = \sqrt{2}\sin(2\pi kx), \quad k = 1, 2, \ldots,$$

avec $x \in [0,1]$.

Exemple 1.4 *Les bases d'ondelettes.*

Soit $\psi : \mathbf{R} \to \mathbf{R}$ une fonction suffisamment régulière et à support compact. Définissons l'ensemble infini de fonctions :

$$\psi_{jk}(x) = 2^{j/2}\psi(2^j x - k), \quad j, k \in \mathbb{Z}. \tag{1.80}$$

On peut démontrer que, sous certaines hypothèses sur ψ, le système (1.80) est une base orthonormée de $L_2(\mathbf{R})$ et que, pour tout $f \in L_2(\mathbf{R})$, on a

$$f = \sum_{j=-\infty}^{\infty} \sum_{k=-\infty}^{\infty} \theta_{jk}\psi_{jk}, \qquad \theta_{jk} = \int f\psi_{jk},$$

où la série converge dans $L_2(\mathbf{R})$ (Meyer (1990)). Ce développement peut être vu comme un cas particulier de (1.79) si l'on passe à l'indexation des θ_{jk} et ψ_{jk} par un seul indice. On appelle (1.80) base d'ondelettes. Une construction similaire existe pour $L_2[0,1]$ au lieu de $L_2(\mathbf{R})$ avec une correction des fonctions ψ_{jk} aux bords de l'intervalle $[0,1]$ nécessaire pour conserver l'orthonormalité. Pour plus de détails sur les bases d'ondelettes, on pourra consulter les livres de Hernández et Weiss (1996), Mallat (1999), Härdle, Kerkyacharian, Picard et Tsybakov (1998).

La différence principale entre la base trigonométrique et les bases d'ondelettes réside dans le fait que la base trigonométrique "localise" la fonction f seulement dans le domaine de fréquences, tandis que les bases d'ondelettes la "localisent" à la fois dans le domaine des fréquences et dans le "temps" (l'indice j correspond à la fréquence et k caractérise la position en "temps").

Dans la suite, nous étudions seulement les estimateurs par projection sur la base trigonométrique. Les propriétés des estimateurs par projection sur les bases d'ondelettes sont analysées, par exemple, dans le livre de Härdle, Kerkyacharian, Picard et Tsybakov (1998).

Il est naturel d'étudier les propriétés de l'estimateur par projection $\hat{f}_{nN}$ pour la norme L_2. Le risque L_2 (i.e. le risque quadratique intégré) de $\hat{f}_{nN}$ est défini par

$$\text{MISE} \triangleq \mathbf{E}_f \|\hat{f}_{nN} - f\|_2^2 = \mathbf{E}_f \int_0^1 (\hat{f}_{nN}(x) - f(x))^2 dx.$$

Supposons que la fonction f est suffisamment régulière, notamment qu'elle appartient à la classe définie comme suit.

Définition 1.8 *Soit* $\beta \in \{1, 2, \ldots\}$, $L > 0$. *La classe fonctionnelle de Sobolev* $W(\beta, L)$ *est définie par*

$$W(\beta, L) = \Big\{ f \in [0, 1] \to \mathbf{R} : f^{(\beta-1)} \text{ est absolument continue et}$$

$$\int_0^1 (f^{(\beta)}(x))^2 dx \le L^2 \Big\}.$$

La classe de Sobolev périodique $W^{per}(\beta, L)$ *est définie par*

$$W^{per}(\beta, L) = \Big\{ f \in W(\beta, L) : f^{(j)}(0) = f^{(j)}(1), \quad j = 0, 1, \ldots, \beta - 1 \Big\}.$$

Il est facile de voir que, pour tout $\beta \in \{1, 2, \ldots\}$ et tout $L > 0$, la classe de Sobolev $W(\beta, L)$ contient la classe de Hölder $\Sigma(\beta, L)$ sur l'intervalle $[0, 1]$.

1.10.1 Représentation d'une classe de Sobolev sous la forme d'un ellipsoïde

Toute fonction $f \in W^{per}(\beta, L)$ admet la représentation (1.79) en termes de ses coefficients de Fourier θ_j, où la suite $\theta = \{\theta_j\}_{j=1}^{\infty}$ appartient à l'espace

$$\ell^2(\mathbf{N}) = \Big\{ \theta : \sum_{j=1}^{\infty} \theta_j^2 < \infty \Big\}$$

et $\{\varphi_j\}_{j=1}^{\infty}$ est la base trigonométrique définie dans l'Exemple 1.3. Etudions à quelles conditions sur θ la fonction

$$f(x) = \theta_1 \varphi_1(x) + \sum_{k=1}^{\infty} (\theta_{2k} \varphi_{2k}(x) + \theta_{2k+1} \varphi_{2k+1}(x))$$

appartient à la classe $W^{per}(\beta, L)$. Définissons

$$a_j = \begin{cases} j^{\beta}, & \text{pour } j \text{ pair,} \\ (j-1)^{\beta}, & \text{pour } j \text{ impair.} \end{cases} \tag{1.81}$$

Proposition 1.14 *Soit* $\beta \in \{1, 2, \ldots\}$, $L > 0$, *et* $\{\varphi_j\}_{j=1}^{\infty}$ *la base trigonométrique. Alors la fonction* $f = \sum_{j=1}^{\infty} \theta_j \varphi_j$ *appartient à* $W^{per}(\beta, L)$ *si et seulement si le vecteur* θ *de ses coefficients de Fourier appartient à l'ellipsoïde de* $\ell^2(\mathbf{N})$ *défini par*

$$\Theta(\beta, Q) = \Big\{ \theta \in \ell^2(\mathbf{N}) : \sum_{j=1}^{\infty} a_j^2 \theta_j^2 \leq Q \Big\}, \qquad (1.82)$$

où $Q = L^2/\pi^{2\beta}$ et a_j est donné par (1.81).

La démonstration de cette proposition est donnée dans l'Annexe (Lemme A.3).

Quelquefois on appelle l'ensemble $\Theta(\beta, Q)$ défini par (1.82) avec $\beta > 0$ (pas nécessairement entier), $Q > 0$ et les a_j vérifiant (1.81) *ellipsoïde de Sobolev*. Notons deux propriétés de ces ellipsoïdes :

(1) On a la monotonie par rapport à l'inclusion :

$$0 < \beta' \leq \beta \Longrightarrow \Theta(\beta, Q) \subseteq \Theta(\beta', Q).$$

(2) Si $\beta > 1/2$, la fonction $f = \sum_{j=1}^{\infty} \theta_j \varphi_j$ avec $\theta \in \Theta(\beta, Q)$ est continue (vérifiez ceci à titre d'exercice). Dans la suite, on considérera principalement ce cas.

L'ellipsoïde $\Theta(\beta, Q)$ est bien défini pour tout $\beta > 0$. En ce sens, c'est un objet plus général que la classe de Sobolev périodique $W^{per}(\beta, L)$ donnée par la Définition 1.8. La Proposition 1.14 établit l'isomorphisme entre $\Theta(\beta, Q)$ et $W^{per}(\beta, L)$ seulement pour les β entiers, mais on peut l'étendre à tous les $\beta > 0$, en généralisant la définition de $W^{per}(\beta, L)$:

Définition 1.9 *Pour $\beta > 0$, $L > 0$, la classe de Sobolev $\tilde{W}(\beta, L)$ est définie par*

$$\tilde{W}(\beta, L) = \{ f \in L_2[0,1] : \theta = \{\theta_j\} \in \Theta(\beta, Q) \},$$

avec $\theta_j = \int_0^1 f \varphi_j$, $\{\varphi_j\}_{j=1}^{\infty}$ étant la base trigonométrique. Ici $\Theta(\beta, Q)$ désigne l'ellipsoïde de Sobolev (1.82) tel que $Q = L^2/\pi^{2\beta}$ et les coefficients a_j sont définis dans (1.81).

Pour tout $\beta > 1/2$, les fonctions appartenant à $\tilde{W}(\beta, L)$ sont périodiques, i.e. $f(0) = f(1)$. Par contre, elles ne sont pas toujours périodiques pour $\beta \leq 1/2$: un exemple est la fonction $f(x) = \text{sign}(x - 1/2)$ pour laquelle les θ_j sont de l'ordre de $1/j$.

1.10.2 Comportement du risque quadratique intégré

Étudions maintenant le risque quadratique intégré (MISE) de l'estimateur par projection. Pour ce faire, nous aurons besoin de l'hypothèse suivante.

Hypothèse (A)
(i) $\{\varphi_j\}_{j=1}^{\infty}$ est la base trigonométrique.
(ii) Le modèle statistique est celui de la régression non-paramétrique

$$Y_i = f(X_i) + \xi_i, \ i = 1, \dots, n,$$

où f est une fonction de $[0,1]$ dans $\mathbf{R}$. Les v.a. ξ_i sont indépendantes, avec

$$\mathbf{E}(\xi_i) = 0, \quad \mathbf{E}(\xi_i^2) = \sigma_\xi^2 < \infty,$$

et $X_i = i/n$, pour $i = 1, \ldots, n$.

(iii)   Les coefficients de Fourier $\theta_j = \int_0^1 f\varphi_j$ de f vérifient

$$\sum_{j=1}^\infty |\theta_j| < \infty.$$

La partie (iii) de l'Hypothèse (A) garantit que la série $\displaystyle\sum_{j=1}^\infty \theta_j\,\varphi_j(x)$ converge absolument pour tout $x \in [0,1]$, i.e. que l'on a bien la représentation (1.79).

On va utiliser la propriété suivante de la base trigonométrique.

Lemme 1.9 *Soit $\{\varphi_j\}_{j=1}^\infty$ la base trigonométrique. Alors*

$$\frac{1}{n}\sum_{s=1}^n \varphi_j(s/n)\varphi_k(s/n) = \delta_{jk}, \quad 1 \le j,k \le n, \tag{1.83}$$

où δ_{jk} est le symbole de Kronecker.

DÉMONSTRATION. Examinons le cas : $\varphi_j(x) = \sqrt{2}\cos(2\pi m x)$, $\varphi_k(x) = \sqrt{2}\sin(2\pi l x)$, où $j = 2m$, $k = 2l+1$, $j \le n$ et $k \le n$. Les autres cas s'étudieront de façon similaire. Posons

$$a \overset{\triangle}{=} \exp\{\mathrm{i}2\pi m/n\}, \quad b \overset{\triangle}{=} \exp\{\mathrm{i}2\pi l/n\},$$

où $\mathrm{i} = \sqrt{-1}$. Alors

$$S \overset{\triangle}{=} \frac{1}{n}\sum_{s=1}^n \varphi_j(s/n)\varphi_k(s/n) = \frac{2}{n}\sum_{s=1}^n \frac{(a^s + a^{-s})(b^s - b^{-s})}{4\mathrm{i}}$$

$$= \frac{1}{2\mathrm{i}n}\sum_{s=1}^n \left[(ab)^s - (a/b)^s + (b/a)^s - (ab)^{-s}\right].$$

Puisque $(ab)^n = 1$,

$$\sum_{s=1}^n (ab)^s = ab\frac{(ab)^n - 1}{ab - 1} = 0.$$

Pour la même raison, $\displaystyle\sum_{s=1}^n (ab)^{-s} = 0$ et (si $m \ne l$) $\displaystyle\sum_{s=1}^n (a/b)^s = \sum_{s=1}^n (b/a)^s = 0$.

Si $m = l$ on a $\displaystyle\sum_{s=1}^n (a/b)^s = \sum_{s=1}^n (b/a)^s = n$. On en déduit que $S = 0$. ∎

Le Lemme 1.9 implique que l'estimateur par projection f_{nN} possède une propriété de reproduction des polynômes analogue à celle de l'estimateur localement polynomial (cf. la Proposition 1.12), mais cette fois il s'agit des polynômes trigonométriques de degré $\leq N$, i.e. des fonctions

$$Q(x) = \sum_{k=1}^{N} \theta_k \varphi_k(x),$$

où $\{\varphi_j\}_{j=1}^{\infty}$ est la base trigonométrique.

Proposition 1.15 *Soit $N \leq n$ et $X_i = i/n$, pour $i = 1, \ldots, n$. Si Q est un polynôme trigonométrique de degré $\leq N$, on a*

$$\sum_{i=1}^{n} Q(X_i) W_{ni}^{**}(x) = Q(x),$$

pour tout $x \in [0, 1]$.

DÉMONSTRATION. Elle est immédiate d'après le Lemme 1.9 et la définition de W_{ni}^{**}. ∎

La proposition suivante donne le biais et la variance des estimateurs $\hat{\theta}_j$.

Proposition 1.16 *Sous l'Hypothèse (A) :*

(i) $\mathbf{E}(\hat{\theta}_j) = \theta_j + \alpha_j$,

(ii) $\mathbf{E}[(\hat{\theta}_j - \theta_j)^2] = \sigma_\xi^2/n + \alpha_j^2$, $\quad 1 \leq j \leq n$,

où

$$\alpha_j = \frac{1}{n} \sum_{i=1}^{n} f(i/n)\varphi_j(i/n) - \int_0^1 f(x)\varphi_j(x)dx.$$

DÉMONSTRATION. On a

$$\hat{\theta}_j = \frac{1}{n} \sum_{i=1}^{n} Y_i\, \varphi_j(i/n) = \frac{1}{n}\left(\sum_{i=1}^{n} f(i/n)\varphi_j(i/n) + \sum_{i=1}^{n} \xi_i\, \varphi_j(i/n)\right).$$

Donc,

$$\mathbf{E}(\hat{\theta}_j) = \frac{1}{n} \sum_{i=1}^{n} f(i/n)\varphi_j(i/n) = \alpha_j + \theta_j.$$

Ensuite,

$$\mathbf{E}[(\hat{\theta}_j - \theta_j)^2] = \mathbf{E}[(\hat{\theta}_j - \mathbf{E}(\hat{\theta}_j))^2] + (\mathbf{E}(\hat{\theta}_j) - \theta_j)^2 = \mathbf{E}[(\hat{\theta}_j - \mathbf{E}(\hat{\theta}_j))^2] + \alpha_j^2.$$

Par ailleurs,

$$\hat{\theta}_j - \mathbf{E}(\hat{\theta}_j) = \frac{1}{n} \sum_{i=1}^{n} \xi_i\varphi_j(i/n)$$

et, en utilisant le Lemme 1.9,

$$\mathbf{E}[(\hat{\theta}_j - \mathbf{E}(\hat{\theta}_j))^2] = \frac{1}{n^2} \sum_{i=1}^{n} \varphi_j^2(i/n)\sigma_\xi^2 = \frac{\sigma_\xi^2}{n}.$$

■

Dans la Proposition 1.16, les valeurs α_j sont les résidus issus de l'approximation des sommes par les intégrales. On verra plus loin que ces résidus sont négligeables par rapport aux termes principaux du risque quadratique intégré sur les classes de Sobolev quand n est grand. Montrons d'abord que les α_j sont contrôlés comme suit :

Lemme 1.10 *Pour la base trigonométrique* $\{\varphi_j\}_{j=1}^{\infty}$, *les résidus* α_j *vérifient*

(i) $Si \sum_{j=1}^{\infty} |\theta_j| < \infty$, *alors* $\max_{1\leq j\leq n} |\alpha_j| \leq 2 \sum_{m=n+1}^{\infty} |\theta_m|.$

(ii) $Si\ \theta \in \Theta(\beta, Q),\ \beta > 1/2$, *alors* $\max_{1\leq j\leq n} |\alpha_j| \leq C_{\beta,Q} n^{-\beta+1/2}$ *pour une constante* $C_{\beta,Q} < \infty$ *qui ne dépend que de* β *et* Q.

DÉMONSTRATION. En utilisant le Lemme 1.9, on obtient

$$\alpha_j = \frac{1}{n} \sum_{i=1}^{n} f(i/n)\varphi_j(i/n) - \theta_j$$

$$= \frac{1}{n} \sum_{i=1}^{n} \left(\sum_{m=1}^{\infty} \theta_m \varphi_m(i/n) \right) \varphi_j(i/n) - \theta_j$$

$$= \left(\frac{1}{n} \sum_{i,m=1}^{n} \theta_m \varphi_m(i/n)\varphi_j(i/n) - \theta_j \right)$$

$$+ \frac{1}{n} \sum_{i=1}^{n} \sum_{m=n+1}^{\infty} \theta_m \varphi_m(i/n)\varphi_j(i/n)$$

$$= \frac{1}{n} \sum_{i=1}^{n} \sum_{m=n+1}^{\infty} \theta_m \varphi_m(i/n)\varphi_j(i/n).$$

On en déduit que

$$|\alpha_j| = \left| \sum_{m=n+1}^{\infty} \theta_m \left(\frac{1}{n} \sum_{i=1}^{n} \varphi_m(i/n)\varphi_j(i/n) \right) \right| \leq 2 \sum_{m=n+1}^{\infty} |\theta_m|.$$

Supposons maintenant que $\theta \in \Theta(\beta, Q)$. Alors

$$\sum_{m=n+1}^{\infty} |\theta_m| = \sum_{m=1}^{\infty} |\theta_m| I(m \geq n+1)$$

$$\leq \left(\sum_{m=1}^{\infty} a_m^2 \, \theta_m^2 \right)^{1/2} \left(\sum_{m=n+1}^{\infty} a_m^{-2} \right)^{1/2}$$

$$\leq Q^{1/2} \Big(\sum_{m=n+1}^{\infty} (m-1)^{-2\beta} \Big)^{1/2} \leq C_{\beta,Q} \, n^{-\beta+1/2}.$$

■

Proposition 1.17 *Sous l'Hypothèse (A),*

$$\text{MISE} = \mathbf{E}\|\hat{f}_{nN} - f\|_2^2 = \mathcal{A}_{nN} + \sum_{j=1}^{N} \alpha_j^2,$$

où

$$\mathcal{A}_{nN} = \frac{\sigma_\xi^2 \, N}{n} + \rho_N \quad pour \quad \rho_N = \sum_{j=N+1}^{\infty} \theta_j^2.$$

DÉMONSTRATION. En utilisant les développements $\hat{f}_{nN} = \displaystyle\sum_{j=1}^{N} \hat{\theta}_j \varphi_j$, $f = \displaystyle\sum_{j=1}^{\infty} \theta_j \varphi_j$ et le résultat (ii) de la Proposition 1.16, on a la suite d'égalités :

$$\mathbf{E}\|\hat{f}_{nN} - f\|_2^2 = \mathbf{E} \int_0^1 (\hat{f}_{nN}(x) - f(x))^2 dx$$

$$= \mathbf{E} \int_0^1 \left(\sum_{j=1}^{N} (\hat{\theta}_j - \theta_j)\varphi_j(x) - \sum_{j=N+1}^{\infty} \theta_j \varphi_j(x) \right)^2 dx$$

$$= \sum_{j=1}^{N} \mathbf{E}[(\hat{\theta}_j - \theta_j)^2] + \sum_{j=N+1}^{\infty} \theta_j^2 = \mathcal{A}_{nN} + \sum_{j=1}^{N} \alpha_j^2.$$

■

Théorème 1.9 *Supposons que l'Hypothèse (A) est vérifiée, $\beta \in \{1,2,\dots\}$, $L > 0$, et définissons, pour $\alpha > 0$, un entier*

$$N = \lfloor \alpha n^{\frac{1}{2\beta+1}} \rfloor.$$

Alors l'estimateur par projection $\hat{f}_{nN}$ vérifie :

$$\limsup_{n \to \infty} \sup_{f \in W^{per}(\beta,L)} \mathbf{E}_f \left[n^{\frac{2\beta}{2\beta+1}} \|\hat{f}_{nN} - f\|_2^2 \right] \leq C$$

avec une constante $C < \infty$.

DÉMONSTRATION. D'après la Proposition 1.17,

$$\mathbf{E}_f \|\hat{f}_{nN} - f\|_2^2 = \mathcal{A}_{nN} + \sum_{j=1}^{N} \alpha_j^2. \tag{1.84}$$

Supposons que n est assez grand, tel que $N \leq n$. En utilisant la Proposition 1.14, le Lemme 1.10 et le fait que $\beta \geq 1$, on trouve

$$\sum_{j=1}^{N} \alpha_j^2 \leq N \max_{1 \leq j \leq n} \alpha_j^2 \leq C_{\beta,Q} N n^{1-2\beta} \tag{1.85}$$

$$= O\left(n^{\frac{1}{2\beta+1} - 2\beta + 1}\right) = O\left(n^{-\frac{2\beta}{2\beta+1}}\right),$$

où les $O(\cdot)$ sont uniformes en $f \in W^{per}(\beta, L)$. Par ailleurs,

$$\mathcal{A}_{nN} \leq \sigma_\xi^2 \alpha n^{-\frac{2\beta}{2\beta+1}} + \rho_N. \tag{1.86}$$

Finalement, en utilisant la monotonie de la suite a_j, on obtient

$$\rho_N = \sum_{j=N+1}^{\infty} \theta_j^2 \leq \frac{1}{a_{N+1}^2} \sum_{j=1}^{\infty} \theta_j^2 a_j^2 \leq \frac{Q}{a_{N+1}^2} = O\left(n^{-\frac{2\beta}{2\beta+1}}\right), \tag{1.87}$$

où $O(\cdot)$ est uniforme en $f \in W^{per}(\beta, L)$. Le théorème découle de (1.84) – (1.87). ∎

Remarques.

(1) Pour $\beta > 1$ on peut renforcer (1.85) en : $\sum_{j=1}^{N} \alpha_j^2 = o\left(n^{-\frac{2\beta}{2\beta+1}}\right)$, ce qui signifie que le terme résiduel $\sum_{j=1}^{N} \alpha_j^2$ est négligeable par rapport à $\mathcal{A}_{nN}$. Un calcul plus fin démontre que ceci est vrai également pour $\beta = 1$ et pour un choix de N beaucoup plus général qu'au Théorème 1.9 (Polyak et Tsybakov (1990)). La quantité $\mathcal{A}_{nN}$ représente donc la partie principale du risque intégré de l'estimateur par projection $\hat{f}_{nN}$. Les termes $\sigma_\xi^2 N/n$ et ρ_N figurant dans la définition de $\mathcal{A}_{nN}$ sont interprétés comme le *terme de variance* et le *terme de biais* de l'estimateur $\hat{f}_{nN}$. Vu (1.87), $\sup_{f \in W^{per}(\beta,L)} \rho_N \leq C N^{-2\beta}$ pour une constante C. Donc, le choix $N \asymp n^{1/(2\beta+1)}$ qui est utilisé dans le Théorème 1.9 vient de la minimisation en N du risque maximal de $\hat{f}_{nN}$ sur $W^{per}(\beta, L)$.

(2) Le Théorème 1.9 dit qu'avec le choix optimal de N, la vitesse de convergence en norme L_2 de l'estimateur par projection $\hat{f}_{nN}$ sur la classe de Sobolev $W^{per}(\beta, L)$ vaut

$$\psi_n = n^{-\frac{\beta}{2\beta+1}}.$$

On retrouve donc la même vitesse de convergence que pour les classes de Hölder. En outre, un résultat analogue s'obtient si l'on remplace $W^{per}(\beta, L)$

par $W(\beta, L)$ et si l'on choisit une base $\{\varphi_j\}$ autre que la base trigonométrique. Nous n'examinerons pas ce cas, car il nécessite l'application d'une technique un peu différente.

(3) La suite aléatoire $\hat{\theta} = (\hat{\theta}_1, \ldots, \hat{\theta}_N, 0, 0, \ldots)$ est un estimateur de $\theta = (\theta_1, \theta_2, \ldots) \in \ell^2(\mathbf{N})$. Si l'on note $\|\cdot\|$ la norme de $\ell^2(\mathbf{N})$, alors le Théorème 1.9, la Proposition 1.14 et l'isométrie entre $\ell^2(\mathbf{N})$ et L_2 impliquent :

$$\limsup_{n \to \infty} \sup_{\theta \in \Theta(\beta, Q)} \mathbf{E}\left[n^{\frac{2\beta}{2\beta+1}} \|\hat{\theta} - \theta\|^2\right] \leq C < \infty.$$

1.10.3 Oracles

Il est intéressant de choisir le paramètre N de l'estimateur $\hat{f}_{nN}$ de façon optimale. On définit N optimal comme

$$N_n^* = \arg\min_{N \geq 1} \mathbf{E}_f \|\hat{f}_{nN} - f\|_2^2.$$

La quantité $N_n^* = N_n^*(f)$ dépend de la fonction f que l'on ne connait pas : il est donc impossible de calculer N_n^* à partir des données. Pour la même raison, $\hat{f}_{nN_n^*}$ n'est pas un estimateur : il dépend de la fonction f inconnue. On attribue à $\hat{f}_{nN_n^*}$ le nom d'*oracle*. En effet, c'est la "meilleure prévision" de f, mais on ne peut pas y accéder : pour la découvrir, on aurait besoin d'un "oracle" qui connaîtrait f. Comme il s'agit d'estimateurs par projection, on appelle $\hat{f}_{nN_n^*}$ *oracle par projection*. De façon similaire, il est possible de définir les oracles pour d'autres classes d'estimateurs non-paramétriques. Donnons la définition générale d'un oracle.

Supposons que l'on veuille estimer le paramètre θ dans un modèle statistique $\{P_\theta, \theta \in \Theta\}$, où Θ est un ensemble quelconque et P_θ est une mesure de probabilité indexée par $\theta \in \Theta$. Par exemple, θ peut être une fonction de régression f, Θ une classe de Sobolev et P_θ la loi du vecteur $(Y_1, \ldots, Y_n)$ donné par le modèle (1.62). Supposons ensuite qu'une famille d'estimateurs $\hat{\theta}_h$ de θ est donnée, indexée par $h \in H$:

$$\mathcal{K} = \{\hat{\theta}_h, h \in H\},$$

où H est un ensemble quelconque, et $\hat{\theta}_h$ prend ces valeurs dans un ensemble Θ' tel que $\Theta \subseteq \Theta'$. Typiquement on interprète h comme un paramètre de lissage et H comme l'ensemble des valeurs possibles de h. Par exemple, $\hat{\theta}_h$ peut être un estimateur à noyau avec un noyau fixé, une fenêtre h et $H = \{h : h > 0\}$. Un autre exemple est fourni par l'estimateur par projection, dans ce cas $h = N$ et $H = \{1, 2, \ldots\}$.

Introduisons aussi une fonction de risque $r : \Theta' \times \Theta \to [0, \infty[$ telle que $r(\hat{\theta}_h, \theta)$ caractérise l'erreur d'estimation de θ par $\hat{\theta}_h$. Deux exemples courants de $r(\cdot, \cdot)$ sont le risque quadratique MSE et le risque quadratique intégré MISE.

Supposons que pour tout $\theta \in \Theta$ il existe une valeur optimale $h^*(\theta)$ du paramètre h, telle que

$$r(\hat{\theta}_{h^*(\theta)}, \theta) = \min_{h \in H} r(\hat{\theta}_h, \theta). \tag{1.88}$$

Notons que $\hat{\theta}_{h^*(\theta)}$ n'est pas une statistique, car elle dépend du paramètre inconnu θ.

Définition 1.10 *Supposons que la classe d'estimateurs $\mathcal{K}$ est telle que, pour tout $\theta \in \Theta$, il existe $h^*(\theta)$ vérifiant (1.88). Alors la fonction aléatoire $\theta \mapsto \hat{\theta}_{h^*(\theta)}$ est appelée* **oracle pour $\mathcal{K}$ par rapport au risque** $r(\cdot, \cdot)$.

Souvent, au lieu de minimiser le risque exact, comme dans (1.88), on cherche à minimiser une approximation asymptotique du risque quand la taille d'échantillon n tend vers l'infini. Par exemple, pour l'estimateur par projection, la Proposition 1.17 et la remarque (1) qui suit le Théorème 1.9 impliquent que, quand $n \to \infty$, $\mathcal{A}_{nN}$ représente le terme principal du risque

$$r(\hat{f}_{nN}, f) \triangleq \mathbf{E}_f \|\hat{f}_{nN} - f\|_2^2.$$

On cherchera alors, au lieu de l'oracle exact N_n^*, l'oracle approché qui fournit le minimum de $\mathcal{A}_{nN}$. Comme $\mathcal{A}_{nN} \to \infty$ lorsque $N \to \infty$, pour tout n fixé, il existe toujours un point qui minimise $\mathcal{A}_{nN}$:

$$\tilde{N}_n = \arg \min_{N \geq 1} \mathcal{A}_{nN}.$$

Alors l'oracle approché peut être défini comme $\hat{f}_{n\tilde{N}_n}$. Pour les estimateurs à noyau de la densité, deux exemples d'oracles approchés sont ceux d'Epanechnikov introduits au § 1.3 et au § 1.4 respectivement : $\hat{p}_n^E$ et $\hat{p}_n^{EI}$. Il faut souligner que l'oracle est déterminé non seulement par la classe d'estimateurs en question, mais aussi par le choix du risque (MSE ou MISE pour ces exemples).

Une question importante se pose alors : peut-on construire un estimateur f_n^* qui ne dépende que des données $(X_1, Y_1), \ldots, (X_n, Y_n)$ et tel que

$$\mathbf{E}_f \|f_n^* - f\|_2^2 \leq \mathbf{E}_f \|\hat{f}_{nN_n^*} - f\|_2^2 (1 + o(1)), \quad n \to \infty, \tag{1.89}$$

quelle que soit f appartenant à une classe assez large de fonctions dans $L_2[0, 1]$? Autrement dit, peut-on concevoir un vrai estimateur qui imiterait le comportement asymptotique de l'oracle $\hat{f}_{nN_n^*}$? Nous verrons dans le Chapitre 3 que la réponse à cette question est positive. Un tel estimateur f_n^* sera appelé adaptatif au sens précisément défini dans le Chapitre 3. Les inégalités du type (1.89) sont connues sous le nom *d'inégalités d'oracle*.

1.10.4 Généralisations

Dans ce sous-paragraphe, nous allons brièvement présenter quelques généralisations des estimateurs par projection $\hat{f}_{nN}$.

1.Estimateurs non-paramétriques des moindres carrés.

Jusqu'à présent, nous avons étudié un modèle particulier pour lequel $X_i = i/n$ et des estimateurs fondés sur la base trigonométrique. Supposons maintenant que les valeurs $X_i \in [0,1]$ sont arbitraires et $\{\varphi_j\}$ est une base orthonormée arbitraire de $L_2[0,1]$. Introduisons les vecteurs $\theta = (\theta_1, \ldots, \theta_N)^T$ et $\varphi(x) = (\varphi_1(x), \ldots, \varphi_N(x))^T$, $x \in [0,1]$. L'estimateur des moindres carrés $\hat{\theta}$ du vecteur θ est défini par

$$\hat{\theta} = \arg\min_{\theta \in \mathbf{R}^N} \sum_{i=1}^{n} (Y_i - \theta^T \varphi(X_i))^2$$

ou bien, de façon équivalente,

$$\hat{\theta} = B^{-1} \frac{1}{n} \sum_{i=1}^{n} Y_i \varphi(X_i),$$

si la matrice $B = n^{-1} \sum_{i=1}^{n} \varphi(X_i)\, \varphi^T(X_i)$ est inversible. L'estimateur des moindres carrés de $f(x)$ s'en déduit alors par la formule :

$$\hat{f}_{nN}^{MC}(x) = \hat{\theta}^T \varphi(x).$$

Si $\{\varphi_j\}_{j=1}^{\infty}$ est la base trigonométrique et $X_i = i/n$, B est la matrice unité de dimension N (cf. Lemme 1.9). Donc, dans ce cas particulier, $\hat{f}_{nN}^{MC} = \hat{f}_{nN}$. Pour le cas général, les propriétés des estimateurs non-paramétriques des moindres carrés sont étudiés dans le livre de Györfi, Kohler, Krzyżak et Walk (2002).

2. Estimateurs par projection avec poids.

Pour une suite de coefficients $\lambda = \{\lambda_j\}_{j=1}^{\infty} \in \ell^2(\mathbf{N})$, définissons l'estimateur par projection avec poids :

$$f_{n,\lambda}(x) = \sum_{j=1}^{\infty} \lambda_j \, \hat{\theta}_j \, \varphi_j(x). \tag{1.90}$$

Ici, comme avant,

$$\hat{\theta}_j = \frac{1}{n} \sum_{i=1}^{n} Y_i \, \varphi_j(X_i),$$

la convergence de la série aléatoire dans (1.90) étant en moyenne quadratique. L'estimateur par projection initial $\hat{f}_{nN}$ est un exemple particulier de $f_{n,\lambda}$ correspondant aux poids $\lambda_j = I(j \leq N)$. On va désormais appeler $\hat{f}_{nN}$ estimateur par projection *simple*. Un autre exemple est donné par les poids de Pinsker que l'on étudiera aussi au Chapitre 3 :

$$\lambda_j = (1 - \kappa j^\beta)_+,$$

où $\kappa > 0$, $\beta > 0$ et $a_+ = \max(a, 0)$. Dans ces deux exemples $\lambda_j \neq 0$ seulement pour un nombre fini d'entiers j. Si $\lambda_j \neq 0$ pour tout j, l'estimateur $f_{n,\lambda}$ n'est pas directement calculable. On peut alors envisager une coupure pour j assez grand, par exemple pour $j = n$, ce qui donne :

$$f_{n,\lambda}(x) = \sum_{j=1}^{n} \lambda_j \, \hat{\theta}_j \, \varphi_j(x). \tag{1.91}$$

Puisque la classe des estimateurs par projection avec poids est plus large que celle des estimateurs par projection simple, on peut espérer obtenir une valeur plus petite du risque quadratique intégré en utilisant $f_{n,\lambda}$ avec une valeur adéquate de λ plutôt qu'un estimateur simple (cf. l'Exercice 1.5 ci-après).

Le risque quadratique intégré de l'estimateur (1.91) s'écrit sous la forme

$$\text{MISE} = \mathbf{E}_f \int_0^1 \left(\sum_{j=1}^{n} (\lambda_j \hat{\theta}_j - \theta_j)\varphi_j(x) - \sum_{j=n+1}^{\infty} \theta_j \varphi_j(x) \right)^2 dx \tag{1.92}$$

$$= \mathbf{E}_f \left[\sum_{j=1}^{n} (\lambda_j \hat{\theta}_j - \theta_j)^2 \right] + \rho_n.$$

La dernière espérance représente typiquement le terme principal, car pour $f \in W^{per}(\beta, L)$, $\beta \geq 1$, on a

$$\rho_n = \sum_{j=n+1}^{\infty} \theta_j^2 = O\left(n^{-2\beta}\right) = O\left(n^{-2}\right).$$

Exercice 1.5 *On considère le modèle de régression non-paramétrique sous l'Hypothèse (A) et on suppose de plus que f appartient à la classe $W^{per}(\beta, L)$ avec $\beta \geq 2$. L'objectif de cet exercice est d'étudier l'estimateur par projection avec poids*

$$f_{n,\lambda}(x) = \sum_{j=1}^{n} \lambda_j \, \hat{\theta}_j \, \varphi_j(x).$$

(1) Montrer que le risque MISE de $f_{n,\lambda}$ est minimisé par rapport à $\{\lambda_j\}_{j=1}^{n}$ par

$$\lambda_j^* = \frac{\theta_j(\theta_j + \alpha_j)}{\varepsilon^2 + (\theta_j + \alpha_j)^2}, \qquad j = 1, \ldots, n,$$

où $\varepsilon^2 = \sigma_\xi^2/n$ (les λ_j^* sont les poids qui correspondent à l'oracle par projection avec poids).

(2) Vérifier que la valeur correspondante du risque est

$$\text{MISE}(\{\lambda_j^*\}) = \sum_{j=1}^{n} \frac{\varepsilon^2 \theta_j^2}{\varepsilon^2 + (\theta_j + \alpha_j)^2} + \rho_n.$$

(3) Montrer que

$$\sum_{j=1}^{n} \frac{\varepsilon^2 \theta_j^2}{\varepsilon^2 + (\theta_j + \alpha_j)^2} = (1 + o(1)) \sum_{j=1}^{n} \frac{\varepsilon^2 \theta_j^2}{\varepsilon^2 + \theta_j^2} \ .$$

(4) Montrer que

$$\rho_n = (1 + o(1)) \sum_{j=n+1}^{\infty} \frac{\varepsilon^2 \theta_j^2}{\varepsilon^2 + \theta_j^2} \ .$$

(5) Déduire de ce qui précède que

$$\mathrm{MISE}(\{\lambda_j^*\}) = \mathcal{A}_n^*(1 + o(1)), \quad n \to \infty,$$

où

$$\mathcal{A}_n^* = \sum_{j=1}^{\infty} \frac{\varepsilon^2 \theta_j^2}{\varepsilon^2 + \theta_j^2} \ .$$

(6) Vérifier que

$$\mathcal{A}_n^* < \min_{N \geq 1} \mathcal{A}_{nN}.$$

Exercice 1.6 *(Équivalence entre différents types d'estimateurs.)*
On considère le modèle de régression non-paramétrique sous l'Hypothèse (A).
L'estimateur spline de lissage (en anglais "smoothing spline") $f_n^{sp}(x)$ est défini comme solution du problème de minimisation :

$$f_n^{sp} = \arg\min_{f \in W} \left[\frac{1}{n} \sum_{i=1}^{n} (Y_i - f(X_i))^2 + \kappa \int_0^1 (f'')^2 \right] \qquad (1.93)$$

où $\kappa > 0$ est un paramètre et W est un des ensembles de fonctions définis ci-après.

(1) On suppose d'abord que W est l'ensemble de toutes les fonctions f : $[0,1] \to \mathbf{R}$ telles que f' est absolument continue. Montrer que l'estimateur f_n^{sp} reproduit les polynômes de degré ≤ 1 si $n \geq 2$.

(2) On suppose maintenant que W est l'ensemble de toutes les fonctions $f : [0,1] \to \mathbf{R}$ telles que f' est absolument continue, vérifiant la condition de périodicité : $f(0) = f(1)$, $f'(0) = f'(1)$. Montrer que le problème de minimisation (1.93) est équivalent à :

$$\min_{\{b_j\}} \sum_{j=1}^{\infty} \left(-2\hat{\theta}_j b_j + b_j^2 (\kappa \pi^4 a_j^2 + 1)[1 + O(n^{-1})] \right), \qquad (1.94)$$

où les b_j sont les coefficients de Fourier de f, $O(n^{-1})$ est uniforme en $\{b_j\}$ et a_j est défini dans (1.81).

(3) En remplaçant $O(n^{-1})$ par 0 dans (1.94), trouver la solution de (1.94) et en déduire la représentation de l'estimateur spline périodique comme un estimateur par projection avec poids :

$$f_n^{sp}(x) = \sum_{j=1}^{\infty} \lambda_j^* \hat{\theta}_j \, \varphi_j(x)$$

pour des λ_j^* que l'on explicitera.

(4) En remplaçant $O(n^{-1})$ par 0 dans (1.94), montrer que l'estimateur spline f_n^{sp} est approché (pour κ assez petit) par l'estimateur à noyau (1.55) :

$$f_n(x) = \frac{1}{nh} \sum_{i=1}^{n} Y_i K \left(\frac{X_i - x}{h} \right)$$

avec la fenêtre $h = \kappa^{1/4}$ et le noyau de Silverman

$$K(u) = \int_{-\infty}^{\infty} \frac{\cos(2\pi t u)}{1 + (2\pi t)^4} \, dt = \frac{1}{2} \exp \left(-\frac{|u|}{\sqrt{2}} \right) \sin \left(\frac{|u|}{\sqrt{2}} + \frac{\pi}{4} \right).$$

1.11 Trois modèles gaussiens

Tout au long de ce chapitre, nous n'avons analysé que deux modèles statistiques, à savoir le modèle d'estimation de la densité et celui de la régression non-paramétrique. Pourtant, au § 1.1, nous avons introduit un troisième modèle, celui de bruit blanc gaussien (BBG). Il est traditionnel d'écrire ce modèle sous la forme légèrement plus générale qu'au § 1.1 :

$$dY(t) = f(t)dt + \varepsilon dW(t), \quad t \in [0, 1], \tag{1.95}$$

où $0 < \varepsilon < 1$, $f : [0, 1] \to \mathbf{R}$ et $W(\cdot)$ est le processus de Wiener standard sur [0,1]. Nous avons remarqué que, pour $\varepsilon = 1/\sqrt{n}$, c'est un modèle idéal donnant une approximation de la régression non-paramétrique. Notre objectif ici est de préciser cette remarque et même d'aller un peu plus loin. Notamment, nous montrerons au niveau heuristique qu'il existe un lien très étroit entre les trois modèles gaussiens courants : celui de BBG, de régression non-paramétrique gaussienne et de suite gaussienne. Nous verrons que l'étude de ces trois modèles est essentiellement identique, modulo le contrôle des termes résiduels qui s'avèrent négligeables dans l'asymptotique. C'est la raison pour laquelle nous n'analyserons au Chapitre 3 que les modèles techniquement les plus simples : ceux de suite gaussienne et de BBG. Ceci nous permettra de nous concentrer sur les idées principales, sans encombrer la présentation par des détails techniques. Il sera sous-entendu que les résultats s'étendent au modèle de régression, avec quelques modifications qui, cependant, ne seront pas examinées en détail dans ce livre.

1. Le modèle de BBG et la régression non-paramétrique.

Supposons que l'on observe le processus Y dans le modèle de BBG. Discrétisons le modèle de bruit blanc (1.95) de la façon suivante. Pour $\Delta > 0$, il vient, par l'intégration de (1.95),

$$\frac{Y(t+\Delta) - Y(t)}{\Delta} = \frac{1}{\Delta} \int_t^{t+\Delta} f(s)ds + \frac{\varepsilon}{\Delta}(W(t+\Delta) - W(t)).$$

Définissons

$$y(t) \triangleq \frac{Y(t+\Delta) - Y(t)}{\Delta}, \quad \xi(t) \triangleq \frac{\varepsilon}{\Delta}(W(t+\Delta) - W(t)).$$

Alors, pour tout $t \in [0,1]$, la variable aléatoire $\xi(t)$ est gaussienne centrée, de variance

$$\mathbf{E}(\xi^2(t)) = \frac{\varepsilon^2}{\Delta^2}\mathbf{E}[(W(t+\Delta) - W(t))^2] = \frac{\varepsilon^2}{\Delta}.$$

Fixons $\varepsilon = 1/\sqrt{n}$ et $\Delta = 1/n$. Dans ce cas, pour tout t, $\xi(t) \sim \mathcal{N}(0,1)$ et

$$y(t) \approx f(t) + \xi(t),$$

où le symbole $\approx$ désigne l'égalité modulo le résidu déterministe $\frac{1}{\Delta} \int_t^{t+\Delta} f(s)ds - f(t)$ qui est d'ordre très petit pour Δ suffisamment petit et f suffisamment régulière. En particulier, en posant $Y_i = y(i/n)$ et $\xi_i = \xi(i/n)$, on obtient

$$Y_i \approx f(i/n) + \xi_i.$$

On reconnait là le modèle de régression non-paramétrique aux erreurs ξ_i i.i.d. de loi $\mathcal{N}(0,1)$ pour un dispositif expérimental régulier. On voit alors que les deux modèles en question sont étroitement liés. Bien sûr, le calcul que nous avons fait ici manque de rigueur. Il existe une démonstration d'équivalence des deux modèles (ceux de régression et de bruit blanc gaussien) au sens d'une définition précise de l'équivalence due à Le Cam (cf. Brown et Low (1996)).

2. Le modèle de BBG et le modèle de suite gaussienne.

Supposons de nouveau que l'on observe le processus Y dans le modèle de BBG. Soit $\{\varphi_j\}_{j=1}^{\infty}$ une base orthonormée de $L_2[0,1]$. Alors, (1.95) implique que

$$\int_0^1 \varphi_j(t)dY(t) = \theta_j + \varepsilon \int_0^1 \varphi_j(t)dW(t) \quad \text{avec} \quad \theta_j = \int_0^1 f(t)\varphi_j(t)dt.$$

Définissons

$$y_j \triangleq \int_0^1 \varphi_j(t)dY(t), \quad \xi_j \triangleq \int_0^1 \varphi_j(t)dW(t).$$

Puisque les fonctions φ_j sont orthonormées dans $L_2[0,1]$, les ξ_j sont i.i.d. de loi $\mathcal{N}(0,1)$. Il en résulte qu'en observant le processus Y qui satisfait au modèle de bruit blanc gaussien (1.95), le statisticien peut disposer d'une suite infinie d'observations gaussienne :

$$y_j = \theta_j + \varepsilon\xi_j, \quad j = 1, 2, \dots. \tag{1.96}$$

On appelle (1.96) *modèle de suite gaussienne*.

Estimer $f \in L_2[0,1]$ dans le modèle de bruit blanc gaussien (1.95) revient à estimer la suite $\{\theta_j\}_{j=1}^{\infty}$ de ses coefficients de Fourier. Mais pour l'estimation de θ_j il suffit de considérer le modèle (1.96) où, en particulier, y_j est un estimateur sans biais de θ_j. On peut donc considérer y_j comme un analogue de $\hat{\theta}_j$, l'estimateur sans biais de θ_j dans le modèle de régression. S'inspirant de (1.90), on peut définir l'estimateur de f par projection avec poids (appelé aussi *estimateur linéaire* de f) :

$$f_{\varepsilon,\lambda}(x) = \sum_{j=1}^{\infty} \lambda_j y_j \varphi_j(x), \tag{1.97}$$

où $\lambda = \{\lambda_j\}_{j=1}^{\infty}$ est une suite appartenant à $\ell^2(\mathbf{N})$ et la convergence de la série aléatoire a lieu en moyenne quadratique. La statistique $\lambda_j y_j$ est un estimateur linéaire de θ_j.

Le risque quadratique de $f_{\varepsilon,\lambda}$ vaut

$$\text{MISE} = \mathbf{E}_f \|f_{\varepsilon,\lambda} - f\|_2^2 = \sum_{j=1}^{\infty} \mathbf{E}_f \left[(\lambda_j y_j - \theta_j)^2 \right]$$

$$= \sum_{j=1}^{\infty} [(1-\lambda_j)^2 \theta_j^2 + \varepsilon^2 \lambda_j^2] \triangleq R(\lambda, \theta). \tag{1.98}$$

En minimisant cette expression par rapport aux poids λ_j, on trouve :

$$\min_{\lambda \in \ell^2(\mathbf{N})} R(\lambda, \theta) = R(\lambda^*, \theta) = \sum_{j=1}^{\infty} \frac{\varepsilon^2 \theta_j^2}{\varepsilon^2 + \theta_j^2} \ ,$$

avec les poids optimaux $\lambda^* = \{\lambda_j^*\}_{j=1}^{\infty}$ donnés par

$$\lambda_j^* = \frac{\theta_j^2}{\varepsilon^2 + \theta_j^2} \ .$$

Finalement, $f_{\varepsilon,\lambda^*}$ est l'oracle correspondant, que l'on appelle *oracle linéaire*.

3. Le modèle de régression et le modèle de suite gaussienne.

Supposons maintenant que l'on observe $Y_1, \dots Y_n$ dans le modèle de régression non-paramétrique

$$Y_i = f(i/n) + \xi_i, \qquad i = 1, \dots, n, \tag{1.99}$$

où les ξ_i sont des v.a. i.i.d. de loi $\mathcal{N}(0,1)$. Soit $\{\varphi_j\}_{j=1}^\infty$ la base trigonométrique ou toute autre base vérifiant (1.83). Notons $\hat\theta_j = n^{-1} \sum_{i=1}^n Y_i \varphi_j(i/n)$, $f_j = n^{-1} \sum_{i=1}^n f(i/n)\varphi_j(i/n)$, $\eta_j = \sum_{i=1}^n \xi_i \varphi_j(i/n)/\sqrt{n}$ et $\varepsilon = 1/\sqrt{n}$. Alors, (1.99) implique que

$$\hat\theta_j = f_j + \varepsilon \eta_j, \qquad j = 1, \dots, n,$$

ce que l'on peut voir comme un cas particulier du modèle de suite gaussienne puisque les v.a. η_j sont i.i.d. de loi $\mathcal{N}(0,1)$. La particularité de cette représentation réside dans le fait qu'il s'agit ici seulement d'une suite $\{f_j\}_{j=1}^n$ finie de dimension n. Cependant, dans l'asymptotique quand $n \to \infty$, la différence n'est pas significative. L'estimateur linéaire de la fonction f, analogue à (1.97), est maintenant de la forme

$$f_{n,\lambda}(x) = \sum_{j=1}^n \lambda_j \hat\theta_j \varphi_j(x),$$

où $\{\lambda_j\}_{j=1}^\infty \in \ell^2(\mathbf{N})$ (cf. (1.91)). Si, par exemple, $\{\varphi_j\}_{j=1}^\infty$ est la base trigonométrique, le Lemme 1.10 garantit que les résidus $\alpha_j = f_j - \theta_j$ sont suffisamment petits, de sorte que l'on a approximativement

$$\hat\theta_j \approx \theta_j + \varepsilon \eta_j, \qquad j = 1, \dots, n,$$

où $\theta_j = \int_0^1 f\varphi_j$. En notant ici $y_j = \hat\theta_j$, nous retrouvons essentiellement une version tronquée du modèle (1.96), modulo de petits termes résiduels.

Minorations du risque minimax

2.1 Introduction

Les exemples de modèles étudiés au Chapitre 1 montrent qu'un problème d'estimation non-paramétrique est caractérisé par la donnée des trois éléments suivants :

- Une classe non-paramétrique de fonctions Θ contenant la "vraie" fonction θ, par exemple, $\Theta = \Sigma(\beta, L)$ (la classe de Hölder) ou $\Theta = W(\beta, L)$ (la classe de Sobolev).

- Une famille $\{P_\theta, \theta \in \Theta\}$, indexée par Θ, de mesures de probabilité sur un espace mesurable $(\mathcal{X}, \mathcal{A})$ associée aux observations. Par exemple, dans le modèle de densité, P_θ est la mesure de probabilité associée à un n-échantillon $\mathbf{X} = (X_1, \ldots, X_n)$ quand la "vraie" densité des X_i est $p(\cdot) = \theta$. Pour abréger l'écriture, la dépendance de P_θ, $\mathcal{X}$ et $\mathcal{A}$ par rapport au nombre d'observations n n'est pas indiquée.

- Une distance ou, plus généralement, une semi-distance d sur Θ utilisée pour définir le risque.

On appelera *semi-distance* sur Θ toute fonction $d : \Theta \times \Theta \to [0, +\infty[$ telle que $d(\theta, \theta') = d(\theta', \theta)$, $d(\theta, \theta') + d(\theta', \theta'') \geq d(\theta, \theta'')$ et $d(\theta, \theta) = 0$. Des exemples de semi-distances utilisés au Chapitre 1 sont :

$$d(f, g) = \begin{cases} |f(x_0) - g(x_0)| \text{ pour un } x_0 \text{ fixé,} \\ \|f - g\|_2, \\ \|f - g\|_\infty. \end{cases}$$

Dans ce chapitre, nous allons aussi supposer que la fonction $d(\cdot, \cdot)$ est une semi-distance. En fait, cette hypothèse sera le plus souvent superflue car, pour obtenir les résultats généraux, il suffit que $d(\cdot, \cdot)$ satisfasse à l'inégalité triangulaire.

Etant donnée une semi-distance d, la performance d'un estimateur $\hat{\theta}_n$ de θ est mesurée par son *risque maximal* sur Θ :

$$r(\hat{\theta}_n) \triangleq \sup_{\theta \in \Theta} \mathbf{E}_\theta \left[d^2(\hat{\theta}_n, \theta) \right],$$

où $\mathbf{E}_\theta$ désigne l'espérance par rapport à P_θ. Dans le Chapitre 1 nous avons établi des majorations pour le risque maximal, i.e. des inégalités du type

$$\sup_{\theta \in \Theta} \mathbf{E}_\theta \left[d^2(\hat{\theta}_n, \theta) \right] \leq C \psi_n^2$$

pour certains estimateurs $\hat{\theta}_n$, certaines suites positives $\psi_n \to 0$ et des constantes $C < \infty$. L'objectif de ce chapitre est de compléter ces majorations par les minorations correspondantes :

$$\forall \, \hat{\theta}_n : \quad \sup_{\theta \in \Theta} \mathbf{E}_\theta \left[d^2(\hat{\theta}_n, \theta) \right] \geq c \, \psi_n^2$$

(pour n assez grand), où c est une constante positive. A cette fin, il est utile de définir le *risque minimax* associé au modèle statistique $\{P_\theta, \theta \in \Theta\}$ et à la semi-distance d :

$$\mathcal{R}_n^* \triangleq \inf_{\hat{\theta}_n} \sup_{\theta \in \Theta} \mathbf{E}_\theta \left[d^2(\hat{\theta}_n, \theta) \right],$$

où $\inf_{\hat{\theta}_n}$ désigne la borne inférieure sur l'ensemble de tous les estimateurs. Les majorations établies au Chapitre 1 impliquent qu'il existe une constante $C < \infty$ telle que

$$\limsup_{n \to \infty} \psi_n^{-2} \mathcal{R}_n^* \leq C, \tag{2.1}$$

pour une suite ψ_n tendant vers 0. Obtenir les minorations correspondantes revient à démontrer qu'il existe une constante $c > 0$ telle que, pour la même suite ψ_n,

$$\liminf_{n \to \infty} \psi_n^{-2} \mathcal{R}_n^* \geq c. \tag{2.2}$$

Définition 2.1 *Une suite positive* $\{\psi_n\}_{n=1}^\infty$ *est dite* **vitesse optimale de convergence** *des estimateurs sur* (Θ, d) *si (2.1) et (2.2) sont vérifiées. Un estimateur* θ_n^* *qui vérifie*

$$\sup_{\theta \in \Theta} \mathbf{E}_\theta \left[d^2(\theta_n^*, \theta) \right] \leq C' \, \psi_n^2,$$

où $\{\psi_n\}_{n=1}^\infty$ *est la vitesse optimale de convergence et* $C' < \infty$ *est une constante, est dit* **estimateur optimal en vitesse de convergence** *sur* (Θ, d).

Définition 2.2 *Un estimateur* θ_n^* *est dit* **asymptotiquement efficace** *sur* (Θ, d) *si*

$$\lim_{n \to \infty} \frac{r(\theta_n^*)}{\mathcal{R}_n^*} = 1.$$

Remarques.

(1) La vitesse optimale de convergence est définie à une constante multiplicative (ou à un facteur borné dépendant de n) près. En effet, si ψ_n est la vitesse optimale de convergence, alors toute suite ψ'_n vérifiant

$$0 < \liminf_{n \to \infty}(\psi_n/\psi'_n) \le \limsup_{n \to \infty}(\psi_n/\psi'_n) < \infty$$

représente également la vitesse optimale. De telles suites ψ_n, ψ'_n sont appelées équivalentes en ordre de grandeur. Une convention informelle est d'appeler vitesse optimale de convergence une de ces suites qui admet une "écriture minimale". Par exemple, on peut montrer que les suites $n^{-1/3}$, $5n^{-1/3}$ et $(1 + \sin^2 n)n^{-1/3}$ (équivalentes en ordre de grandeur) vérifient la définition de la vitesse optimale pour la classe $\Theta = \Sigma(1,1)$ si d est la distance en un point fixé. Ici $n^{-1/3}$ est cette "écriture minimale".

(2) On peut considérer un cadre plus général où le risque maximal est défini par

$$r_w(\hat{\theta}_n) = \sup_{\theta \in \Theta} \mathbf{E}_\theta \left[w(\psi_n^{-1} d(\hat{\theta}_n, \theta)) \right]$$

avec une *fonction de perte* w telle que

$$w : [0, +\infty[\to [0, +\infty[\text{ est monotone croissante}, w(0) = 0 \text{ et } w \not\equiv 0.$$

Quelques exemples de fonctions de perte classiques sont :

$$w(u) = u^p, \; p > 0, \qquad w(u) = I(u \ge A), \; A > 0$$

(dans le dernier cas, le risque représente la probabilité de dépasser un seuil fixé A). Dans ce cadre général, les minorations sont formulées sous la forme d'inégalités du type

$$\liminf_{n \to \infty} \inf_{\hat{\theta}_n} \sup_{\theta \in \Theta} \mathbf{E}_\theta \left[w(\psi_n^{-1} d(\hat{\theta}_n, \theta)) \right] \ge c > 0.$$

2.2 Schéma général de réduction

Un schéma général d'obtention des minorations est fondé sur les trois remarques suivantes.

(a) *Réduction aux bornes en probabilité.* Notons qu'il suffit de travailler avec la fonction de perte $w_0(u) = I(u \ge A)$ car, d'après l'inégalité de Markov, pour toute fonction de perte w et tout $A > 0$ tel que $w(A) > 0$, on a

$$\mathbf{E}_\theta \left[w(\psi_n^{-1} d(\hat{\theta}_n, \theta)) \right] \ge w(A) P_\theta(\psi_n^{-1} d(\hat{\theta}_n, \theta) \ge A) \qquad (2.3)$$

$$= w(A) P_\theta(d(\hat{\theta}_n, \theta) \ge s)$$

avec $s = s_n = A\psi_n$. Donc, au lieu de chercher une minoration pour les risques minimax $\mathcal{R}_n^*$, il suffit de minorer les *probabilités minimax* de la forme

$$\inf_{\hat{\theta}_n} \sup_{\theta \in \Theta} P_\theta(d(\hat{\theta}_n, \theta) \geq s).$$

C'est une première simplification.

(b) *Réduction au problème de test d'un nombre fini d'hypothèses.* Evidemment

$$\inf_{\hat{\theta}_n} \sup_{\theta \in \Theta} P_\theta(d(\hat{\theta}_n, \theta) \geq s) \geq \inf_{\hat{\theta}_n} \max_{\theta \in \{\theta_0, \ldots, \theta_M\}} P_\theta(d(\hat{\theta}_n, \theta) \geq s) \qquad (2.4)$$

quel que soit l'ensemble fini $\{\theta_0, \ldots, \theta_M\}$ contenu dans Θ. Dans les exemples, on choisira $\theta_0, \ldots, \theta_M$ de façon convenable. Dans la suite, on supposera que $M \geq 1$, on appelera *hypothèses* les $M + 1$ éléments $\theta_0, \theta_1, \ldots, \theta_M$ de Θ choisis pour obtenir les minorations du risque minimax et on appelera *test* toute fonction $\mathcal{A}$-mesurable $\psi : \mathcal{X} \to \{0, 1, \ldots, M\}$.

(c) *Choix d'hypothèses séparées d'une distance d'au moins $2s$.*
Si

$$d(\theta_j, \theta_k) \geq 2s, \quad \forall\, k, j : \quad k \neq j, \qquad (2.5)$$

alors, pour tout estimateur $\hat{\theta}_n$,

$$P_{\theta_j}(d(\hat{\theta}_n, \theta_j) \geq s) \geq P_{\theta_j}(\psi^* \neq j), \quad j = 0, 1, \ldots, M, \qquad (2.6)$$

où $\psi^* : \mathcal{X} \to \{0, 1, \ldots, M\}$ est *le test du minimum de distance* défini par

$$\psi^* = \arg \min_{0 \leq k \leq M} d(\hat{\theta}_n, \theta_k).$$

L'inégalité (2.6) découle directement de (2.5) et de l'inégalité triangulaire.

De (2.6) et (2.4), on déduit que si l'on peut construire $M + 1$ hypothèses vérifiant (2.5),

$$\inf_{\hat{\theta}_n} \sup_{\theta \in \Theta} P_\theta(d(\hat{\theta}_n, \theta) \geq s) \geq \inf_{\hat{\theta}_n} \max_{\theta \in \{\theta_0, \ldots, \theta_M\}} P_\theta(d(\hat{\theta}_n, \theta) \geq s) \geq p_{e,M}, \qquad (2.7)$$

où

$$p_{e,M} \triangleq \inf_{\psi} \max_{0 \leq j \leq M} P_j(\psi \neq j), \quad P_j \triangleq P_{\theta_j}$$

et $\inf_\psi$ désigne la borne inférieure sur l'ensemble de tous les tests.

CONCLUSION : pour établir des minorations de type (2.2), il suffit de vérifier que

$$p_{e,M} \triangleq \inf_{\psi} \max_{0 \leq j \leq M} P_j(\psi \neq j) \geq c', \qquad (2.8)$$

où les hypothèses θ_j satisfont à (2.5) avec $s = A\psi_n$ et la constante $c' > 0$ ne dépend pas de n. La valeur $p_{e,M}$ est appelée *probabilité d'erreur minimax* pour le problème de test entre $M + 1$ hypothèses $\theta_0, \theta_1, \ldots, \theta_M$.

2.3 Minorations basées sur deux hypothèses

Considérons d'abord le cas $M = 1$, i.e. quand on a seulement deux hypothèses θ_0 et θ_1, éléments de Θ. Notons pour abréger $P_0 = P_{\theta_0}$, $P_1 = P_{\theta_1}$, $\hat{\theta} = \hat{\theta}_n$. Notre premier objectif est de chercher des bornes inférieures pour $p_{e,1}$, puis pour

$$\inf_{\hat{\theta}} \sup_{\theta \in \Theta} P_\theta(d(\hat{\theta}, \theta) \geq s)$$

avec $s > 0$. On peut écrire $P_0 = P_0^a + P_0^s$ où P_0^a et P_0^s désignent respectivement les composantes absolument continue et singulière de la mesure P_0 par rapport à la mesure P_1. Lorsqu'il n'y aura pas d'ambiguïté, on abrègera $\dfrac{dP_0^a}{dP_1}(\mathbf{X})$ en $\dfrac{dP_0^a}{dP_1}$.

Proposition 2.1

$$p_{e,1} \geq \sup_{\tau > 0} \left\{ \frac{\tau}{1+\tau} P_1\left(\frac{dP_0^a}{dP_1} \geq \tau \right) \right\}.$$

DÉMONSTRATION. Fixons $\tau > 0$. Pour tout test $\psi : \mathcal{X} \to \{0, 1\}$,

$$P_0(\psi \neq 0) = P_0(\psi = 1) \geq P_0^a(\psi = 1)$$
$$= \int I(\psi = 1) \frac{dP_0^a}{dP_1} dP_1$$
$$\geq \tau \int I\left(\{\psi = 1\} \cap \left\{ \frac{dP_0^a}{dP_1} \geq \tau \right\} \right) dP_1 \geq \tau(p - \alpha),$$

où $p = P_1(\psi = 1)$ et $\alpha = P_1\left(\dfrac{dP_0^a}{dP_1} < \tau \right)$. Il en résulte que

$$p_{e,1} = \inf_{\psi} \max_{j=0,1} P_j(\psi \neq j) \geq \min_{0 \leq p \leq 1} \max\{\tau(p - \alpha), 1 - p\} = \frac{\tau(1 - \alpha)}{1 + \tau}.$$

■

On voit que, pour obtenir une bonne minoration de la quantité $p_{e,1}$, il suffit de trouver des constantes $\tau > 0$ et $0 < \alpha < 1$ ne dépendant pas de n et telles que

$$P_1\left(\frac{dP_0^a}{dP_1} \geq \tau \right) \geq 1 - \alpha. \tag{2.9}$$

La Proposition 2.1 entraîne la borne suivante pour le risque minimax.

Théorème 2.1 *Supposons que Θ contient deux éléments θ_0 et θ_1 tels que $d(\theta_0, \theta_1) \geq 2s > 0$. Alors*

$$\inf_{\hat{\theta}} \sup_{\theta \in \Theta} P_\theta(d(\hat{\theta}, \theta) \geq s) \geq \sup_{\tau > 0} \left\{ \frac{\tau}{1+\tau} P_1\left(\frac{dP_0^a}{dP_1} \geq \tau \right) \right\}.$$

La démonstration est immédiate d'après la Proposition 2.1 et (2.7).   ∎

Remarques.

(1) Souvent $P_0 \ll P_1$ (alors, $P_0^a = P_0$). Dans ce cas, la v.a. $\dfrac{dP_0}{dP_1}(\mathbf{X})$ est appelée *rapport de vraisemblance.*

(2) La condition (2.9) signifie que les deux probabilités P_0 et P_1 ne sont pas "trop loin" l'une de l'autre. Autrement dit, plus P_0 et P_1 sont proches, plus la minoration fournie par le Théorème 2.1 est grande. Si $P_0 = P_1$, la condition (2.9) est vérifiée pour $\tau = 1$, $\alpha = 0$, et la meilleure minoration que l'on peut déduire de la Proposition 2.1 est : $p_{e,1} \geq 1/2$. Notons que cette minoration n'est pas toujours précise. En effet, puisque $P_0 = P_1$,

$$p_{e,1} = \inf_{\psi} \max\{P_0(\psi = 1), P_0(\psi = 0)\},$$

et on peut rendre le membre de droite aussi proche de 1 que l'on veut en prenant pour P_0, par exemple, une loi de Bernoulli. Dans l'autre cas extrême quand les mesures P_0 et P_1 sont étrangères le Théorème 2.1 est trivial, car la borne est égale à 0. De plus, dans ce cas $p_{e,1} = 0$, le minimum en ψ de la probabilité d'erreur maximale étant fourni par le test qui prend la valeur 1 sur le support de P_1 et la valeur 0 sur celui de P_0.

(3) Même si $P_0 = P_1$, ce qui peut apparaître comme le cas le plus favorable pour établir des minorations, les hypothèses θ_0 et θ_1 peuvent être telles que le Théorème 2.1 ne donne pas de bons résultats. Le choix des hypothèses est en effet très important, comme le montre l'exemple suivant.

Exemple 2.1 *Un mauvais choix d'hypothèses θ_0 et θ_1.*

On considère le modèle de régression

$$Y_i = f(i/n) + \xi_i, \qquad i = 1, \dots, n,$$

où $f \in \Sigma(1,1)$, et on cherche à minorer le risque minimax sur $\Theta = \Sigma(1,1)$. Supposons que nous avons choisi les hypothèses

$$\theta_0 = f_0(\cdot) \equiv 0, \quad \text{et} \quad \theta_1 = f_1(\cdot),$$

où $f_1(x) = (2\pi n)^{-1} \sin(2\pi nx)$. Alors $f_0(i/n) = f_1(i/n)$ pour tout i. Il s'ensuit que les observations $(Y_1, \dots, Y_n)$ pour $f = f_0$ et $f = f_1$ sont les mêmes. Donc $P_0 = P_1$ et, d'après la Proposition 2.1, $p_{e,1} \geq 1/2$, quelles que soient les erreurs stochastiques ξ_i. Prenons la distance $d(f,g) = \|f - g\|_\infty$. Alors $d(f_0, f_1) = (2\pi n)^{-1}$ et, puisque $f_0, f_1 \in \Sigma(1,1)$, d'après le Théorème 2.1 et (2.3) avec $s = (4\pi n)^{-1}$, on obtient l'inégalité (2.2) pour la classe $\Theta = \Sigma(1,1)$ et la vitesse $\psi_n \asymp 1/n$. Ce résultat n'est pas satisfaisant, car $1/n$ est beaucoup plus petit que la vitesse $(\log n/n)^{1/3}$ donnée par la borne supérieure du Théorème 1.8. En effet, on verra plus loin (cf. Corollaire 2.5) que $(\log n/n)^{1/3}$, et non $1/n$, est la vitesse optimale de convergence sur $(\Sigma(1,1), \|\cdot\|_\infty)$.

Exercice 2.1 *Donner un exemple des mesures P_0 et P_1 telles que $p_{e,1}$ est aussi proche de 1 que l'on veut.* Indication : *considérer deux mesures discrètes qui chargent $\{0, 1\}$.*

2.4 Distances entre mesures de probabilité

Soit $(\mathcal{X}, \mathcal{A})$ un espace mesurable et soient P, Q deux mesures de probabilité sur $(\mathcal{X}, \mathcal{A})$. Supposons que ν soit une mesure σ-finie sur $(\mathcal{X}, \mathcal{A})$ telle que $P \ll \nu$ et $Q \ll \nu$. On définit $p = dP/d\nu$, $q = dQ/d\nu$. Notons qu'une telle mesure ν existe toujours, car on peut prendre, par exemple, $\nu = P + Q$.

Définition 2.3 *La **distance de Hellinger** entre P et Q est définie par*

$$H(P, Q) = \left(\int (\sqrt{p} - \sqrt{q})^2 d\nu \right)^{1/2} \triangleq \left(\int \left[\sqrt{dP} - \sqrt{dQ} \right]^2 \right)^{1/2}.$$

Il est facile de voir que cette distance ne dépend pas du choix de la mesure dominante ν.

Propriétés de la distance de Hellinger.

(i) $H(P, Q)$ vérifie les axiomes d'une distance,

(ii) $0 \le H^2(P, Q) \le 2$,

(iii) $H^2(P, Q) = 2 \left(1 - \int \sqrt{pq} \, d\nu \right) \triangleq 2 \left(1 - \int \sqrt{dP dQ} \right)$,

(iv) Si P et Q sont des mesures produits, $P = \otimes_{i=1}^n P_i$, $Q = \otimes_{i=1}^n Q_i$, alors

$$H^2(P, Q) = 2 \left(1 - \prod_{i=1}^n \left(1 - \frac{H^2(P_i, Q_i)}{2} \right) \right).$$

Définition 2.4 *La **distance en variation totale** entre P et Q est définie par*

$$V(P, Q) = \sup_{A \in \mathcal{A}} |P(A) - Q(A)| = \sup_{A \in \mathcal{A}} \left| \int_A (p - q) d\nu \right|.$$

Propriétés de la distance en variation totale.

(i) $V(P, Q)$ vérifie les axiomes d'une distance,

(ii) $0 \le V(P, Q) \le 1$.

En effet, ces propriétés découlent du lemme suivant. Notons

$$\int \min(dP, dQ) \triangleq \int \min(p, q) d\nu.$$

Lemme 2.1 (Théorème de Scheffé, 1947.)

$$V(P, Q) = \frac{1}{2} \int |p - q| d\nu = 1 - \int \min(dP, dQ).$$

DÉMONSTRATION. On note $A_0 = \{x \in \mathcal{X} : q(x) \geq p(x)\}$. Alors

$$\int |p - q| d\nu = 2 \int_{A_0} (q - p) d\nu$$

et

$$V(P, Q) \geq Q(A_0) - P(A_0) = \frac{1}{2} \int |p - q| d\nu = 1 - \int \min(p, q) d\nu.$$

D'autre part, pour tout $A \in \mathcal{A}$,

$$\left| \int_A (q - p) d\nu \right| = \left| \int_{A \cap A_0} (q - p) d\nu + \int_{A \cap A_0^c} (q - p) d\nu \right|$$

$$\leq \max \left\{ \int_{A_0} (q - p) d\nu, \int_{A_0^c} (p - q) d\nu \right\} = \frac{1}{2} \int |p - q| d\nu,$$

où A_0^c est le complémentaire de A_0. Donc,

$$V(P, Q) = Q(A_0) - P(A_0), \tag{2.10}$$

ce qui permet de conclure.   ∎

Définition 2.5 *La **divergence de Kullback** entre P et Q est définie par*

$$K(P, Q) = \begin{cases} \int \log \dfrac{dP}{dQ} dP & \text{si } P \ll Q, \\ +\infty & \text{sinon.} \end{cases}$$

Le lemme suivant montre que cette définition a toujours un sens, i.e. que l'intégrale $\int \log \dfrac{dP}{dQ} dP$ est bien définie (prenant peut-être la valeur $+\infty$), si $P \ll Q$.

Lemme 2.2 *Si $P \ll Q$,*

$$\int \left(\log \frac{dP}{dQ} \right)_- dP \leq V(P, Q),$$

où $a_- = \max\{0, -a\}$.

DÉMONSTRATION. Si $P \ll Q$, on a $\{q > 0\} \supseteq \{p > 0\}$, $\{pq > 0\} = \{p > 0\}$. Alors, on peut écrire

$$\int \left(\log \frac{dP}{dQ} \right)_- dP = \int_{pq>0} p \left(\log \frac{p}{q} \right)_- d\nu.$$

Notons $A_1 = \{q \geq p > 0\} = A_0 \cap \{p > 0\}$. Si $P(A_1) > 0$, à l'aide de l'inégalité de Jensen et du Lemme 2.1 (cf. (2.10)), on obtient

$$\int_{pq>0} p \left(\log \frac{p}{q} \right)_- d\nu = \int_{A_1} p \log \frac{q}{p} d\nu = P(A_1) \int_{A_1} \frac{p}{P(A_1)} \log \frac{q}{p} d\nu$$

$$\leq P(A_1) \log \left(\int_{A_1} \frac{p}{P(A_1)} \frac{q}{p} d\nu \right) = P(A_1) \log \frac{Q(A_1)}{P(A_1)}$$

$$\leq Q(A_1) - P(A_1) \leq V(P,Q).$$

Si $P(A_1) = 0$, évidemment, $\displaystyle\int_{pq>0} p \left(\log \frac{p}{q} \right)_- d\nu = 0$.   ∎

On voit donc que, si $P \ll Q$, on peut écrire la divergence de Kullback sous la forme

$$K(P,Q) = \int_{pq>0} p \log \frac{p}{q} d\nu \qquad (2.11)$$

$$= \int_{pq>0} p \left(\log \frac{p}{q} \right)_+ d\nu - \int_{pq>0} p \left(\log \frac{p}{q} \right)_- d\nu,$$

où $a_+ = \max\{a, 0\}$ et la deuxième intégrale dans le membre de droite est toujours finie.

Propriétés de la divergence de Kullback.

(i) $K(P,Q) \geq 0$. En effet, il suffit de considérer le cas où toutes les intégrales dans (2.11) sont finies. Alors, d'après l'inégalité de Jensen,

$$\int_{pq>0} p \log \frac{p}{q} d\nu = - \int_{pq>0} p \log \frac{q}{p} d\nu \geq - \log \left(\int_{p>0} q d\nu \right) \geq 0.$$

(ii) $K(P,Q)$ n'est pas une distance (par exemple, elle ne vérifie pas l'axiome de symétrie). On peut montrer que même sa version symétrisée

$$K_*(P,Q) = K(P,Q) + K(Q,P),$$

définie pour $P \sim Q$, i.e. quand $P \ll Q$ et $Q \ll P$, n'est pas une distance.

(iii) Si P et Q sont des mesures produits, $P = \otimes_{i=1}^n P_i$, $Q = \otimes_{i=1}^n Q_i$, alors

$$K(P,Q) = \sum_{i=1}^{n} K(P_i, Q_i).$$

Les fonctions $V(\cdot, \cdot)$ et $H^2(\cdot, \cdot)$ et la divergence de Kullback sont des cas particuliers de la f-divergence de Csiszár (1967) définie pour $P \ll Q$ par

$$D(P,Q) = \int f\left(\frac{dP}{dQ}\right) dQ,$$

où f est une fonction convexe sur $]0, +\infty[$ vérifiant certaines hypothèses. En effet, $V(\cdot, \cdot)$ et $H^2(\cdot, \cdot)$ correspondent à $f(x) = |x - 1|/2$ et $f(x) = (\sqrt{x} - 1)^2$, tandis que la divergence de Kullback $K(P, Q)$ (si elle est finie) est obtenue avec $f(x) = x \log x$. Parmi d'autres f-divergences, la plus célèbre est la *divergence du χ^2* définie par

$$\chi^2(P,Q) = \begin{cases} \int \left(\frac{dP}{dQ} - 1\right)^2 dQ \text{ si } P \ll Q, \\ +\infty \qquad\qquad\qquad \text{ sinon.} \end{cases}$$

C'est un cas particulier de $D(P,Q)$ qui correspond à $f(x) = (x - 1)^2$. On l'appelle souvent à tort "distance" du χ^2, cependant $\chi^2(\cdot, \cdot)$ n'est pas une distance : il suffit de remarquer qu'elle n'est pas symétrique. De nombreux autres exemples de f-divergences sont étudiés par Vajda (1986).

Exercice 2.2 *Montrer que si P et Q sont des mesures produits, $P = \otimes_{i=1}^{n} P_i$, $Q = \otimes_{i=1}^{n} Q_i$, alors*

$$\chi^2(P,Q) = \prod_{i=1}^{n} \left(1 + \chi^2(P_i, Q_i)\right) - 1.$$

2.4.1 Inégalités entre les distances

Dans ce sous-paragraphe, on abrégera souvent $\int (\ldots) d\nu$ en $\int (\ldots)$. Le lemme suivant permet de lier la distance en variation totale avec celle de Hellinger.

Lemme 2.3 (Inégalités de Le Cam, 1973.)

$$\int \min(dP, dQ) \geq \frac{1}{2}\left(\int \sqrt{dP\,dQ}\right)^2 = \frac{1}{2}\left(1 - \frac{H^2(P,Q)}{2}\right)^2, \qquad (2.12)$$

$$\frac{1}{2}H^2(P,Q) \leq V(P,Q) \leq H(P,Q)\sqrt{1 - \frac{H^2(P,Q)}{4}}. \qquad (2.13)$$

DÉMONSTRATION. En utilisant que $\int \max(p,q) + \int \min(p,q) = 2$, on obtient

$$\left(\int \sqrt{pq}\right)^2 = \left(\int \sqrt{\min(p,q)\max(p,q)}\right)^2 \leq \int \min(p,q) \int \max(p,q)$$

$$= \int \min(p,q) \left[2 - \int \min(p,q)\right]. \tag{2.14}$$

Ceci démontre l'inégalité dans (2.12). L'égalité dans (2.12) n'est que la propriété (iii) de la distance de Hellinger. La première inégalité dans (2.13) découle du Lemme 2.1 et de la propriété (iii) de la distance de Hellinger. En effet,

$$V(P,Q) = 1 - \int \min(p,q) \geq 1 - \int \sqrt{pq} = H^2(P,Q)/2.$$

Pour démontrer la deuxième inégalité dans (2.13), il suffit de noter que l'on peut écrire (2.14) sous la forme

$$\left(1 - \frac{H^2(P,Q)}{2}\right)^2 \leq (1 - V(P,Q))(1 + V(P,Q)) = 1 - V^2(P,Q).$$

∎

Lemme 2.4

$$H^2(P,Q) \leq K(P,Q), \tag{2.15}$$

$$\int \min(dP, dQ) \geq \frac{1}{2}\exp(-K(P,Q)). \tag{2.16}$$

DÉMONSTRATION. Il suffit de supposer que $K(P,Q) < +\infty$ (par conséquent, $P \ll Q$). Comme $-\log(x+1) \geq -x$ si $x > -1$, on a

$$K(P,Q) = \int_{pq>0} p\left(\log\frac{p}{q}\right) = 2\int_{pq>0} p\left(\log\sqrt{\frac{p}{q}}\right)$$

$$= -2\int_{pq>0} p\log\left(\left[\sqrt{\frac{q}{p}} - 1\right] + 1\right)$$

$$\geq -2\int_{pq>0} p\left[\sqrt{\frac{q}{p}} - 1\right]$$

$$= -2\left(\int \sqrt{pq} - 1\right) = H^2(P,Q).$$

Ensuite, grâce à l'inégalité de Jensen,

$$\left(\int \sqrt{pq}\right)^2 = \exp\left(2\log\int_{pq>0} \sqrt{pq}\right) = \exp\left(2\log\int_{pq>0} p\sqrt{\frac{q}{p}}\right)$$

$$\geq \exp\left(2\int_{pq>0} p\log\sqrt{\frac{q}{p}}\right) = \exp(-K(P,Q)).$$

En comparant ceci avec l'inégalité (2.12), on obtient (2.16).   ∎

Corollaire 2.1 *Soit φ la densité de la loi $\mathcal{N}(0,1)$. Alors*

(i) $\displaystyle \int \log \frac{\varphi(x)}{\varphi(x+t)}\, \varphi(x)dx = \frac{t^2}{2}$, $\forall\, t \in \mathbf{R}$,

(ii) $\displaystyle \int \left(\sqrt{\varphi(x)} - \sqrt{\varphi(x+t)} \right)^2 dx \leq \frac{t^2}{2}$, $\forall\, t \in \mathbf{R}$.

Lemme 2.5 (Inégalités de Pinsker.)

    (i) $V(P,Q) \leq \sqrt{K(P,Q)/2}$.

    (ii) Si $P \ll Q$,

$$\int \left| \log \frac{dP}{dQ} \right| dP \triangleq \int_{pq>0} p \left| \log \frac{p}{q} \right| d\nu \leq K(P,Q) + \sqrt{2K(P,Q)}. \qquad (2.17)$$

DÉMONSTRATION.
(i) Introduisons la fonction

$$\psi(x) = x \log x - x + 1, \quad x \geq 0,$$

où $0 \log 0 \triangleq 0$. On observe que $\psi(0) = 1$, $\psi(1) = 0$, $\psi'(1) = 0$, $\psi''(x) = 1/x \geq 0$, et que $\psi(x) \geq 0$, $\forall x \geq 0$. En outre,

$$\left(\frac{4}{3} + \frac{2}{3}x \right) \psi(x) \geq (x-1)^2, \quad x \geq 0. \qquad (2.18)$$

En effet, pour $x = 0$ cette inégalité est évidente. Si $x > 0$, la fonction

$$g(x) = (x-1)^2 - \left(\frac{4}{3} + \frac{2}{3}x \right) \psi(x)$$

vérifie

$$g(1) = 0, \quad g'(1) = 0, \quad g''(x) = -\frac{4\psi(x)}{3x} \leq 0.$$

Donc, pour une valeur ξ telle que $|\xi - 1| < |x - 1|$,

$$g(x) = g(1) + g'(1)(x-1) + \frac{g''(\xi)}{2}(x-1)^2 = -\frac{4\psi(\xi)}{6\xi}(x-1)^2 \leq 0,$$

ce qui démontre (2.18). En utilisant (2.18), on obtient, si $P \ll Q$,

$$V(P,Q) = \frac{1}{2} \int |p-q| = \frac{1}{2} \int_{q>0} \left| \frac{p}{q} - 1 \right| q$$

$$\leq \frac{1}{2} \int_{q>0} q \sqrt{ \left(\frac{4}{3} + \frac{2p}{3q} \right) \psi \left(\frac{p}{q} \right) }$$

$$\leq \frac{1}{2} \sqrt{ \int \left(\frac{4q}{3} + \frac{2p}{3} \right) } \sqrt{ \int_{q>0} q \psi \left(\frac{p}{q} \right) } \qquad \text{(Cauchy – Schwarz)}$$

$$= \sqrt{ \frac{1}{2} \int_{pq>0} p \log \frac{p}{q} } = \sqrt{ K(P,Q)/2 }.$$

Si $P \not\ll Q$, l'inégalité est évidente.

(ii) L'égalité (2.11), le Lemme 2.2 et le résultat (i) ci-dessus impliquent que

$$\int_{pq>0} p \left| \log \frac{p}{q} \right| = \int_{pq>0} p \left(\log \frac{p}{q} \right)_+ + \int_{pq>0} p \left(\log \frac{p}{q} \right)_-$$

$$= K(P,Q) + 2 \int_{pq>0} p \left(\log \frac{p}{q} \right)_-$$

$$\leq K(P,Q) + 2V(P,Q) \leq K(P,Q) + \sqrt{2K(P,Q)}.$$

∎

Remarques.

(1) On appelle les résultats (i) et (ii) du Lemme 2.5 respectivement *première et deuxième inégalités de Pinsker*. Cependant, Pinsker (1964) a démontré une version plus faible de ces deux inégalités, notamment, l'existence des constantes $c_1 > 0, c_2 > 0$ telles que $V(P,Q) \leq c_1 \sqrt{K(P,Q)}$ pour $K(P,Q) \leq c_2$ et (2.17) avec un facteur non-précisé $c_3 > 0$ au lieu de $\sqrt{2}$ dans le deuxième terme. Le résultat (i) du Lemme 2.5 à été établi indépendamment par Kullback (1967), Csizsár (1967) et Kemperman (1969). Pour le résultat (ii), on peut voir, par exemple, Barron (1986).

(2) Le Lemme 2.3 et (2.15) impliquent l'inégalité légèrement moins forte que la première inégalité de Pinsker :

$$V(P,Q) \leq H(P,Q) \leq \sqrt{K(P,Q)}. \tag{2.19}$$

Exercice 2.3 *Montrer que*

$$K(P,Q) \leq \chi^2(P,Q). \tag{2.20}$$

De (2.19) et (2.20) on obtient la chaîne d'inégalités :

$$V(P,Q) \leq H(P,Q) \leq \sqrt{K(P,Q)} \leq \sqrt{\chi^2(P,Q)} \tag{2.21}$$

qui ne sont pas les plus précises, mais instructives car elles expliquent la hiérarchie existant entre les quatre divergences V, H, K et χ^2.

2.4.2 Bornes à partir de distances

L'application du Théorème 2.1 ou de la Proposition 2.1 repose sur la condition (2.9) concernant directement la loi du rapport de vraisemblance entre P_0 et P_1. On peut également proposer d'autres minorants de la probabilité minimax pour deux hypothèses qui utilisent cette fois des conditions sur les distances ou divergences entre mesures de probabilité définies ci-dessus. Quelques exemples de bornes de ce type sont présentés dans le théorème suivant.

Théorème 2.2 *Soient P_0, P_1 deux mesures de probabilité sur $(\mathcal{X}, \mathcal{A})$.*

(i) Si $V(P_1, P_0) \leq \alpha < 1$, alors

$$p_{e,1} \geq \frac{1 - \alpha}{2} \quad \text{(version "variation totale")}.$$

(ii) Si $H^2(P_1, P_0) \leq \alpha < 2$, alors

$$p_{e,1} \geq \frac{1}{2} \left(1 - \sqrt{\alpha(1 - \alpha/4)} \right) \quad \text{(version Hellinger)}.$$

(iii) Si $K(P_1, P_0) \leq \alpha < \infty$ (ou $\chi^2(P_1, P_0) \leq \alpha < \infty$), alors

$$p_{e,1} \geq \max\left(\frac{1}{4} \exp(-\alpha), \frac{1 - \sqrt{\alpha/2}}{2} \right) \quad \text{(version Kullback/}\chi^2\text{)}.$$

Démonstration.

$$p_{e,1} = \inf_\psi \max_{j=0,1} P_j(\psi \neq j) \geq \frac{1}{2} \inf_\psi (P_0(\psi \neq 0) + P_1(\psi \neq 1))$$
$$= \frac{1}{2} (P_0(\psi^* \neq 0) + P_1(\psi^* \neq 1)), \tag{2.22}$$

où ψ^* est le test du maximum de vraisemblance :

$$\psi^* = \begin{cases} 0 \text{ si } p_0 \geq p_1, \\ 1 \text{ sinon} \end{cases}$$

et p_0 et p_1 sont les densités de P_0 et P_1 par rapport à ν. Or,

$$\frac{1}{2}(P_0(\psi^* \neq 0) + P_1(\psi^* \neq 1)) = \frac{1}{2} \int \min(dP_0, dP_1) = (1 - V(P_0, P_1))/2,$$

vu le Lemme 2.1. Ce résultat et (2.22) entraînent la partie (i) du théorème. Pour obtenir la partie (ii), on utilise (i) et le Lemme 2.3. Finalement, pour montrer (iii), il suffit de borner $V(P_0, P_1)$ à l'aide de l'inégalité (2.16) ou de la première inégalité de Pinsker et d'utiliser (2.20). ∎

L'idée de démonstration du Théorème 2.2 est différente de celle du Théorème 2.1, car ici nous faisons la minoration de la probabilité d'erreur minimax par l'erreur moyenne. Comme l'erreur moyenne est toujours inférieure ou égale à 1/2, les bornes le sont aussi.

Le Théorème 2.2 permet parfois d'obtenir des minorations techniquement plus convenables que celles basées sur le Théorème 2.1. Souvent la condition sur la divergence de Kullback est plus facile à vérifier que (2.9) ou les conditions sur les autres distances. Cependant, la divergence de Kullback n'est pas définie pour toutes les mesures de probabilité, et dans certains cas la version Hellinger convient mieux que les autres. Un exemple est donné dans l'Exercice 2.5 ci-après. Finalement, il existe des modèles statistiques dans lesquelles la distance de Kullback n'est pas bien définie, les distances de Hellinger et en variation totale sont trop difficiles à calculer et seule la version "rapport de vraisemblance", i.e. celle du Théorème 2.1, est opérationnelle (cf. Hoffmann (1999)).

2.5 Minoration du risque pour la régression en un point

Etudions un exemple d'application des bornes basées sur deux hypothèses dans le modèle de régression vérifiant les conditions suivantes.

Hypothèse (B)

(i) *Le modèle statistique est celui de régression non-paramétrique :*

$$Y_i = f(X_i) + \xi_i, \ i = 1, \dots, n,$$

où $f : [0,1] \to \mathbf{R}$.

(ii) *Les variables aléatoires* ξ_i *sont i.i.d., de densité* $p_\xi(\cdot)$ *par rapport à la mesure de Lebesgue sur* $\mathbf{R}$, *vérifiant*

$$\exists p_* > 0, v_0 > 0 : \quad \int p_\xi(u) \log \frac{p_\xi(u)}{p_\xi(u+v)} du \leq p_* v^2, \tag{2.23}$$

pour tout $|v| \leq v_0$.

(iii) *Les* $X_i \in [0,1]$ *sont déterministes.*

Vu le Corollaire 2.1, la condition (ii) de l'Hypothèse (B) est satisfaite si, par exemple, $p_\xi(\cdot)$ est la densité de la loi normale $\mathcal{N}(0, \sigma^2)$, $\sigma^2 > 0$.

De plus, dans ce paragraphe on supposera que l'Hypothèse (LP2) du Chapitre 1, p. 34, est vérifiée.

Notre objectif est de minorer le risque minimax sur (Θ, d), où Θ est une classe de Hölder :

$$\Theta = \Sigma(\beta, L), \ \beta > 0, L > 0,$$

et d est la distance en un point fixé $x_0 \in [0,1]$:

$$d(f, g) = |f(x_0) - g(x_0)|.$$

La vitesse que l'on veut obtenir est

$$\psi_n = n^{-\frac{\beta}{2\beta+1}}.$$

En effet, on voudrait retrouver la même vitesse que dans les majorations établies au Chapitre 1. Ceci nous amènera à la conclusion que cette vitesse est optimale sur (Θ, d).

D'après le schéma général, il suffit de montrer

$$\inf_{\hat{\theta}_n} \max_{\theta \in \{\theta_0, \ldots, \theta_M\}} P_\theta(d(\hat{\theta}_n, \theta) \geq s) \geq c' > 0,$$

où $s = A\psi_n$, pour une constante $A > 0$. Il nous suffira de prendre $M = 1$ (2 hypothèses). En utilisant la notation de ce paragraphe et en posant $M = 1$, on peut écrire cette inégalité sous la forme

$$\inf_{T_n} \max_{f \in \{f_{0n}, f_{1n}\}} P_f(|T_n(x_0) - f(x_0)| \geq A\psi_n) \geq c' > 0, \qquad (2.24)$$

où $f_{0n}(\cdot) = \theta_0$ et $f_{1n}(\cdot) = \theta_1$ sont deux hypothèses, $A > 0$ et $\inf_{T_n}$ désigne la borne inférieure sur l'ensemble de tous les estimateurs T_n.

Pour obtenir (2.24), on applique la version Kullback du Théorème 2.2 et (2.7). On choisit les hypothèses $\theta_0 = f_{0n}(\cdot)$ et $\theta_1 = f_{1n}(\cdot)$ définies par

$$f_{0n}(x) \equiv 0, \quad f_{1n}(x) = Lh_n^\beta K\left(\frac{x - x_0}{h_n}\right), \qquad x \in [0, 1],$$

où

$$h_n = c_0 n^{-\frac{1}{2\beta+1}}, \quad c_0 > 0, \qquad (2.25)$$

et la fonction $K : \mathbf{R} \to [0, +\infty[$ vérifie

$$K \in \Sigma(\beta, 1/2) \cap C^\infty(\mathbf{R}), \quad K(u) > 0 \iff u \in]-1/2, 1/2[. \qquad (2.26)$$

Les fonctions K vérifiant cette condition existent. Par exemple, on peut prendre, avec un $a > 0$ suffisamment petit,

$$K(u) = aK_0(2u), \quad \text{où} \quad K_0(u) = \exp\left(-\frac{1}{1 - u^2}\right) I(|u| \leq 1). \qquad (2.27)$$

Pour pouvoir utiliser le Théorème 2.2 et (2.7), il faut s'assurer que les trois conditions suivantes soient vérifiées :

- $f_{jn} \in \Sigma(\beta, L), j = 0, 1,$
- $d(f_{1n}, f_{0n}) \geq 2s,$
- $K(P_0, P_1) \leq \alpha < \infty.$

Montrons maintenant que ces conditions sont satisfaites si c_0 est assez petit et n est assez grand.

- *La condition $f_{jn} \in \Sigma(\beta, L)$, $j = 0, 1$.*

Pour $\ell = \lfloor \beta \rfloor$, la dérivée d'ordre ℓ de f_{1n} vaut

$$f_{1n}^{(\ell)}(x) = L h_n^{\beta - \ell} K^{(\ell)} \left(\frac{x - x_0}{h_n} \right)$$

et alors, vu (2.26),

$$|f_{1n}^{(\ell)}(x) - f_{1n}^{(\ell)}(x')| = L h_n^{\beta - \ell} |K^{(\ell)}(u) - K^{(\ell)}(u')| \qquad (2.28)$$
$$\leq L h_n^{\beta - \ell} |u - u'|^{\beta - \ell}/2 = L|x - x'|^{\beta - \ell}/2$$

avec $u = (x - x_0)/h_n$, $u' = (x' - x_0)/h_n$ et $x, x' \in \mathbf{R}$. Il s'ensuit que f_{1n} appartient à la classe $\Sigma(\beta, L)$ sur $\mathbf{R}$. Donc, évidemment, la restriction de f_{1n} sur $[0, 1]$ appartient à la classe $\Sigma(\beta, L)$ sur $[0, 1]$.

- *La condition $d(f_{1n}, f_{0n}) \geq 2s$.*

On a

$$d(f_{1n}, f_{0n}) = |f_{1n}(x_0)| = L h_n^\beta K(0) = L c_0^\beta K(0) n^{-\frac{\beta}{2\beta + 1}}.$$

Donc, la condition $d(f_{1n}, f_{0n}) \geq 2s$ est satisfaite avec

$$s = s_n = \frac{1}{2} L c_0^\beta K(0) n^{-\frac{\beta}{2\beta + 1}} \triangleq A n^{-\frac{\beta}{2\beta + 1}} = A \psi_n.$$

- *La condition $K(P_0, P_1) \leq \alpha$.*

Notons que P_j (la loi de $Y_1, \ldots, Y_n$ pour $f = f_{jn}$) admet une densité par rapport à la mesure de Lebesgue sur $\mathbf{R}^n$ de la forme

$$p_j(u_1, \ldots, u_n) = \prod_{i=1}^n p_\xi(u_i - f_{jn}(X_i)), \quad j = 0, 1.$$

Il existe un entier n_0 tel que pour tout $n > n_0$ on a $n h_n \geq 1$ et $L h_n^\beta K_{\max} \leq v_0$, où $K_{\max} = \max_u K(u)$ et n_0 ne dépend que de $c_0, L, \beta, K_{\max}, v_0$. Donc, à l'aide de (2.23) et de l'Hypothèse (LP2) du Chapitre 1, pour $n > n_0$, on obtient

$$K(P_0, P_1) = \int \log \frac{dP_0}{dP_1} dP_0 \qquad (2.29)$$

$$= \int \cdots \int \log \prod_{i=1}^n \frac{p_\xi(u_i)}{p_\xi(u_i - f_{1n}(X_i))} \prod_{i=1}^n [p_\xi(u_i) du_i]$$

$$= \sum_{i=1}^n \int \log \frac{p_\xi(y)}{p_\xi(y - f_{1n}(X_i))} p_\xi(y) dy \leq p_* \sum_{i=1}^n f_{1n}^2(X_i)$$

$$= p_* L^2 h_n^{2\beta} \sum_{i=1}^{n} K^2 \left(\frac{X_i - x_0}{h_n} \right)$$

$$\leq p_* L^2 h_n^{2\beta} K_{\max}^2 \sum_{i=1}^{n} I \left(\left| \frac{X_i - x_0}{h_n} \right| \leq \frac{1}{2} \right)$$

$$\leq p_* a_0 L^2 K_{\max}^2 h_n^{2\beta} \max(n h_n, 1)$$

$$= p_* a_0 L^2 K_{\max}^2 n h_n^{2\beta+1},$$

où a_0 est la constante figurant dans l'Hypothèse (LP2), p. 34. Si l'on choisit

$$c_0 = \left(\frac{\alpha}{p_* a_0 L^2 K_{\max}^2} \right)^{\frac{1}{2\beta+1}},$$

alors, vu (2.25) on obtient que $K(P_0, P_1) \leq \alpha$.

A l'aide de la partie (iii) du Théorème 2.2, on déduit de ce qui précède que, pour $n > n_0$ et pour tout estimateur T_n,

$$\sup_{f \in \Sigma(\beta, L)} P_f(|T_n(x_0) - f(x_0)| \geq s_n) \geq \max_{j=0,1} P_j(|T_n(x_0) - f_j(x_0)| \geq s_n)$$

$$\geq \max \left(\frac{1}{4} \exp(-\alpha), \frac{1 - \sqrt{\alpha/2}}{2} \right)$$

$$\triangleq V_0(\alpha),$$

d'où découle le résultat suivant.

Théorème 2.3 *Soient $\beta > 0$ et $L > 0$. Sous l'Hypothèse (B) et l'Hypothèse (LP2) (p. 34), pour tout $x_0 \in [0,1]$, $t > 0$,*

$$\liminf_{n \to \infty} \inf_{T_n} \sup_{f \in \Sigma(\beta, L)} P_f \left(n^{\frac{\beta}{2\beta+1}} |T_n(x_0) - f(x_0)| \geq t^{\frac{\beta}{2\beta+1}} \right) \geq V_0(ct), \quad (2.30)$$

où $\inf_{T_n}$ désigne la borne inférieure sur l'ensemble de tous les estimateurs et $c > 0$ ne dépend que de β, L, p_* et a_0. En outre,

$$\liminf_{n \to \infty} \inf_{T_n} \sup_{f \in \Sigma(\beta, L)} \mathbf{E}_f \left[n^{\frac{2\beta}{2\beta+1}} (T_n(x_0) - f(x_0))^2 \right] \geq c_1, \quad (2.31)$$

où $c_1 > 0$ ne dépend que de β, L, p_* et a_0.

Corollaire 2.2 *Supposons que le modèle de régression non-paramétrique satisfait aux conditions :*

(i) $X_i = i/n$, pour $i = 1, \ldots, n$;

(ii)   les v.a. ξ_i sont i.i.d. de densité p_ξ vérifiant (2.23) et telles que

$$\mathbf{E}(\xi_i) = 0, \qquad \mathbf{E}(\xi_i^2) < \infty.$$

Alors, pour $\beta > 0, L > 0$, $\psi_n = n^{-\frac{\beta}{2\beta+1}}$ est la vitesse optimale de convergence des estimateurs sur $(\Sigma(\beta, L), d_0)$, où d_0 est la distance en un point fixé $x_0 \in [0,1]$.

De plus, pour $\ell = \lfloor \beta \rfloor$, l'estimateur localement polynomial $LP(\ell)$, défini à l'aide du noyau K et de la fenêtre h_n vérifiant les hypothèses (iii) et (iv) du Théorème 1.7 est optimal en vitesse de convergence sur $(\Sigma(\beta, L), d_0)$.

Remarques.

(1) Il vient, d'après (2.30),

$$\liminf_{a \to 0} \liminf_{n \to \infty} \inf_{T_n} \sup_{f \in \Sigma(\beta, L)} P_f \left(n^{\frac{\beta}{2\beta+1}} |T_n(x_0) - f(x_0)| \geq a \right) \geq \frac{1}{2}. \qquad (2.32)$$

On retrouve ici la constante $1/2$ qui correspond à la valeur maximale des minorants basés sur deux hypothèses. Cependant, on peut améliorer (2.32) et atteindre la constante asymptotique égale à 1, en utilisant la technique de M hypothèses et en faisant tendre M vers l'infini (voir l'Exercice 2.7).

(2) Puisque V_0 ne dépend pas de x_0, nous avons démontré une inégalité plus forte que (2.30), à savoir une borne uniforme en x_0 :

$$\liminf_{n \to \infty} \inf_{T_n} \inf_{x_0 \in [0,1]} \sup_{f \in \Sigma(\beta, L)} P_f \left(n^{\frac{\beta}{2\beta+1}} |T_n(x_0) - f(x_0)| \geq t^{\frac{\beta}{2\beta+1}} \right) \geq V_0(ct).$$
$$(2.33)$$

Exercice 2.4 *Supposons que l'Hypothèse (B) et l'Hypothèse (LP2), p. 34, sont vérifiées, et avec des variables aléatoires ξ_i gaussiennes. Démontrer (2.31) en utilisant le Théorème 2.1.*

Exercice 2.5 *Considérons le modèle de régression à effets aléatoires :*

$$Y_i = f(X_i) + \xi_i, \ i = 1, \ldots, n,$$

où les X_i sont des variables aléatoires i.i.d. de densité $\mu(\cdot)$ sur $[0,1]$, telle que $\mu(x) \leq \mu_0 < \infty, \forall\, x \in [0,1]$, les ξ_i sont des variables aléatoires i.i.d. de densité p_ξ sur $\mathbf{R}$, et le vecteur aléatoire $(X_1, \ldots, X_n)$ est indépendant de $(\xi_1, \ldots, \xi_n)$. Soit $f \in \Sigma(\beta, L)$, $\beta > 0, L > 0$, et soit $x_0 \in [0,1]$ un point fixé.

(1) On suppose d'abord que p_ξ vérifie

$$\int \left(\sqrt{p_\xi(y)} - \sqrt{p_\xi(y + t)} \right)^2 dy \leq p_* t^2, \quad \forall\, t \in \mathbf{R},$$

où $0 < p_* < \infty$, Démontrer la borne

$$\liminf_{n \to \infty} \inf_{T_n} \sup_{f \in \Sigma(\beta, L)} \mathbf{E}_f \left[n^{\frac{2\beta}{2\beta+1}} |T_n(x_0) - f(x_0)|^2 \right] \geq c,$$

où $c > 0$ ne dépend que de β, L, μ_0, p_*.

(2) On suppose maintenant que les ξ_i sont i.i.d. uniformément distribuées sur $[-1, 1]$. Démontrer la borne

$$\liminf_{n \to \infty} \inf_{T_n} \sup_{f \in \Sigma(\beta, L)} \mathbf{E}_f \left[n^{\frac{2\beta}{\beta+1}} |T_n(x_0) - f(x_0)|^2 \right] \geq c',$$

où $c' > 0$ est une constante ne dépendant que de β, L, μ_0.

La technique de ce paragraphe permet d'établir des bornes analogues à celles du Théorème 2.3 pour le problème de l'estimation d'une densité de probabilité :

Exercice 2.6 *Soient $X_1, \ldots, X_n$ des variables aléatoires i.i.d. sur $\mathbf{R}$, de densité $p \in \mathcal{P}(\beta, L), \beta > 0, L > 0$. Montrer que, pour tout $x_0 \in \mathbf{R}$,*

$$\liminf_{n \to \infty} \inf_{T_n} \sup_{p \in \mathcal{P}(\beta, L)} \mathbf{E}_p \left[n^{\frac{2\beta}{2\beta+1}} |T_n(x_0) - p(x_0)|^2 \right] \geq c,$$

où $c > 0$ est une constante ne dépendant que de β et L.

2.6 Minorations fondées sur plusieurs hypothèses

Les minorations fondées sur deux hypothèses ne donnent pas de bon résultat quand il s'agit de l'estimation dans L_p. Considérons, par exemple, la distance L_2 :

$$d(f, g) = \|f - g\|_2 = \left(\int_0^1 (f(x) - g(x))^2 dx \right)^{1/2}$$

et supposons que l'Hypothèse (B) et l'Hypothèse (LP2), p. 34, sont satisfaites. Essayons d'appliquer la technique à deux hypothèses avec la même définition de f_{0n} et f_{1n} qu'au paragraphe précédent (en posant $x_0 = 1/2$ à titre d'exemple) :

$$f_{0n}(x) \equiv 0,$$
$$f_{1n}(x) = L h_n^\beta K \left(\frac{x - 1/2}{h_n} \right).$$

Ici $K(\cdot)$ est une fonction vérifiant (2.26) et $h_n > 0$. Utilisons ensuite le Théorème 2.2, version Kullback. La condition $K(P_0, P_1) \leq \alpha < \infty$ et l'inégalité (2.29) nous imposent la restriction sur h_n :

$$\limsup_{n \to \infty} n h_n^{2\beta+1} < \infty,$$

autrement dit, $h_n = O\left(n^{-\frac{1}{2\beta+1}} \right)$, de même qu'au paragraphe précédent. Par ailleurs,

$$d(f_{0n}, f_{1n}) = \|f_{0n} - f_{1n}\|_2 = \left(\int_0^1 f_{1n}^2(x)dx \right)^{1/2}$$

$$= Lh_n^\beta \left(\int_0^1 K^2 \left(\frac{x - 1/2}{h_n} \right) dx \right)^{1/2}$$

$$= Lh_n^{\beta + \frac{1}{2}} \left(\int K^2(u)du \right)^{1/2}$$

pour n assez grand. Donc, $d(f_{0n}, f_{1n}) \asymp h_n^{\beta + \frac{1}{2}} = O(n^{-1/2})$ et, par conséquent, l'application de (2.7) n'est possible qu'avec $s \leq d(f_{0n}, f_{1n})/2 = O(n^{-1/2})$. En conlusion, la technique à deux hypothèses nous amène à la vitesse $n^{-1/2}$ qui est beaucoup plus petite que la vitesse $n^{-\frac{\beta}{2\beta+1}}$ figurant dans la majoration du risque L_2 sur $\Sigma(\beta, L)$ démontrée au Chapitre 1 (Corollaire 1.3). La correction de ce défaut s'obtient par le passage à M hypothèses, avec M tendant vers l'infini lorsque $n \to \infty$.

Proposition 2.2 *Soient $P_0, P_1, \ldots, P_M$ des mesures de probabilité sur $(\mathcal{X}, \mathcal{A})$. Alors*

$$p_{e,M} \geq \sup_{\tau > 0} \frac{\tau M}{1 + \tau M} \left[\frac{1}{M} \sum_{j=1}^M P_j \left(\frac{dP_{0,j}^a}{dP_j} \geq \tau \right) \right],$$

où $P_{0,j}^a$ est la composante de la mesure P_0 absolument continue par rapport à P_j.

DÉMONSTRATION. Soit ψ un test à valeurs dans $\{0, 1, \ldots, M\}$. Alors

$$\bigcup_{j=1}^M \{\psi = j\} = \{\psi \neq 0\}$$

et

$$\{\psi = j\} \cap \{\psi = k\} = \emptyset \quad \text{pour } k \neq j.$$

Donc, en notant $A_j = \left\{ \frac{dP_{0,j}^a}{dP_j} \geq \tau \right\}$, on a

$$P_0(\psi \neq 0) = \sum_{j=1}^M P_0(\psi = j) \geq \sum_{j=1}^M P_{0,j}^a(\psi = j)$$

$$\geq \sum_{j=1}^M \tau P_j(\{\psi = j\} \cap A_j)$$

$$\geq \tau M \left(\frac{1}{M} \sum_{j=1}^M P_j(\psi = j) \right) - \tau \sum_{j=1}^M P_j(A_j^c)$$

$$= \tau M(p_0 - \alpha),$$

où A_j^c est le complémentaire de A_j et

$$p_0 = \frac{1}{M} \sum_{j=1}^{M} P_j(\psi = j), \qquad \alpha = \frac{1}{M} \sum_{j=1}^{M} P_j \left(\frac{dP_{0,j}^a}{dP_j} < \tau \right).$$

Par conséquent,

$$\max_{0 \le j \le M} P_j(\psi \ne j) = \max \left\{ P_0(\psi \ne 0), \max_{1 \le j \le M} P_j(\psi \ne j) \right\}$$

$$\ge \max \left\{ \tau M(p_0 - \alpha), \frac{1}{M} \sum_{j=1}^{M} P_j(\psi \ne j) \right\}$$

$$= \max\{\tau M(p_0 - \alpha), 1 - p_0\}$$

$$\ge \min_{0 \le p \le 1} \max\{\tau M(p - \alpha), 1 - p\}$$

$$= \frac{\tau M(1 - \alpha)}{1 + \tau M} .$$

∎

Théorème 2.4 (Théorème principal sur les minorations du risque.)
Supposons que Θ contient des éléments $\theta_0, \theta_1, \ldots, \theta_M$, tels que :

(i) $d(\theta_j, \theta_k) \ge 2s > 0, \quad \forall\, 0 \le j < k \le M$;

(ii) il existe $\tau > 0, 0 < \alpha < 1$ tels que

$$\frac{1}{M} \sum_{j=1}^{M} P_j \left(\frac{dP_{0,j}^a}{dP_j} \ge \tau \right) \ge 1 - \alpha, \tag{2.34}$$

où $P_{0,j}^a$ est la composante de la mesure $P_0 = P_{\theta_0}$ absolument continue par rapport à $P_j = P_{\theta_j}$. Alors

$$\inf_{\hat{\theta}} \sup_{\theta \in \Theta} P_\theta(d(\hat{\theta}, \theta) \ge s) \ge \frac{\tau M}{1 + \tau M}(1 - \alpha).$$

La démonstration de ce théorème est immédiate d'après la Proposition 2.2 et (2.7).

Pour $M = 1$ la Proposition 2.2 et le Théorème 2.4 coïncident avec la Proposition 2.1 et le Théorème 2.1 respectivement.

Proposition 2.3 *Soient $P_0, P_1, \ldots, P_M$ des mesures de probabilité sur $(\mathcal{X}, \mathcal{A})$ telles que*

$$\frac{1}{M} \sum_{j=1}^{M} K(P_j, P_0) \le \alpha_* \tag{2.35}$$

avec $0 < \alpha_* < \infty$. Alors

$$p_{e,M} \geq \sup_{0 < \tau < 1} \left[\frac{\tau M}{1 + \tau M} \left(1 + \frac{\alpha_* + \sqrt{2\alpha_*}}{\log \tau} \right) \right]. \qquad (2.36)$$

DÉMONSTRATION. Utilisons la Proposition 2.2. Il suffit de vérifier que, pour tout $0 < \tau < 1$,

$$\frac{1}{M} \sum_{j=1}^{M} P_j \left(\frac{dP_{0,j}^a}{dP_j} \geq \tau \right) \geq 1 - \alpha'$$

avec

$$\alpha' = - \frac{\alpha_* + \sqrt{2\alpha_*}}{\log \tau}.$$

Vu (2.35), $P_j \ll P_0$ et $dP_j/dP_0 = dP_j/dP_{0,j}^a$ partout sauf sur un ensemble de P_j-mesure nulle. On obtient donc

$$
P_j \left(\frac{dP_{0,j}^a}{dP_j} \geq \tau \right) = P_j \left(\frac{dP_j}{dP_0} \leq \frac{1}{\tau} \right) = 1 - P_j \left(\log \frac{dP_j}{dP_0} > \log \frac{1}{\tau} \right)
$$

$$
\geq 1 - \frac{1}{\log(1/\tau)} \int \left| \log \frac{dP_j}{dP_0} \right| dP_j \quad \text{(inégalité de Markov)}
$$

$$
\geq 1 - \frac{1}{\log(1/\tau)} \left[K(P_j, P_0) + \sqrt{2K(P_j, P_0)} \right]
$$

$$\text{(2ème inégalité de Pinsker)}.$$

D'après l'inégalité de Jensen et (2.35),

$$\frac{1}{M} \sum_{j=1}^{M} \sqrt{2K(P_j, P_0)} \leq \left(\frac{1}{M} \sum_{j=1}^{M} 2K(P_j, P_0) \right)^{1/2} \leq \sqrt{2\alpha_*}.$$

Il s'ensuit que

$$\frac{1}{M} \sum_{j=1}^{M} P_j \left(\frac{dP_{0,j}^a}{dP_j} \geq \tau \right) \geq 1 - \frac{\alpha_* + \sqrt{2\alpha_*}}{\log(1/\tau)} = 1 - \alpha'.$$

∎

Théorème 2.5 (Version Kullback du théorème principal.) *Supposons que $M \geq 2$ et que Θ contient des éléments $\theta_0, \theta_1, \dots, \theta_M$ tels que :*

(i) $d(\theta_j, \theta_k) \geq 2s > 0$, $\forall \, 0 \leq j < k \leq M$;

(ii) $P_j \ll P_0$, $\forall \, j = 1, \dots, M$, et

$$\frac{1}{M} \sum_{j=1}^{M} K(P_j, P_0) \leq \alpha \log M \quad ou \quad \frac{1}{M} \sum_{j=1}^{M} \chi^2(P_j, P_0) \leq \alpha \log M \qquad (2.37)$$

avec $0 < \alpha < 1/8$ et $P_j = P_{\theta_j}, j = 0, 1, \ldots, M$. Alors

$$\inf_{\hat{\theta}} \sup_{\theta \in \Theta} P_\theta(d(\hat{\theta}, \theta) \geq s) \geq \frac{\sqrt{M}}{1 + \sqrt{M}} \left(1 - 2\alpha - 2\sqrt{\frac{\alpha}{\log M}} \right) > 0. \qquad (2.38)$$

DÉMONSTRATION. Le membre de droite dans (2.36) est minoré par le terme obtenu avec $\tau = 1/\sqrt{M}$ et en outre on a $\alpha_* = \alpha \log M$. Il s'ensuit que

$$p_{e,M} \geq \frac{\sqrt{M}}{1 + \sqrt{M}} \left(1 - 2\alpha - 2\sqrt{\frac{\alpha}{\log M}} \right)$$

$$\geq \frac{\sqrt{M}}{1 + \sqrt{M}} \left(1 - 2\alpha - 2\sqrt{\frac{\alpha}{\log 2}} \right) > 0$$

pour $0 < \alpha < 1/8$, et on obtient (2.38) en utilisant (2.7) et (2.20). ∎

Remarques.

(1) Dans les exemples, la borne (2.38) est généralement appliquée pour $M = M_n \to \infty$. Le membre de droite dans (2.38) peut être aussi proche de 1 que possible quand $M \to \infty$ et $\alpha \to 0$. Dans le même esprit, (2.36) avec le choix de $\tau = 1/\sqrt{M}$ implique que

$$\liminf_{M \to \infty} p_{e,M} \geq 1 - \alpha. \qquad (2.39)$$

Autrement dit, la borne (2.36) est précise en ce sens qu'elle peut être arbitrairement proche de 1, au moins pour M assez grand, à la différence des bornes avec deux hypothèses établies au § 2.3 et § 2.4.2. Un exemple d'application de cette propriété est donné dans l'Exercice 2.7.

(2) Pour M fini, les constantes dans (2.38) ne sont pas optimales. On peut les améliorer, par exemple en faisant $\tau = M^{-\gamma}$ avec $0 < \gamma < 1$ et en maximisant en γ. Des évaluations plus précises s'obtiennent à partir du Lemme de Fano (voir le § 2.7.1). Ces modifications ne présentent pas beaucoup d'intérêt dans le contexte de ce chapitre, car il s'agit ici d'analyser uniquement les vitesses de convergence. Nous appliquons dès le début le schéma général du § 2.2 qui fait intervenir des inégalités assez grossières. L'amélioration des bornes pour $p_{e,M}$ ne pourra donc pas changer la nature du résultat final qui restera bien sûr imprécis en ce qui concerne les constantes dans les inégalités. Il est utile de noter que le schéma du § 2.2 est très général, de sorte qu'il s'applique à tous les problèmes d'estimation, mais l'imprécision des bornes correspondantes est le prix à payer pour la généralité. Si l'on s'intéresse non seulement aux vitesses mais aussi aux constantes, d'autres méthodes, plus fines, doivent être utilisées au cas par cas (un exemple sera examiné au Chapitre 3).

Exercice 2.7 *Supposons que l'Hypothèse (B) et l'Hypothèse (LP2) du Cha-*
pitre 1, p. 34, sont satisfaites et soit $x_0 \in [0,1]$. Démontrer la borne (Stone,
1980) :

$$\lim_{a \to 0} \liminf_{n \to \infty} \inf_{T_n} \sup_{f \in \Sigma(\beta, L)} P_f \left(n^{\frac{\beta}{2\beta+1}} |T_n(x_0) - f(x_0)| \geq a \right) = 1. \qquad (2.40)$$

Indication : *introduire les hypothèses*

$$f_{0n}(x) \equiv 0, \quad f_{jn}(x) = \theta_j L h_n^\beta K \left(\frac{x - x_0}{h_n} \right),$$

avec $\theta_j = j/M$, $j = 1, \ldots, M$.

2.6.1 Minorations dans L_2

Les Théorèmes 2.4 et 2.5 permettent d'obtenir les minorations du risque
en distance L_p avec les bonnes vitesses. Etudions d'abord le cas de $p = 2$. On
a alors

$$d(f, g) = \|f - g\|_2 = \left(\int_0^1 (f(x) - g(x))^2 dx \right)^{1/2}.$$

On se place dans le cadre du modèle de régression non-paramétrique sous
l'Hypothèse (B).

Notre premier objectif est de démontrer (2.2) pour le risque minimax associé à la classe de Hölder $\Theta = \Sigma(\beta, L)$ et à la distance L_2, avec la vitesse

$$\psi_n = n^{-\frac{\beta}{2\beta+1}}.$$

Soit M un entier qui sera précisé plus tard et soient les hypothèses :

$$\theta_j = f_{jn}(\cdot), \ j = 0, \ldots, M,$$

où $f_{jn} \in \Sigma(\beta, L)$. D'après le schéma général, il suffit de montrer que

$$\inf_{\hat{\theta}_n} \max_{\theta \in \{\theta_0, \ldots, \theta_M\}} P_\theta(d(\hat{\theta}_n, \theta) \geq s) \geq c' > 0,$$

où $s = A\psi_n$, $A > 0$. Si $\Theta = \Sigma(\beta, L)$ et si d est la distance L_2, cette inégalité
se traduit par

$$\inf_{T_n} \max_{f \in \{f_{0n}, \ldots, f_{Mn}\}} P_f(\|T_n - f\|_2 \geq A\psi_n) \geq c' > 0, \qquad (2.41)$$

où $\inf_{T_n}$ désigne la borne inférieure sur l'ensemble de tous les estimateurs T_n.
Pour obtenir (2.41), nous utiliserons le Théorème 2.5. Il faut d'abord définir
les fonctions f_{jn} de manière précise.

Construction des hypothèses f_{jn}.

Soient un réel $c_0 > 0$ et un entier $m \geq 1$. Définissons

$$m = \lceil c_0 n^{\frac{1}{2\beta+1}} \rceil, \quad h_n = \frac{1}{m}, \quad x_k = \frac{k - 1/2}{m},$$

$$\varphi_k(x) = L h_n^\beta K\left(\frac{x - x_k}{h_n}\right), \quad k = 1, \ldots, m, \quad x \in [0, 1], \tag{2.42}$$

où $K : \mathbf{R} \to [0, +\infty[$ est une fonction vérifiant (2.26). Ici et dans la suite $\lceil x \rceil$, pour $x \in \mathbf{R}$, désigne le plus petit entier qui est strictement plus grand que x. Vu (2.28), toutes les fonctions φ_k appartiennent à $\Sigma(\beta, L/2)$. On note

$$\Omega = \left\{\omega = (\omega_1, \ldots, \omega_m), \ \omega_i \in \{0, 1\}\right\} = \{0, 1\}^m.$$

Les hypothèses f_{jn} seront choisies dans l'ensemble de fonctions

$$\mathcal{E} = \left\{ f_\omega(x) = \sum_{k=1}^{m} \omega_k \varphi_k(x), \ \omega \in \Omega \right\}.$$

On a, pour tous $\omega, \omega' \in \Omega$,

$$\begin{aligned}
d(f_\omega, f_{\omega'}) &= \left[\int_0^1 (f_\omega(x) - f_{\omega'}(x))^2 dx \right]^{1/2} \\
&= \left[\sum_{k=1}^{m} (\omega_k - \omega_k')^2 \int_{\Delta_k} \varphi_k^2(x) dx \right]^{1/2} \\
&= L h_n^{\beta + \frac{1}{2}} \|K\|_2 \left[\sum_{k=1}^{m} (\omega_k - \omega_k')^2 \right]^{1/2} \\
&= L h_n^{\beta + \frac{1}{2}} \|K\|_2 \sqrt{\rho(\omega, \omega')}
\end{aligned} \tag{2.43}$$

où $\rho(\omega, \omega') = \sum_{k=1}^{m} I(\omega_k \neq \omega_k')$ est *la distance de Hamming* entre les suites binaires $\omega = (\omega_1, \ldots, \omega_m)$ et $\omega' = (\omega_1', \ldots, \omega_m')$, et les Δ_k sont les intervalles

$$\Delta_1 = [0, 1/m], \qquad \Delta_k =](k-1)/m, k/m], \quad k = 2, \ldots, m. \tag{2.44}$$

Pour constituer l'ensemble $\{f_{jn}, j = 0, \ldots, M\}$, nous allons sélectionner certaines fonctions f_ω dans $\mathcal{E}$. Afin d'appliquer le Théorème 2.5, il faut que les fonctions $f_\omega, f_{\omega'}$ appartenant à l'ensemble $\{f_{jn}, j = 0, \ldots, M\}$ vérifient deux à deux la propriété $d(f_\omega, f_{\omega'}) \geq 2s_n \asymp n^{-\frac{\beta}{2\beta+1}}$. Donc, il faut choisir ω, ω' tels que $\sqrt{\rho(\omega, \omega')} \asymp h_n^{-1/2}$, ce qui est équivalent à $\rho(\omega, \omega') \asymp m$. La question suivante se pose alors : quel est le cardinal maximal de l'ensemble de suites binaires ω qui sont éloignées l'une de l'autre en distance de Hamming d'au moins am, pour un $a > 0$ fixé ? Une minoration de ce cardinal est donnée par un résultat de Théorie de l'information connu sous le nom de *borne de Varshamov – Gilbert*. Pour démontrer cette borne, nous aurons besoin d'une inégalité exponentielle pour les sommes de variables aléatoires indépendantes bornées.

Lemme 2.6 (Inégalité de Hoeffding, 1963.) *Soient $Z_1, \ldots, Z_m$ des variables aléatoires indépendantes telles que $a_i \leq Z_i \leq b_i$. Alors, pour tout $t > 0$,*

$$\mathbf{P}\left(\sum_{i=1}^{m}(Z_i - \mathbf{E}(Z_i)) \geq t\right) \leq \exp\left(-\frac{2t^2}{\sum_{i=1}^{m}(b_i - a_i)^2}\right).$$

La démonstration de ce lemme est donnée dans l'Annexe (Lemme A.4).

Lemme 2.7 (Borne de Varshamov – Gilbert, 1962.) *Soit $m \geq 8$. Alors il existe un sous-ensemble $\{\omega^{(0)}, \ldots, \omega^{(M)}\}$ de Ω tel que $\omega^{(0)} = (0, \ldots, 0)$,*

$$\rho(\omega^{(j)}, \omega^{(k)}) \geq \frac{m}{8}, \quad \forall\, 0 \leq j < k \leq M, \tag{2.45}$$

et

$$M \geq 2^{m/8}. \tag{2.46}$$

DÉMONSTRATION. Il est clair que Card $\Omega = 2^m$. On prend $\omega^{(0)} = (0, \ldots, 0)$ et on exclut tous les $\omega \in \Omega$ appartenant au D-voisinage de $\omega^{(0)}$, i.e. tels que $\rho(\omega, \omega^{(0)}) \leq D \overset{\triangle}{=} \lfloor m/8 \rfloor$. Soit

$$\Omega_1 = \{\omega \in \Omega : \rho(\omega, \omega^{(0)}) > D\}.$$

On prend comme $\omega^{(1)}$ un élément arbitraire de Ω_1. On exclut ensuite tous les $\omega \in \Omega_1$ tels que $\rho(\omega, \omega^{(1)}) \leq D$, etc. On définit donc de façon récursive les sous-ensembles Ω_j de Ω :

$$\Omega_j = \{\omega \in \Omega_{j-1} : \rho(\omega, \omega^{(j-1)}) > D\}, \qquad j = 1, \ldots, M,$$

où $\Omega_0 \overset{\triangle}{=} \Omega$, $\omega^{(j)}$ est un élément arbitraire de Ω_j et M est le plus petit entier tel que $\Omega_{M+1} = \emptyset$. Soit n_j le nombre de vecteurs ω exclus du D-voisinage de $\omega^{(j)}$ au j-ème pas de cette procédure, i.e. $n_j = \text{Card}\, A_j$, où

$$A_j = \{\omega \in \Omega_j : \rho(\omega, \omega^{(j)}) \leq D\}, \qquad j = 0, \ldots, M.$$

D'après la définition de la distance de Hamming, on a la borne

$$n_j \leq \sum_{i=0}^{D} C_m^i, \quad j = 0, \ldots, M.$$

Puisque $A_0, \ldots, A_M$ sont des ensembles disjoints qui recouvrent Ω,

$$n_0 + n_1 + \cdots + n_M = \text{Card } \Omega = 2^m.$$

Il en résulte que

$$(M+1) \sum_{i=0}^{D} C_m^i \geq 2^m. \tag{2.47}$$

De plus,

$$\rho(\omega^{(j)}, \omega^{(k)}) \geq D + 1 = \lfloor m/8 \rfloor + 1 \geq m/8, \quad \forall j \neq k,$$

par construction de la suite $\omega^{(j)}$. On peut écrire (2.47) sous la forme

$$M + 1 \geq \frac{1}{p^*},$$

où p^* est la probabilité binomiale

$$p^* = \sum_{i=0}^{D} 2^{-m} C_m^i = \mathbf{P}(Bi(m, 1/2) \leq \lfloor m/8 \rfloor).$$

Ici on définit $Bi(m, 1/2) = \sum_{i=1}^{m} Z_i$, les Z_i étant des variables de Bernoulli i.i.d. de paramètre $1/2$. Comme $0 \leq Z_i \leq 1$ et $\mathbf{E}(Z_i) = 1/2$, l'inégalité de Hoeffding implique que

$$p^* \leq \exp(-9m/32) < 2^{-m/4}.$$

Par conséquent, $M + 1 \geq 2^{m/4} \geq 2^{m/8} + 1$ pour $m \geq 8$.   ∎

Finalement, on définit

$$f_{jn}(x) = f_{\omega^{(j)}}(x), \quad j = 0, \ldots, M,$$

où $\{\omega^{(0)}, \ldots, \omega^{(M)}\}$ est un sous-ensemble de Ω qui vérifie les conditions du Lemme 2.7.

Application du Théorème 2.5.

Fixons $\alpha \in]0, 1/8[$. Pour pouvoir utiliser le Théorème 2.5 il faut que les trois conditions suivantes soient réunies :

- $f_{jn} \in \Sigma(\beta, L)$, $j = 0, \ldots, M$,
- $d(\theta_j, \theta_k) = \|f_{jn} - f_{kn}\|_2 \geq 2s > 0$, $0 \leq j < k \leq M$,

- $\dfrac{1}{M} \sum_{j=1}^{M} K(P_j, P_0) \leq \alpha \log M$, $j = 1, \ldots, M$.

Montrons que c'est le cas si n est assez grand.

- *La condition $f_{jn} \in \Sigma(\beta, L)$.*

Comme $\varphi_k \in \Sigma(\beta, L/2)$, $|\omega_i| \leq 1$ et les supports des fonctions φ_k sont disjoints, $f_\omega \in \Sigma(\beta, L)$ pour tout $\omega \in \Omega$.

- *La condition $\|f_{jn} - f_{kn}\|_2 \geq 2s$.*

A l'aide de (2.43) et (2.45) on obtient

$$
\begin{aligned}
\|f_{jn} - f_{kn}\|_2 &= \|f_{\omega^{(j)}} - f_{\omega^{(k)}}\|_2 \\
&= L h_n^{\beta+1/2} \|K\|_2 \sqrt{\rho(\omega^{(j)}, \omega^{(k)})} \\
&\geq L h_n^{\beta+\frac{1}{2}} \|K\|_2 \sqrt{\frac{m}{16}} \\
&= \frac{L}{4} \|K\|_2 h_n^\beta = \frac{L}{4} \|K\|_2 m^{-\beta},
\end{aligned}
$$

dès que $m \geq 8$. Supposons que $n \geq n_*$ où $n_* = (7/c_0)^{2\beta+1}$. Alors, $m \geq 8$ et $m^\beta \leq (1 + 1/7)^\beta c_0^\beta n^{\frac{\beta}{2\beta+1}} \leq (2c_0)^\beta n^{\frac{\beta}{2\beta+1}}$, ce qui implique :

$$
\|f_{jn} - f_{kn}\|_2 \geq 2s
$$

avec

$$
s = A n^{-\frac{\beta}{2\beta+1}} = A\psi_n, \qquad A = \frac{L}{8} \|K\|_2 (2c_0)^{-\beta}.
$$

- *La condition $\frac{1}{M} \sum_{j=1}^M K(P_j, P_0) \leq \alpha \log M$.*

Comme dans (2.29) on a, pour tout $n \geq n_*$,

$$
\begin{aligned}
K(P_j, P_0) &\leq p_* \sum_{i=1}^n f_{jn}^2(X_i) \leq p_* \sum_{k=1}^m \sum_{i:X_i \in \Delta_k} \varphi_k^2(X_i) \\
&\leq p_* L^2 K_{\max}^2 h_n^{2\beta} \sum_{k=1}^m \mathrm{Card}\{i : X_i \in \Delta_k\} \\
&= p_* L^2 K_{\max}^2 n h_n^{2\beta} \leq p_* L^2 K_{\max}^2 c_0^{-(2\beta+1)} m.
\end{aligned}
$$

D'après (2.46), $m \leq 8 \log M / \log 2$. Par conséquent, si l'on choisit

$$
c_0 = \left(\frac{8 p_* L^2 K_{\max}^2}{\alpha \log 2} \right)^{\frac{1}{2\beta+1}},
$$

alors $K(P_j, P_0) < \alpha \log M$, $j = 1, \ldots, M$.

On constate que les hypothèses du Théorème 2.5 sont réunies. Alors, pour tout estimateur T_n,

$$
\max_{f \in \{f_{0n}, \ldots, f_{Mn}\}} P_f(\|T_n - f\|_2 \geq A\psi_n) \geq \frac{\sqrt{M}}{1 + \sqrt{M}} \left(1 - 2\alpha - 2\sqrt{\frac{\alpha}{\log M}} \right),
$$

d'où découle le résultat suivant.

Théorème 2.6 *Soit* $\beta > 0, L > 0$. *Sous l'Hypothèse (B) on a :*

$$\liminf_{n \to \infty} \inf_{T_n} \sup_{f \in \Sigma(\beta,L)} \mathbf{E}_f \left[n^{\frac{2\beta}{2\beta+1}} \|T_n - f\|_2^2 \right] \geq c, \tag{2.48}$$

où $\inf_{T_n}$ *désigne la borne inférieure sur l'ensemble de tous les estimateurs et la constante* $c > 0$ *ne dépend que de* β, L *et* p_*.

Ce théorème et le Théorème 1.7 entraînent le corollaire suivant.

Corollaire 2.3 *Supposons que le modèle de régression non-paramétrique satisfait aux conditions :*
  (i) $X_i = i/n$, pour $i = 1, \ldots, n$;
  (ii) les v.a. ξ_i sont i.i.d. de densité p_ξ vérifiant (2.23) et telles que

$$\mathbf{E}(\xi_i) = 0, \qquad \mathbf{E}(\xi_i^2) < \infty.$$

Alors, pour tout $\beta > 0, L > 0$, $\psi_n = n^{-\frac{\beta}{2\beta+1}}$ *est la vitesse optimale de convergence des estimateurs sur* $(\Sigma(\beta,L), \|\cdot\|_2)$.

De plus, pour $\ell = \lfloor \beta \rfloor$, *l'estimateur localement polynomial LP(ℓ) défini à l'aide du noyau K et de la fenêtre h_n vérifiant les hypothèses (iii) et (iv) du Théorème 1.7 est optimal en vitesse de convergence sur* $(\Sigma(\beta,L), \|\cdot\|_2)$.

Classes de Sobolev.

La construction utilisée dans ce paragraphe permet d'établir aussi une minoration du risque minimax sur $(W^{per}(\beta,L), \|\cdot\|_2)$ et, a fortiori, sur $(W(\beta,L), \|\cdot\|_2)$, où $\beta \in \{1, 2, \ldots\}$, $L > 0$.

En effet, si l'on définit $K(\cdot)$ à l'aide de (2.27), les fonctions f_ω, ainsi que toutes leurs dérivées, sont périodiques sur $[0,1]$. En outre, $f_\omega \in W(\beta,L)$, puisque $f_\omega \in \Sigma(\beta,L)$ et $\Sigma(\beta,L) \subset W(\beta,L)$. Par conséquent, les fonctions $f_{0n}, \ldots, f_{Mn}$ introduites dans ce paragraphe appartiennent aussi à $W^{per}(\beta,L)$, ce qui permet d'obtenir le résultat suivant.

Théorème 2.7 *Soit* $\beta \in \{1, 2, \ldots\}$, $L > 0$. *Sous l'Hypothèse (B) on a :*

$$\liminf_{n \to \infty} \inf_{T_n} \sup_{f \in W^{per}(\beta,L)} \mathbf{E}_f \left[n^{\frac{2\beta}{2\beta+1}} \|T_n - f\|_2^2 \right] \geq c,$$

où $\inf_{T_n}$ *désigne la borne inférieure sur l'ensemble de tous les estimateurs et la constante* $c > 0$ *ne dépend que de* β, L *et* p_*.

Ce théorème et le Théorème 1.9 entraînent le corollaire suivant.

Corollaire 2.4 *Supposons que le modèle de régression non-paramétrique satisfait aux conditions :*
  (i) $X_i = i/n$, pour $i = 1, \ldots, n$;
  (ii) les v.a. ξ_i sont i.i.d. de densité p_ξ vérifiant (2.23) et telles que

$$\mathbf{E}(\xi_i) = 0, \qquad \mathbf{E}(\xi_i^2) < \infty.$$

Alors, pour $\beta \in \{1, 2, \ldots\}, L > 0, \psi_n = n^{-\frac{\beta}{2\beta+1}}$ est la vitesse optimale de convergence des estimateurs sur $(W^{per}(\beta, L), \|\cdot\|_2)$.

De plus, l'estimateur par projection simple vérifiant les hypothèses du Théorème 1.9 est optimal en vitesse de convergence sur $(W^{per}(\beta, L), \|\cdot\|_2)$.

Notons finalement que la technique de ce paragraphe permet d'établir des bornes analogues à celle du Théorème 2.6 pour le problème de l'estimation d'une densité de probabilité :

Exercice 2.8 *Soient $X_1, \ldots, X_n$ des variables aléatoires i.i.d. sur $\mathbf{R}$, de densité $p \in \mathcal{P}(\beta, L), \beta > 0, L > 0$. Démontrer la borne*

$$\liminf_{n \to \infty} \inf_{T_n} \sup_{p \in \mathcal{P}(\beta, L)} \mathbf{E}_p \left[n^{\frac{2\beta}{2\beta+1}} \|T_n - p\|_2^2 \right] \geq c,$$

où $c > 0$ ne dépend que de β et L.

2.6.2 Minorations dans L_∞

Nous restons ici dans le cadre de la régression non-paramétrique sous l'Hypothèse (B), mais nous supposons maintenant que la semi-distance $d(\cdot, \cdot)$ en question est la distance

$$d(f, g) = \|f - g\|_\infty = \sup_{x \in [0,1]} |f(x) - g(x)|.$$

Notre objectif est de démontrer la borne (2.2) pour $(\Theta, d) = (\Sigma(\beta, L), \|\cdot\|_\infty)$ avec la vitesse

$$\psi_n = \left(\frac{\log n}{n} \right)^{\frac{\beta}{2\beta+1}}.$$

A cette fin, nous utiliserons le Théorème 2.5. Définissons les hypothèses :

$$\theta_0 = f_{0n}(\cdot) \equiv 0,$$
$$\theta_j = f_{jn}(\cdot), \quad j = 1, \ldots, M,$$

avec

$$f_{jn}(x) = L h_n^\beta K \left(\frac{x - x_j}{h_n} \right), \quad x_j = \frac{j - 1/2}{M}, \quad h_n = 1/M,$$

où $K : \mathbf{R} \to [0, +\infty[$ est une fonction vérifiant (2.26) et $M > 1$ est un entier.

Fixons $\alpha \in]0, 1/8[$. Pour pouvoir utiliser le Théorème 2.5, il faut vérifier les conditions suivantes.

- $f_{jn} \in \Sigma(\beta, L), \quad j = 1, \ldots, M,$
- $d(f_{jn}, f_{kn}) \geq 2s > 0, \quad \forall k \neq j,$
- $\dfrac{1}{M} \displaystyle\sum_{j=1}^{M} K(P_j, P_0) \leq \alpha \log M.$

Montrons que c'est le cas si n est assez grand.

- *La condition $f_{jn} \in \Sigma(\beta, L)$ est satisfaite vu (2.28).*
- *La condition $d(f_{jn}, f_{kn}) \geq 2s$. On a*

$$d(f_{jn}, f_{kn}) = \|f_{jn} - f_{kn}\|_\infty \geq L h_n^\beta K(0) \stackrel{\triangle}{=} 2s,$$

où

$$s = \frac{L h_n^\beta K(0)}{2}.$$

Il faut que $s \asymp \psi_n = \left(\frac{\log n}{n}\right)^{\frac{\beta}{2\beta+1}}$. On choisit donc $h_n \asymp \left(\frac{\log n}{n}\right)^{\frac{1}{2\beta+1}}$. Plus précisément, pour expliciter les constantes, définissons $h_n = 1/M$ avec

$$M = \lceil c_0 \left(n/\log n\right)^{\frac{1}{2\beta+1}} \rceil,$$

où $c_0 > 0$ est une constante que l'on peut choisir.

- *La condition $\dfrac{1}{M} \sum_{j=1}^{M} K(P_j, P_0) \leq \alpha \log M$.*

En utilisant (2.29) on obtient

$$\frac{1}{M} \sum_{j=1}^{M} K(P_j, P_0) \leq \frac{1}{M} \sum_{j=1}^{M} p_* \sum_{i=1}^{n} f_{jn}^2(X_i)$$

$$\leq p_* L^2 K_{\max}^2 h_n^{2\beta} \frac{1}{M} \sum_{j=1}^{M} \mathrm{Card}\{i : X_i \in \mathrm{supp}(f_{jn})\}$$

$$= p_* L^2 K_{\max}^2 h_n^{2\beta} n/M = p_* L^2 K_{\max}^2 M^{-(2\beta+1)} n$$

$$\leq p_* L^2 K_{\max}^2 c_0^{-(2\beta+1)} \log n,$$

où $\mathrm{supp}(f_{jn})$ désigne le support de la fonction f_{jn}. Or,

$$\log M \geq \log \left(c_0 \left(\frac{n}{\log n}\right)^{\frac{1}{2\beta+1}}\right) = \frac{\log n}{2\beta + 1}(1 + o(1)) \geq \frac{\log n}{2\beta + 2}$$

pour n assez grand. On conclut en choisissant c_0 suffisamment grand.

Nous avons donc démontré le théorème suivant.

Théorème 2.8 *Soit $\beta > 0, L > 0$. Sous l'Hypothèse (B) on a :*

$$\liminf_{n \to \infty} \inf_{T_n} \sup_{f \in \Sigma(\beta, L)} \left(\frac{n}{\log n}\right)^{\frac{2\beta}{2\beta+1}} \mathbf{E}_f \|T_n - f\|_\infty^2 \geq c,$$

où $\inf_{T_n}$ désigne la borne inférieure sur l'ensemble de tous les estimateurs et la constante $c > 0$ ne dépend que de β, L et p_*.

Ce théorème et le Théorème 1.8 entraînent le corollaire suivant.

Corollaire 2.5 *Supposons que le modèle de régression non-paramétrique satisfait aux conditions :*
(i) $X_i = i/n$, pour $i = 1, \ldots, n$;
(ii) les v.a. ξ_i sont i.i.d. gaussiennes de loi $\mathcal{N}(0, \sigma_\xi^2)$ avec $0 < \sigma_\xi^2 < \infty$.

Alors, pour $\beta > 0, L > 0$, $\psi_n = \left(\frac{\log n}{n}\right)^{\frac{\beta}{2\beta+1}}$ est la vitesse optimale de convergence des estimateurs sur $(\Sigma(\beta, L), \|\cdot\|_\infty)$.

De plus, pour $\ell = \lfloor\beta\rfloor$, l'estimateur localement polynomial $LP(\ell)$ défini à l'aide du noyau K et de la fenêtre h_n vérifiant les hypothèses du Théorème 1.8 est optimal en vitesse de convergence sur $(\Sigma(\beta, L), \|\cdot\|_\infty)$.

D'après les Corollaires 2.3 et 2.4, les vitesses optimales de convergence en norme L_2 sur les classes de Sobolev sont les mêmes que celles sur les classes de Hölder. Il est intéressant de noter que pour l'estimation en norme L_∞ la situation est différente : les vitesses optimales sur les classes de Sobolev sont plus lentes, comme le montre l'exercice suivant.

Exercice 2.9 *On considère le modèle de régression non-paramétrique*

$$Y_i = f(i/n) + \xi_i, \ i = 1, \ldots, n,$$

avec les v.a. ξ_i i.i.d. de loi $\mathcal{N}(0,1)$ et $f \in W^{per}(\beta, L)$, $L > 0, \beta \in \{1, 2, \ldots\}$. Démontrer la borne

$$\liminf_{n\to\infty} \inf_{T_n} \sup_{f \in W^{per}(\beta,L)} \left(\frac{n}{\log n}\right)^{\frac{2\beta-1}{2\beta}} \mathbf{E}_f \|T_n - f\|_\infty^2 \geq c,$$

où $c > 0$ ne dépend que de β et L.

2.7 Quelques compléments

Dans ce paragraphe, nous allons étudier d'autres outils de minoration du risque minimax. Il pourra être omis lors d'une première lecture.

2.7.1 Lemme de Fano

Un élément important du schéma de minoration introduit au § 2.2 est le passage à la probabilité d'erreur minimax $p_{e,M}$. Nos efforts tout au long de ce chapitre ont été consacrés à la construction de minorants pour $p_{e,M}$. Le Lemme de Fano permet d'obtenir des résultats similaires, en passant d'abord par la probabilité d'erreur moyenne.

Soient $P_0, P_1, \ldots, P_M$ des mesures de probabilité sur l'espace mesurable $(\mathcal{X}, \mathcal{A})$. Pour un test $\psi : \mathcal{X} \to \{0, 1, \ldots, M\}$, on définit la *probabilité d'erreur moyenne* et la probabilité d'erreur moyenne minimale par, respectivement

$$\overline{p}_{e,M}(\psi) = \frac{1}{M+1} \sum_{j=0}^{M} P_j(\psi \neq j)$$

et

$$\overline{p}_{e,M} = \inf_{\psi} \overline{p}_{e,M}(\psi).$$

Introduisons la mesure de probabilité $\overline{P}$ sur $(\mathcal{X}, \mathcal{A})$ comme suit :

$$\overline{P} = \frac{1}{M+1} \sum_{j=0}^{M} P_j \ .$$

Lemme 2.8 (Lemme de Fano, 1952.) *Soient* $P_0, P_1, \ldots, P_M$ *des mesures de probabilité sur* $(\mathcal{X}, \mathcal{A})$, $M \geq 1$. *Alors,* $\overline{p}_{e,M} \leq M/(M+1)$ *et*

$$g(\overline{p}_{e,M}) \geq \log(M+1) - \frac{1}{M+1} \sum_{j=0}^{M} K(P_j, \overline{P}), \tag{2.49}$$

où, pour $0 \leq x \leq 1$,

$$g(x) = x \log M + \mathcal{H}(x)$$

avec $\mathcal{H}(x) = -x \log x - (1-x)\log(1-x)$ *et* $0 \log 0 \overset{\triangle}{=} 0$.

DÉMONSTRATION. On a

$$\overline{p}_{e,M}(\psi) = \frac{1}{M+1} \mathbf{E}_{\overline{P}}\left[\sum_{j=0}^{M} I(A_j) \frac{dP_j}{d\overline{P}} \right] = \mathbf{E}_{\overline{P}}\left[\sum_{j=0}^{M} b_j p_j \right] \tag{2.50}$$

avec $A_j = \{\psi \neq j\}$, $b_j = I(A_j)$,

$$p_j = \frac{dP_j}{(M+1)d\overline{P}} \ ,$$

$\mathbf{E}_{\overline{P}}$ étant l'espérance par rapport à la mesure $\overline{P}$. Les variables aléatoires b_j, p_j vérifient $\overline{P}$-p.s. les conditions

$$\sum_{j=0}^{M} b_j = M, \quad b_j \in \{0,1\}, \quad \text{et} \quad \sum_{j=0}^{M} p_j = 1, \quad p_j \geq 0.$$

Alors, $\overline{P}$-p.s., on a

$$\sum_{j=0}^{M} b_j p_j = \sum_{j \neq j_0} p_j, \tag{2.51}$$

où j_0 est un numéro aléatoire, $0 \leq j_0 \leq M$. Utilisons maintenant le lemme suivant dont la démonstration sera donnée plus loin.

Lemme 2.9 *Pour tout* $j_0 \in \{0, 1, \ldots, M\}$ *et tout* $\{p_0, p_1 \ldots, p_M\}$ *tel que* $\sum_{j=0}^{M} p_j = 1, \quad p_j \geq 0$, *on a*

$$g\Big(\sum_{j \neq j_0} p_j \Big) \geq - \sum_{j=0}^{M} p_j \log p_j, \tag{2.52}$$

où $0 \log 0 \overset{\triangle}{=} 0$.

La fonction $g(x) = x \log M + \mathcal{H}(x)$ est concave pour $0 \leq x \leq 1$. En utilisant (2.50), l'inégalité de Jensen et les relations (2.51) et (2.52) on obtient, pour tout test ψ :

$$g(\overline{p}_{e,M}(\psi)) = g\Big(\mathbf{E}_{\overline{P}}\Big[\sum_{j=0}^{M} b_j p_j \Big] \Big) \geq \mathbf{E}_{\overline{P}} g\Big(\sum_{j=0}^{M} b_j p_j \Big)$$

$$\geq \mathbf{E}_{\overline{P}}\Big[- \sum_{j=0}^{M} p_j \log p_j \Big]$$

$$= -\mathbf{E}_{\overline{P}}\left[\sum_{j=0}^{M} \frac{dP_j}{(M+1)d\overline{P}} \log \frac{dP_j}{(M+1)d\overline{P}} \right]$$

$$= \log(M+1) - \frac{1}{M+1} \sum_{j=0}^{M} K(P_j, \overline{P}).$$

Puisqu'il existe une suite de tests $\{\psi^k\}_{k=0}^{\infty}$ telle que $\overline{p}_{e,M}(\psi^k) \to \overline{p}_{e,M}$ quand $k \to \infty$, on obtient, compte tenu de la continuité de g,

$$g(\overline{p}_{e,M}) = \lim_{k \to \infty} g(\overline{p}_{e,M}(\psi^k)) \geq \log(M+1) - \frac{1}{M+1} \sum_{j=0}^{M} K(P_j, \overline{P}).$$

Il ne reste plus qu'à démontrer que $\overline{p}_{e,M} \leq M/(M+1)$. Pour ce faire, définissons le test dégénéré $\psi_* \equiv 1$ et notons que

$$\inf_{\psi} \overline{p}_{e,M}(\psi) \leq \overline{p}_{e,M}(\psi_*) = \frac{1}{M+1} \sum_{j=0}^{M} P_j(j \neq 1) = \frac{M}{M+1} .$$

∎

DÉMONSTRATION DU LEMME 2.9. Il suffit d'établir le résultat sous l'hypothèse $\sum_{j \neq j_0} p_j \neq 0$ car dans le cas contraire l'inégalité (2.52) est évidente. On a

$$\sum_{j=0}^{M} p_j \log p_j = p_{j_0} \log p_{j_0} + \Big(\sum_{j \neq j_0} p_j \Big) \log \Big(\sum_{j \neq j_0} p_j \Big) \tag{2.53}$$

$$+ \sum_{j \neq j_0} p_j \log \frac{p_j}{\sum_{i \neq j_0} p_i}$$

$$= -\mathcal{H}\Big(\sum_{j \neq j_0} p_j \Big) + \Big(\sum_{j \neq j_0} p_j \Big) \Big(\sum_{j \neq j_0} q_j \log q_j \Big)$$

avec

$$q_j = \frac{p_j}{\sum_{i \neq j_0} p_i}, \quad \sum_{j \neq j_0} q_j = 1, \quad q_j \geq 0.$$

Supposons que $q_j > 0$, la modification pour $q_j = 0$ étant triviale. Puisque la fonction $-\log x$ est convexe pour $x > 0$, d'après l'inégalité de Jensen on obtient

$$\sum_{j \neq j_0} q_j \log q_j = - \sum_{j \neq j_0} q_j \log(1/q_j) \geq - \log M.$$

Le Lemme 2.9 résulte de cette inégalité et (2.53). ∎

Le Lemme de Fano nous permet d'évaluer $p_{e,M}$:

$$p_{e,M} = \inf_\psi \max_{0 \leq j \leq M} P_j(\psi \neq j) \geq \inf_\psi \overline{p}_{e,M}(\psi) = \overline{p}_{e,M}$$

$$\geq g^{-1} \left(\log(M+1) - \frac{1}{M+1} \sum_{j=0}^{M} K(P_j, \overline{P}) \right) \qquad (2.54)$$

où $g^{-1}(t) \overset{\triangle}{=} 0$ pour $t < 0$ et, pour $0 < t < \log(M+1)$, $g^{-1}(t)$ est la solution, en $x \in [0, M/(M+1)]$, de l'équation $g(x) = t$: cette solution existe, car la fonction g est continue et croissante sur $[0, M/(M+1)]$ et $g(0) = 0$, $g(M/(M+1)) = \log(M+1)$. Les minorations du risque minimax s'obtiennent donc par l'application du schéma général du § 2.2 et de l'inégalité (2.54). Il suffit seulement de garantir que la quantité $\log(M+1) - (M+1)^{-1} \sum_{j=0}^{M} K(P_j, \overline{P})$ est strictement positive. On peut le faire de deux façons. La première remonte à Ibragimov et Hasminskii qui ont introduit le Lemme de Fano dans l'usage statistique (cf., e.g., Ibragimov et Hasminskii (1981)) : supposons que les mesures P_j sont mutuellement absolument continues ; alors il est facile de voir que

$$\frac{1}{M+1} \sum_{j=0}^{M} K(P_j, \overline{P}) \leq \frac{1}{(M+1)^2} \sum_{j=0}^{M} \sum_{k=0}^{M} K(P_j, P_k).$$

Pour obtenir une minoration non-triviale, il suffit donc de choisir des mesures P_j vérifiant $\max_{0 \leq j, k \leq M} K(P_j, P_k) \leq \alpha \log(M+1)$, avec $0 < \alpha < 1$. La deuxième façon d'agir (plus générale, car on ne doit pas supposer que toutes les mesures P_j sont mutuellement absolument continues) est fondée sur l'égalité élémentaire

$$\frac{1}{M+1}\sum_{j=0}^{M} K(P_j, P_0) = \frac{1}{M+1}\sum_{j=0}^{M} K(P_j, \overline{P}) + K(\overline{P}, P_0). \qquad (2.55)$$

Puisque $K(\overline{P}, P_0) \geq 0$, les relations (2.49) et (2.55) impliquent que

$$g(\overline{p}_{e,M}) \geq \log(M+1) - \frac{1}{M+1}\sum_{j=1}^{M} K(P_j, P_0), \qquad (2.56)$$

d'où on obtient

$$\overline{p}_{e,M} \geq g^{-1}\Big(\log(M+1) - \alpha \log M\Big), \qquad (2.57)$$

dès que $(M+1)^{-1}\sum_{j=1}^{M} K(P_j, P_0) \leq \alpha \log M$ avec $0 < \alpha < 1$ et $M \geq 2$. Malheureusement, l'inégalité (2.57) n'est pas suffisamment explicite, car il faut inverser la fonction g. Une solution explicite mais moins précise s'obtient si l'on simplifie (2.57) de façon suivante.

Corollaire 2.6 *Soient* $P_0, P_1, \ldots, P_M$ *des mesures de probabilité sur* $(\mathcal{X}, \mathcal{A})$, $M \geq 2$. *Si*

$$\frac{1}{M+1}\sum_{j=1}^{M} K(P_j, P_0) \leq \alpha \log M$$

avec $0 < \alpha < 1$, *alors*

$$p_{e,M} \geq \overline{p}_{e,M} \geq \frac{\log(M+1) - \log 2}{\log M} - \alpha. \qquad (2.58)$$

DÉMONSTRATION. Il suffit d'utiliser l'inégalité $p_{e,M} \geq \overline{p}_{e,M}$, (2.56) et le fait que $\mathcal{H}(x) \leq \log 2$ pour $0 \leq x \leq 1$. ∎

Pour $M = 1$ l'inégalité (2.56) donne

$$p_{e,1} \geq \overline{p}_{e,1} \geq \mathcal{H}^{-1}(\log 2 - \alpha/2), \qquad (2.59)$$

dès que $K(P_1, P_0) \leq \alpha < \infty$, où $\mathcal{H}^{-1}(t) = \min\{p \in [0, 1/2] : \mathcal{H}(p) \geq t\}$. Notons que la borne (2.59) est moins bonne que celle de la partie (iii) du Théorème 2.2 obtenue sous les mêmes conditions :

$$p_{e,1} \geq \overline{p}_{e,1} \geq \max\left(\frac{1}{4}\exp(-\alpha), \frac{1 - \sqrt{\alpha/2}}{2}\right). \qquad (2.60)$$

En effet, la borne (2.60) est non-triviale pour tout $\alpha > 0$, tandis que le membre de droite dans (2.59) est strictement positif seulement pour $\alpha < 2\log 2$. En outre, pour α suffisamment proche de 0, ce qui est le cas le plus intéressant dans notre contexte, la borne (2.59) est moins précise que (2.60).

Remarques.

(1) En prenant la limite de (2.58) lorsque $M \to \infty$, on retrouve (2.39), mais aussi l'inégalité légèrement plus forte :

$$\liminf_{M \to \infty} \overline{p}_{e,M} \geq 1 - \alpha. \tag{2.61}$$

Pour M fini, des améliorations du Lemme de Fano sont proposées par Birgé (2001) et Gushchin (2002).

(2) Le résultat (ii) du Corollaire 2.6 est essentiellement du même type que celui de la Proposition 2.3, sauf qu'il est valable aussi pour la probabilité moyenne minimale $\overline{p}_{e,M}$, et pas seulement pour la probabilité minimax $p_{e,M}$. Cette qualité est utile dans certaines applications, notamment pour la minoration du risque minimax dans le modèle de régression non-paramétrique à dispositif experimental $X_1, \ldots, X_n$ arbitraire. En effet, supposons que l'on est dans le cadre suivant.

Hypothèse (B1)
Les conditions (i) et (ii) de l'Hypothèse (B) sont satisfaites et les X_i sont des variables aléatoires arbitraires à valeurs dans $[0,1]$, telles que $(X_1, \ldots, X_n)$ est indépendant de $(\xi_1, \ldots, \xi_n)$.

Alors, à l'aide de (2.58), on obtient le résultat suivant.

Théorème 2.9 *Soit $\beta > 0, L > 0$. Sous l'Hypothèse (B1), pour $p = 2$ ou $p = \infty$, et*

$$\psi_{n,2} = n^{-\frac{\beta}{2\beta+1}}, \quad \psi_{n,\infty} = \left(\frac{\log n}{n}\right)^{\frac{\beta}{2\beta+1}}$$

on a :

$$\liminf_{n \to \infty} \inf_{T_n} \sup_{f \in \Sigma(\beta,L)} \mathbf{E}_f \left[\psi_{n,p}^{-2} \|T_n - f\|_p^2\right] \geq c,$$

où $\inf_{T_n}$ désigne la borne inférieure sur l'ensemble de tous les estimateurs et la constante $c > 0$ ne dépend que de β, L et p_*.

DÉMONSTRATION. Soient $f_{0n}, \ldots, f_{Mn}$ les fonctions définies pour $p = 2$ dans la démonstration du Théorème 2.6 et pour $p = \infty$ dans celle du Théorème 2.8. Par construction, $\|f_{jn} - f_{kn}\|_p \geq 2s$, $j \neq k$, avec $s = A\psi_{n,p}$ et $A > 0$. Notons $E_{X_1, \ldots, X_n}$ l'espérance par rapport à la loi jointe de $X_1, \ldots, X_n$ et posons $P_j = P_{f_{jn}}$.

Pour tout estimateur T_n, on a la chaîne d'inégalités :

$$\sup_{f \in \Sigma(\beta,L)} \mathbf{E}_f \left[\psi_{n,p}^{-2} \|T_n - f\|_p^2\right]$$

$$\geq A^2 \max_{f \in \{f_{0n}, \ldots, f_{Mn}\}} P_f \left(\|T_n - f\|_p \geq A\psi_{n,p}\right)$$

$$\geq A^2 \frac{1}{M+1} \sum_{j=0}^{M} E_{X_1,\ldots,X_n} \left[P_j \Big(\|T_n - f\|_p \geq s | X_1, \ldots, X_n \Big) \right]$$

$$= A^2 E_{X_1,\ldots,X_n} \left[\frac{1}{M+1} \sum_{j=0}^{M} P_j \Big(\|T_n - f\|_p \geq s | X_1, \ldots, X_n \Big) \right]$$

$$\geq A^2 E_{X_1,\ldots,X_n} \left[\inf_{\psi} \frac{1}{M+1} \sum_{j=0}^{M} P_j \Big(\psi \neq j | X_1, \ldots, X_n \Big) \right],$$

où la dernière inégalité découle de (2.6).

Fixons $X_1, \ldots, X_n$. Il résulte des démonstrations des Théorèmes 2.6 et 2.8 que

$$\frac{1}{M+1} \sum_{j=1}^{M} K(P_j, P_0) \leq \alpha \log M$$

avec $0 < \alpha < 1/8$. Alors, d'après (2.58),

$$\bar{p}_{e,M} = \inf_{\psi} \frac{1}{M+1} \sum_{j=0}^{M} P_j \Big(\psi \neq j | X_1, \ldots, X_n \Big)$$

$$\geq \frac{\log(M+1) - \log 2}{\log M} - \alpha.$$

Comme le membre de droite dans la dernière inégalité ne dépend pas de $X_1, \ldots, X_n$, on obtient le résultat recherché.   ∎

Le résultat du Théorème 2.9 reste vrai pour $p = 2$ si l'on remplace $\Sigma(\beta, L)$ par la classe de Sobolev $W(\beta, L)$ ou par $W^{per}(\beta, L)$, compte tenu des remarques menant au Théorème 2.7.

2.7.2 Lemme d'Assouad

La construction connue sous le nom du *Lemme d'Assouad* est conçue pour le cas particulier où les hypothèses $P_0, P_1, \ldots, P_M$ forment un cube, c'est à dire que $\{P_0, P_1, \ldots, P_M\} = \{P_\omega, \omega \in \Omega\}$ où $\Omega = \{0, 1\}^m$, pour un entier m. Le Lemme d'Assouad réduit la minoration du risque minimax à m problèmes de test de deux hypothèses, à la différence des méthodes étudiées précédemment dans ce chapitre où la réduction a été faite à *un* problème de test de $M + 1$ hypothèses.

Lemme 2.10 *(Bretagnolle et Huber (1979), Assouad (1983).)*
Soit $\Omega = \{0, 1\}^m$, l'ensemble des suites binaires de longueur m. Soit $\{P_\omega, \omega \in \Omega\}$ l'ensemble de $M = 2^m$ mesures de probabilité sur $(\mathcal{X}, \mathcal{A})$ dont les espérances respectives sont notées E_ω. Alors

$$\inf_{\hat{\omega}} \max_{\omega \in \Omega} E_\omega \rho(\hat{\omega}, \omega) \geq \frac{m}{2} \min_{\omega, \omega':\rho(\omega,\omega')=1} \inf_\psi \left(P_\omega(\psi \neq 0) + P_{\omega'}(\psi \neq 1) \right) \quad (2.62)$$

où $\rho(\omega, \omega')$ est la distance de Hamming entre ω et ω', $\inf_{\hat{\omega}}$ désigne la borne inférieure sur l'ensemble de tous les estimateurs $\hat{\omega}$ à valeurs dans Ω et $\inf_\psi$ désigne la borne inférieure sur l'ensemble de tous les tests ψ à valeurs dans $\{0, 1\}$.

DÉMONSTRATION. Notons

$$\hat{\omega} = (\hat{\omega}_1, \ldots, \hat{\omega}_m), \quad \omega = (\omega_1, \ldots, \omega_m),$$

où $\hat{\omega}_j, \omega_j \in \{0, 1\}$. Alors

$$\max_{\omega \in \Omega} E_\omega \rho(\hat{\omega}, \omega) \geq \frac{1}{2^m} \sum_{\omega \in \Omega} E_\omega \rho(\hat{\omega}, \omega) = \frac{1}{2^m} \sum_{\omega \in \Omega} E_\omega \sum_{j=1}^m |\hat{\omega}_j - \omega_j|$$

$$= \frac{1}{2^m} \sum_{j=1}^m \left(\sum_{\omega \in \Omega:\omega_j=1} + \sum_{\omega \in \Omega:\omega_j=0} \right) E_\omega |\hat{\omega}_j - \omega_j|. \quad (2.63)$$

Tous les termes de la dernière somme sur j dans (2.63) étant minorés de la même façon, considérons, par exemple, le m-ième terme :

$$\left(\sum_{\omega \in \Omega:\omega_m=1} + \sum_{\omega \in \Omega:\omega_m=0} \right) E_\omega |\hat{\omega}_m - \omega_m| \quad (2.64)$$

$$= \sum_{(\omega_1,\ldots,\omega_{m-1}) \in \{0,1\}^{m-1}} \left(E_{(\omega_1,\ldots,\omega_{m-1},1)} |\hat{\omega}_m - 1| + E_{(\omega_1,\ldots,\omega_{m-1},0)} |\hat{\omega}_m| \right).$$

Or,

$$E_{(\omega_1,\ldots,\omega_{m-1},1)} |\hat{\omega}_m - 1| + E_{(\omega_1,\ldots,\omega_{m-1},0)} |\hat{\omega}_m| \quad (2.65)$$

$$= P_{(\omega_1,\ldots,\omega_{m-1},1)}(\hat{\omega}_m = 0) + P_{(\omega_1,\ldots,\omega_{m-1},0)}(\hat{\omega}_m = 1)$$

$$\geq \inf_\psi \left(P_{(\omega_1,\ldots,\omega_{m-1},1)}(\psi = 0) + P_{(\omega_1,\ldots,\omega_{m-1},0)}(\psi = 1) \right)$$

$$\geq \min_{\omega, \omega':\rho(\omega,\omega')=1} \inf_\psi \left(P_{\omega'}(\psi \neq 1) + P_\omega(\psi \neq 0) \right).$$

En effectuant les évaluations analogues à (2.64) – (2.65) pour tout j, on obtient

$$\left(\sum_{\omega \in \Omega:\omega_j=1} + \sum_{\omega \in \Omega:\omega_j=0} \right) E_\omega |\hat{\omega}_j - \omega_j| \quad (2.66)$$

$$\geq 2^{m-1} \min_{\omega, \omega':\rho(\omega,\omega')=1} \inf_\psi \left(P_{\omega'}(\psi \neq 1) + P_\omega(\psi \neq 0) \right).$$

On conclut en portant le membre de droite de (2.66) dans (2.63).   ∎

Tel quel, le Lemme 2.10 n'est pas "prêt à l'emploi". Deux étapes sont encore à rajouter :

  (i) expliciter un minorant pour le minimum à droite dans (2.62),
  (ii) exprimer le risque minimax initial sous la forme $\inf_{\hat{\omega}} \max_{\omega \in \Omega} E_\omega \rho(\hat{\omega}, \omega)$

Le théorème suivant réalise la première de ces deux étapes. La deuxième sera expliquée plus loin sur un exemple.

Théorème 2.10 *Soit $\Omega = \{0,1\}^m$, l'ensemble des suites binaires de longueur m. Soit $\{P_\omega, \omega \in \Omega\}$ l'ensemble de $M = 2^m$ mesures de probabilité sur $(\mathcal{X}, \mathcal{A})$ dont les espérances respectives sont notées E_ω.*

(i) S'il existe $\tau > 0$, $0 < \alpha < 1$ tels que

$$P_\omega \left(\frac{dP^a_{\omega'}}{dP_\omega} \geq \tau \right) \geq 1 - \alpha, \quad \forall\, \omega, \omega' \in \Omega : \rho(\omega, \omega') = 1,$$

où $P^a_{\omega'}$ est la composante de $P_{\omega'}$ absolument continue par rapport à P_ω, alors

$$\inf_{\hat{\omega}} \max_{\omega \in \Omega} E_\omega \rho(\hat{\omega}, \omega) \geq \frac{m}{2} (1 - \alpha) \min(\tau, 1) \qquad (2.67)$$

(version "rapport de vraisemblance").

(ii) Si $V(P_{\omega'}, P_\omega) \leq \alpha < 1$, $\forall\, \omega, \omega' \in \Omega : \rho(\omega, \omega') = 1$, alors

$$\inf_{\hat{\omega}} \max_{\omega \in \Omega} E_\omega \rho(\hat{\omega}, \omega) \geq \frac{m}{2} (1 - \alpha) \qquad (2.68)$$

(version "variation totale").

(iii) Si $H^2(P_{\omega'}, P_\omega) \leq \alpha < 2$, $\forall\, \omega, \omega' \in \Omega : \rho(\omega, \omega') = 1$, alors

$$\inf_{\hat{\omega}} \max_{\omega \in \Omega} E_\omega \rho(\hat{\omega}, \omega) \geq \frac{m}{2} (1 - \sqrt{\alpha(1 - \alpha/4)}) \qquad (2.69)$$

(version Hellinger).

(iv) Si $K(P_{\omega'}, P_\omega) \leq \alpha < \infty$ ou $\chi^2(P_{\omega'}, P_\omega) \leq \alpha < \infty$, $\forall\, \omega, \omega' \in \Omega : \rho(\omega, \omega') = 1$, alors

$$\inf_{\hat{\omega}} \max_{\omega \in \Omega} E_\omega \rho(\hat{\omega}, \omega) \geq \frac{m}{2} \max \left(\frac{1}{2} \exp(-\alpha), \left(1 - \sqrt{\alpha/2} \right) \right) \qquad (2.70)$$

(version Kullback/χ^2).

DÉMONSTRATION. Pour démontrer (ii) – (iv), il suffit de noter que dans (2.62)

$$\inf_{\psi} \left(P_\omega(\psi \neq 0) + P_{\omega'}(\psi \neq 1) \right) = \int \min(dP_\omega, dP_{\omega'})$$

et d'appliquer le même raisonnement que dans la démonstration du Théorème 2.2.

Montrons (i). Comme dans la démonstration de la Proposition 2.1, on obtient

$$\inf_{\psi} \left(P_\omega(\psi \neq 0) + P_{\omega'}(\psi \neq 1) \right) \geq \min_{0 \leq p \leq 1} \left(\max\{0, \tau(p - \alpha)\} + 1 - p \right).$$

Si $\tau > 1$, le minimum dans le membre de droite est atteint pour $p = \alpha$, tandis que si $\tau \leq 1$, il est atteint pour $p = 1$. L'inégalité (2.67) découle de cette remarque et du Lemme 2.10. ∎

Exemple 2.2 *Minoration du risque minimax dans L_2 par le Lemme d'Assouad.*

Considérons le modèle de régression non-paramétrique sous l'Hypothèse (B) et l'Hypothèse (LP2) du Chapitre 1, p. 34. On reprend le cadre et les notations du § 2.6.1. En particulier, $\omega = (\omega_1, \ldots, \omega_m) \in \Omega = \{0, 1\}^m$, et $f_\omega(x) = \sum_{k=1}^{m} \omega_k \varphi_k(x)$. Le risque L_2 d'un estimateur T_n est donné par

$$E_\omega \left[\|T_n - f_\omega\|_2^2 \right] = E_\omega \int_0^1 |T_n(x) - f_\omega(x)|^2 dx = \sum_{k=1}^{m} E_\omega d_k^2(T_n, \omega_k)$$

où

$$d_k(T_n, \omega_k) = \left(\int_{\Delta_k} |T_n(x) - \omega_k \varphi_k(x)|^2 dx \right)^{1/2},$$

et les intervalles Δ_k sont définis dans (2.44). Définissons la statistique

$$\hat{\omega}_k = \arg \min_{t=0,1} d_k(T_n, t).$$

Alors,

$$d_k(T_n, \omega_k) \geq \frac{1}{2} d_k(\hat{\omega}_k, \omega_k) \triangleq \frac{1}{2} |\hat{\omega}_k - \omega_k| \|\varphi_k\|_2. \qquad (2.71)$$

En effet, par définition de $\hat{\omega}_k$, $d_k(T_n, \hat{\omega}_k) \leq d_k(T_n, \omega_k)$, donc

$$d_k(\hat{\omega}_k, \omega_k) = \left(\int_{\Delta_k} |(\hat{\omega}_k - \omega_k) \varphi_k(x)|^2 dx \right)^{1/2}$$
$$\leq d_k(T_n, \hat{\omega}_k) + d_k(T_n, \omega_k) \leq 2 d_k(T_n, \omega_k).$$

En utilisant (2.71), on obtient, pour tout $\omega \in \Omega$,

$$E_\omega \left[\|T_n - f_\omega\|_2^2 \right] \geq \frac{1}{4} \sum_{k=1}^{m} E_\omega \left[(\hat{\omega}_k - \omega_k)^2 \right] \|\varphi_k\|_2^2$$
$$= \frac{1}{4} L^2 h_n^{2\beta+1} \|K\|_2^2 E_\omega \rho(\hat{\omega}, \omega),$$

où $\hat{\omega} = (\hat{\omega}_1, \ldots, \hat{\omega}_m)$. Puisque $h_n = 1/m$, on en déduit que, pour tout estimateur T_n,

$$\max_{\omega \in \Omega} E_\omega \left[\|T_n - f_\omega\|_2^2\right] \geq \frac{1}{4} L^2 h_n^{2\beta+1} \|K\|_2^2 \inf_{\hat{\omega}} \max_{\omega \in \Omega} E_\omega \rho(\hat{\omega}, \omega).$$

La dernière expression est bornée à l'aide du résultat (iv) Théorème 2.10 où la condition sur la divergence de Kullback est vérifiée de la même manière que dans (2.29). Notons que dans cette démonstration, à la différence de celle du § 2.6.1, on ne peut pas se passer de l'Hypothèse (LP2).

Remarques.

(1) La réduction du risque minimax initial au risque du type $E_\omega \rho(\hat{\omega}, \omega)$ n'est possible que pour certaines fonctions de perte w et certaines semi-distances $d(\cdot, \cdot)$ particulières. L'application du Lemme d'Assouad est donc limitée par ces contraintes. Par exemple, il n'est pas utilisable si le risque initial contient la fonction de perte indicatrice $w(u) = I(u \geq A)$ ou la distance L_∞.

(2) Un avantage du Lemme d'Assouad réside dans le fait qu'il admet la version Hellinger et la version "variation totale" adaptées au cas de plusieurs hypothèses ($M \geq 2$). On peut les appliquer si, par exemple, la divergence de Kullback n'est pas définie ou bien si la vérification de la condition du type (2.34) sur le rapport de vraisemblance est compliquée.

2.7.3 Méthode de deux hypothèses "floues"

Ici nous étudions une généralisation de la technique de deux hypothèses (i.e. celle utilisée dans les Théorèmes 2.1 et 2.2). Cette généralisation permet d'obtenir des minorants du risque minimax dans les problèmes d'estimation de fonctionnelles et de tests non-paramétriques. Bien que ces problèmes ne soient pas étudiés dans ce livre, les minorations sont faciles à déduire de ce qui précède. Nous les présentons ici à titre d'exemple.

Soit $F(\theta)$ une fonctionnelle définie sur l'espace mesurable $(\Theta, \mathcal{U})$, à valeurs dans $(\mathbf{R}, \mathcal{B}(\mathbf{R}))$, où $\mathcal{B}(\mathbf{R})$ est la tribu borélienne de $\mathbf{R}$. On cherche à estimer $F(\theta)$ à partir d'observations $\mathbf{X}$ associées au modèle statistique $\{P_\theta, \theta \in \Theta\}$, où les mesures de probabilité P_θ sont définies sur $(\mathcal{X}, \mathcal{A})$. Généralement, $\mathbf{X}, P_\theta, \mathcal{X}$ et $\mathcal{A}$ dépendent de n, mais nous ne l'explicitons pas dans la notation pour abréger l'écriture. Soit $\hat{F} = \hat{F}_n$ un estimateur de $F(\theta)$. Pour une fonction de perte w et une vitesse ψ_n, définissons le risque maximal de $\hat{F}_n$ par

$$\sup_{\theta \in \Theta} \mathbf{E}_\theta \left[w(\psi_n^{-1}|\hat{F}_n - F(\theta)|)\right]. \tag{2.72}$$

Notre objectif ici est de donner une minoration non-triviale du risque (2.72) valable pour tous les estimateurs $\hat{F}_n$. D'après l'inégalité de Markov, pour tout $A > 0$,

$$\inf_{\hat{F}_n} \sup_{\theta \in \Theta} \mathbf{E}_\theta \left[w(\psi_n^{-1} |\hat{F}_n - F(\theta)|) \right] \geq w(A) \inf_{\hat{F}_n} \sup_{\theta \in \Theta} P_\theta(|\hat{F}_n - F(\theta)| \geq A\psi_n).$$

Cette inégalité est identique au passage aux probabilités dans le schéma général du § 2.2. Mais maintenant nous allons borner ces probabilités différemment, en introduisant deux mesures de probabilité μ_0 et μ_1 sur $(\Theta, \mathcal{U})$ et en utilisant l'inégalité

$$\sup_{\theta \in \Theta} P_\theta(|\hat{F} - F(\theta)| \geq s) \geq \max \left\{ \int P_\theta(|\hat{F} - F(\theta)| \geq s)\mu_0(d\theta), \right.$$
$$\left. \int P_\theta(|\hat{F} - F(\theta)| \geq s)\mu_1(d\theta) \right\}, \quad (2.73)$$

où $s > 0$ et où on abrège $\hat{F}_n$ en $\hat{F}$. On peut interpréter les mesures μ_0 et μ_1 comme deux hypothèses "floues" : leur masse peut être répartie sur tout l'ensemble Θ.

Définissons deux mesures de probabilité $\mathbb{P}_0$, $\mathbb{P}_1$ sur $(\mathcal{X}, \mathcal{A})$ par

$$\mathbb{P}_j(S) = \int P_\theta(S)\mu_j(d\theta), \quad \forall S \in \mathcal{A}, \quad j = 0, 1.$$

Théorème 2.11 *Supposons que :*
(i) Il existe $c \in \mathbf{R}$, $s > 0$, $0 \leq \beta_0, \beta_1 < 1$ tels que

$$\mu_0(\theta : F(\theta) \leq c) \geq 1 - \beta_0,$$
$$\mu_1(\theta : F(\theta) \geq c + 2s) \geq 1 - \beta_1.$$

(ii) Il existe $\tau > 0$, $0 < \alpha < 1$ tels que

$$\mathbb{P}_1 \left(\frac{d\mathbb{P}_0^a}{d\mathbb{P}_1} \geq \tau \right) \geq 1 - \alpha,$$

où $\mathbb{P}_0^a$ est la composante de $\mathbb{P}_0$ absolument continue par rapport à $\mathbb{P}_1$. Alors, pour tout estimateur $\hat{F}$,

$$\sup_{\theta \in \Theta} P_\theta(|\hat{F} - F(\theta)| \geq s) \geq \frac{\tau(1 - \alpha - \beta_1) - \beta_0}{1 + \tau}.$$

DÉMONSTRATION. On note que

$$\int P_\theta(|\hat{F} - F(\theta)| \geq s)\mu_0(d\theta)$$
$$\geq \int I(\hat{F} \geq c + s, \ F(\theta) \leq c)dP_\theta \mu_0(d\theta)$$
$$\geq \int I(\hat{F} \geq c + s)dP_\theta \mu_0(d\theta)$$
$$- \int I(F(\theta) > c)dP_\theta \mu_0(d\theta)$$
$$= \mathbb{P}_0(\hat{F} \geq c + s) - \mu_0(\theta : F(\theta) > c)$$
$$\geq \mathbb{P}_0(\hat{F} \geq c + s) - \beta_0. \quad (2.74)$$

De façon similaire

$$\int P_\theta(|\hat{F} - F(\theta)| \geq s)\mu_1(d\theta)$$

$$\geq \int I(\hat{F} < c + s, F(\theta) \geq c + 2s)dP_\theta\mu_1(d\theta)$$

$$\geq \mathbb{P}_1(\hat{F} < c + s) - \beta_1. \tag{2.75}$$

A l'aide de (2.73) – (2.75) on obtient

$$\sup_{\theta \in \Theta} P_\theta(|\hat{F} - F(\theta)| \geq s)$$

$$\geq \max\left\{\mathbb{P}_0(\hat{F} \geq c + s) - \beta_0, \mathbb{P}_1(\hat{F} < c + s) - \beta_1\right\}$$

$$\geq \inf_\psi \max\left\{\mathbb{P}_0(\psi = 1) - \beta_0, \mathbb{P}_1(\psi = 0) - \beta_1\right\}, \tag{2.76}$$

où $\inf_\psi$ désigne la borne inférieure sur l'ensemble de tous les tests ψ à valeurs dans $\{0,1\}$. En utilisant la condition (ii), on obtient, comme dans la démonstration de la Proposition 2.1,

$$\mathbb{P}_0(\psi = 1) \geq \int \frac{d\mathbb{P}_0^a}{d\mathbb{P}_1}I(\psi = 1)d\mathbb{P}_1 \geq \tau(\mathbb{P}_1(\psi = 1) - \alpha).$$

Il s'ensuit que

$$\sup_{\theta \in \Theta} P_\theta(|\hat{F} - F(\theta)| \geq s)$$

$$\geq \inf_\psi \max\left\{\tau(\mathbb{P}_1(\psi = 1) - \alpha) - \beta_0, 1 - \mathbb{P}_1(\psi = 1) - \beta_1\right\}$$

$$\geq \min_{0 \leq p \leq 1} \max\left\{\tau(p - \alpha) - \beta_0, 1 - p - \beta_1\right\}$$

$$= \frac{\tau(1 - \alpha - \beta_1) - \beta_0}{1 + \tau}.$$

∎

Le Théorème 2.11 représente une minoration utilisant la condition (ii) imposée directement sur le rapport de vraisemblance. D'autres versions sont aussi possibles, dans l'esprit du Théorème 2.2.

Théorème 2.12 *Supposons que l'hypothèse (i) du Théorème 2.11 soit vérifiée.*

(i) Si $V(\mathbb{P}_1, \mathbb{P}_0) \leq \alpha < 1$, alors

$$\inf_{\hat{F}} \sup_{\theta \in \Theta} P_\theta(|\hat{F} - F(\theta)| \geq s) \geq \frac{1 - \alpha - \beta_0 - \beta_1}{2} \tag{2.77}$$

(version "variation totale").

(ii) Si $H^2(\mathbb{P}_1, \mathbb{P}_0) \leq \alpha < 2$, alors

$$\inf_{\hat{F}} \sup_{\theta \in \Theta} P_\theta(|\hat{F} - F(\theta)| \geq s) \geq \frac{1 - \sqrt{\alpha(1 - \alpha/4)}}{2} - \frac{\beta_0 + \beta_1}{2} \qquad (2.78)$$

(version Hellinger).

(iii) Si $K(\mathbb{P}_1, \mathbb{P}_0) \leq \alpha < \infty$ (ou $\chi^2(\mathbb{P}_1, \mathbb{P}_0) \leq \alpha < \infty$), alors

$$\inf_{\hat{F}} \sup_{\theta \in \Theta} P_\theta(|\hat{F} - F(\theta)| \geq s)$$

$$\geq \max\left(\frac{1}{4}\exp(-\alpha), \frac{1 - \sqrt{\alpha/2}}{2}\right) - \frac{\beta_0 + \beta_1}{2} \qquad (2.79)$$

(version Kullback/χ^2).

DÉMONSTRATION. Il vient, de (2.76),

$$\sup_{\theta \in \Theta} P_\theta(|\hat{F} - F(\theta)| \geq s) \geq \inf_\psi \frac{\mathbb{P}_0(\psi = 1) + \mathbb{P}_1(\psi = 0)}{2} - \frac{\beta_0 + \beta_1}{2}$$

$$= \frac{1}{2}\int \min(d\mathbb{P}_0, d\mathbb{P}_1) - \frac{\beta_0 + \beta_1}{2}$$

et on peut conclure de la même façon que dans la démonstration du Théorème 2.2. ∎

Remarque.

Les résultats du type des Théorèmes 2.11 et 2.12 remontent à Le Cam (1973) qui a considéré des mesures μ_0 et μ_1 à supports disjoints. Le résultat donné par Le Cam (1973) est essentiellement équivalent à la partie (i) du Théorème 2.12 dans le cas où les mesures μ_0 et μ_1 sont à supports disjoints respectifs $\Theta_0 = \{\theta : F(\theta) \leq c\}$ et $\Theta_1 = \{\theta : F(\theta) \geq c + 2s\}$, ce qui correspond à $\beta_0 = \beta_1 = 0$. La construction à supports disjoints convient généralement pour l'obtention de minorations du risque minimax dans les problèmes d'estimation des fonctionnelles régulières, dont un exemple (la fonctionnelle quadratique) sera examiné ci-dessous. Or, pour les fonctionnelles non-différentiables (cf., par exemple, Lepski, Nemirovski et Spokoiny (1999)), les minorations font intervenir des mesures μ_0 et μ_1 à supports non-disjoints et le schéma de Le Cam (1973) n'est pas opérationnel.

2.7.4 Minoration du risque dans le problème d'estimation d'une fonctionnelle quadratique

Considérons le modèle de régression non-paramétrique sous l'Hypothèse (B) et l'Hypothèse (LP2) du Chapitre 1, p. 34, en supposant que les v.a. ξ_i sont i.i.d. de loi $\mathcal{N}(0, 1)$. Posons $\theta = f(\cdot)$ et

$$F(\theta) = \int_0^1 f^2(x)dx.$$

Supposons aussi que la classe de fonctions f en question est celle de Hölder, $\Theta = \Sigma(\beta, L)$, $\beta > 0, L > 0$. Afin de minorer le risque minimax pour l'estimation de $F(\theta)$, nous utiliserons la partie (iii) (version χ^2) du Théorème 2.12.

Soit μ_0 la mesure de Dirac qui charge la fonction $f \equiv 0$ et soit μ_1 une mesure discrète qui charge l'ensemble fini des fonctions :

$$f_\omega(x) = \sum_{k=1}^m \omega_k \varphi_k(x) \quad \text{avec} \quad \omega_k \in \{-1, 1\},$$

où les $\varphi_k(\cdot)$ sont définies par (2.42) avec

$$h_n = 1/m, \quad m = \lceil c_0 n^{\frac{2}{4\beta+1}} \rceil, \quad c_0 > 0.$$

Supposons que les variables aléatoires $\omega_1, \ldots, \omega_m$ sont i.i.d. avec $\mu_1(\omega_j = 1) = \mu_1(\omega_j = -1) = 1/2$. Il est facile de voir que $f_\omega \in \Sigma(\beta, L)$, pour tous les $\omega_j \in \{-1, 1\}$. De plus, en procédant comme dans (2.43), on obtient

$$\int_0^1 f_\omega^2(x)dx = \sum_{k=1}^m \int \varphi_k^2(x)dx = mL^2 h_n^{2\beta+1} \|K\|_2^2 = L^2 h_n^{2\beta} \|K\|_2^2.$$

Par conséquent, l'hypothèse (i) du Théorème 2.11 est vérifiée avec

$$c = 0, \quad \beta_0 = \beta_1 = 0, \quad s = L^2 h_n^{2\beta} \|K\|_2^2/2 \geq A n^{-\frac{4\beta}{4\beta+1}},$$

où $A > 0$ est une constante. Les mesures $I\!\!P_0$ et $I\!\!P_1$ admettent les densités respectives p_0 et p_1 par rapport à la mesure de Lebesgue dans $\mathbf{R}^n$ définies par

$$p_0(u_1, \ldots, u_n) = \prod_{i=1}^n \varphi(u_i) = \prod_{k=1}^m \prod_{i:X_i \in \Delta_k} \varphi(u_i),$$

$$p_1(u_1, \ldots, u_n) = \prod_{k=1}^m \frac{1}{2}\left(\prod_{i:X_i \in \Delta_k} \varphi(u_i - \varphi_k(X_i)) + \prod_{i:X_i \in \Delta_k} \varphi(u_i + \varphi_k(X_i))\right),$$

où $\varphi(\cdot)$ est la densité de la loi $\mathcal{N}(0, 1)$. Rappelons que les X_i sont déterministes et les mesures $I\!\!P_0$ et $I\!\!P_1$ sont associées à la loi de $(Y_1, \ldots, Y_n)$. En notant, pour abréger,

$$\prod_{i \in (k)} = \prod_{i:X_i \in \Delta_k}, \quad S_k = \sum_{i:X_i \in \Delta_k} \varphi_k^2(X_i), \quad V_k(u) = \sum_{i:X_i \in \Delta_k} u_i \varphi_k(X_i),$$

nous pouvons écrire

$$\frac{d\mathbb{P}_1}{d\mathbb{P}_0}(u_1, \ldots, u_n) = \prod_{k=1}^{m} \left\{ \frac{\prod_{i \in (k)} \varphi(u_i - \varphi_k(X_i)) + \prod_{i \in (k)} \varphi(u_i + \varphi_k(X_i))}{2 \prod_{i \in (k)} \varphi(u_i)} \right\}$$

$$= \prod_{k=1}^{m} \left\{ \frac{1}{2} \exp\left(-\frac{S_k}{2}\right) \left[\exp\left(V_k(u)\right) + \exp\left(-V_k(u)\right) \right] \right\}.$$

La divergence du χ^2 entre $\mathbb{P}_1$ et $\mathbb{P}_0$ est alors de la forme

$$\chi^2(\mathbb{P}_1, \mathbb{P}_0) = \int \left(\frac{d\mathbb{P}_1}{d\mathbb{P}_0}\right)^2 d\mathbb{P}_0 - 1, \tag{2.80}$$

où

$$\int \left(\frac{d\mathbb{P}_1}{d\mathbb{P}_0}\right)^2 d\mathbb{P}_0 = \prod_{k=1}^{m} \left\{ \frac{1}{4} \exp\left(-S_k\right) \times \right.$$

$$\left. \int [\exp(V_k(u)) + \exp(-V_k(u))]^2 \prod_{i \in (k)} \varphi(u_i) du_i \right\}.$$

Comme $\int \exp(vt)\varphi(v)dv = \exp(t^2/2)$ pour tout $t \in \mathbf{R}$, on obtient

$$\int \exp\left(2V_k(u)\right) \prod_{i \in (k)} \varphi(u_i) du_i = \int \exp\left(-2V_k(u)\right) \prod_{i \in (k)} \varphi(u_i) du_i$$

$$= \exp(2S_k).$$

Par conséquent,

$$\int \left(\frac{d\mathbb{P}_1}{d\mathbb{P}_0}\right)^2 d\mathbb{P}_0 = \prod_{k=1}^{m} \frac{\exp(S_k) + \exp(-S_k)}{2}. \tag{2.81}$$

En utilisant l'Hypothèse (LP2), p. 34, de la même manière que dans (2.29) on obtient

$$S_k = \sum_{i: X_i \in \Delta_k} \varphi_k^2(X_i) \tag{2.82}$$

$$\leq L^2 K_{\max}^2 h_n^{2\beta} \sum_{i=1}^{n} I\left(\left|\frac{X_i - x_k}{h_n}\right| \leq 1/2\right)$$

$$\leq a_0 L^2 K_{\max}^2 n h_n^{2\beta+1}$$

si $nh_n \geq 1$, où a_0 est la constante figurant dans l'Hypothèse (LP2). Comme $h_n \asymp n^{-\frac{2}{4\beta+1}}$, il existe une constante $c_1 < \infty$ telle que $|S_k| \leq c_1$ pour tout $n \geq 1$ et tout $k = 1, \ldots, m$. Or, pour $|x| \leq c_1$ on a : $|e^x - 1 - x| \leq c_2 x^2$, où c_2 est une constante finie. Alors,

$$\frac{\exp(S_k) + \exp(-S_k)}{2} \le 1 + c_2 S_k^2 \le \exp(c_2 S_k^2).$$

En utlisant ce résultat et (2.81) on obtient

$$\int \left(\frac{d\mathbb{P}_1}{d\mathbb{P}_0}\right)^2 d\mathbb{P}_0 \le \exp\left(c_2 \sum_{k=1}^{m} S_k^2\right). \tag{2.83}$$

D'après (2.82),

$$\sum_{k=1}^{m} S_k^2 \le a_0^2 L^4 K_{\max}^4 (n h_n^{2\beta+1})^2 m = a_0^2 L^4 K_{\max}^4 n^2 m^{-(4\beta+1)}.$$

Compte tenu de la définition de m, il s'ensuit que la dernière expression est bornée par une constante qui ne dépend que de a_0, L, $K_{\max}$ et c_0. En utilisant cette remarque et (2.80), (2.83) on conclut qu'il existe un réel α tel que $\chi^2(\mathbb{P}_1, \mathbb{P}_0) \le \alpha$ pour tout n. Toutes les hypothèses de la partie (iii) du Théorème 2.12 sont donc réunies, et on obtient la minoration

$$\inf_{\hat{F}_n} \sup_{f \in \Sigma(\beta, L)} P_f \left(n^{4\beta/(4\beta+1)} \left|\hat{F}_n - \int_0^1 f^2\right| \ge A\right) \ge c_3 > 0. \tag{2.84}$$

En outre, on peut montrer la borne complémentaire

$$\inf_{\hat{F}_n} \sup_{f \in \Sigma(\beta, L)} P_f \left(\sqrt{n} \left|\hat{F}_n - \int_0^1 f^2\right| \ge 1\right) \ge c_4 > 0. \tag{2.85}$$

Cette inégalité s'obtient de façon simple en choisissant pour μ_0 et μ_1 deux mesures de Dirac qui chargent les fonctions constantes $f_0(x) \equiv 1$ et $f_1(x) \equiv 1 + n^{-1/2}$ respectivement. On laisse au lecteur le soin de démontrer (2.85). Le fait que $f_0(x) \not\equiv 0$ est important pour faire marcher cette démonstration. Si l'on avait choisi, par exemple, $f_0(x) \equiv 0$ et $f_1(x) \equiv n^{-1/2}$ on n'aboutirait pas à (2.85).

Finalement, (2.84) et (2.85) impliquent que

$$\inf_{\hat{F}_n} \sup_{f \in \Sigma(\beta, L)} \mathbf{E}_f \left[\psi_n^{-2} \left|\hat{F}_n - \int_0^1 f^2\right|^2\right] \ge c_5 > 0 \tag{2.86}$$

avec la vitesse de convergence $\psi_n = \max(n^{-4\beta/(4\beta+1)}, n^{-1/2})$ qui est plus rapide que la vitesse optimale usuelle pour l'estimation de fonctions $n^{-\beta/(2\beta+1)}$. On peut montrer que la borne (2.86) est précise en ce sens que la vitesse $n^{-4\beta/(4\beta+1)}$ est optimale pour l'estimation de la fonctionnelle quadratique si $\beta < 1/4$, tandis que pour $\beta \ge 1/4$ la vitesse optimale vaut $n^{-1/2}$ (cf. Ibragimov, Nemirovskii et Hasminskii (1986), Bickel et Ritov (1988), Nemirovskii (1990, 2000)).

3

Efficacité asymptotique et adaptation

3.1 Théorème de Pinsker

A la différence des Chapitres 1 et 2, on ne s'intéressera plus ici seulement aux vitesses de convergence des estimateurs, mais à l'efficacité asymptotique exacte, au sens de la Définition 2.2. Ceci reviendra à étudier le comportement asymptotique exact du risque minimax dans un cadre particulier de l'estimation dans L_2 sur les ellipsoïdes de Sobolev (Théorème de Pinsker).

Considérons d'abord le modèle de bruit blanc gaussien défini dans le Chapitre 1 :

$$dY(t) = f(t)dt + \varepsilon dW(t), \quad t \in [0,1], \quad 0 < \varepsilon < 1. \qquad (3.1)$$

On observe une trajectoire $\mathbf{X} = \{Y(t), 0 \le t \le 1\}$ du processus Y. Nous allons supposer que la fonction $f : [0,1] \to \mathbf{R}$ appartient à une classe de Sobolev. Dans le Chapitre 1, nous avons défini trois types de classes de Sobolev. Pour $\beta \in \{1, 2, \ldots\}$ et $L > 0$, les classes de Sobolev $W(\beta, L)$ et $W^{per}(\beta, L)$ sont déterminées par la Définition 1.8. L'extension à tout $\beta > 0$ est donnée dans la Définition 1.9 qui introduit les classes de Sobolev $\tilde{W}(\beta, L)$. Dans ce chapitre, nous allons travailler principalement avec ces dernières classes :

$$\tilde{W}(\beta, L) = \{f \in L_2[0,1] : \theta = \{\theta_j\} \in \Theta(\beta, Q)\}, \quad Q = \frac{L^2}{\pi^{2\beta}} \, ,$$

où $\theta_j = \int_0^1 f\varphi_j$, $\{\varphi_j\}_{j=1}^{\infty}$ est la base trigonométrique définie dans l'Exemple 1.3 et $\Theta(\beta, Q)$ est l'ellipsoïde

$$\Theta(\beta, Q) = \left\{\theta = \{\theta_j\} \in \ell^2(\mathbf{N}) : \sum_{j=1}^{\infty} a_j^2 \theta_j^2 \le Q\right\}$$

avec

$$a_j = \begin{cases} j^{\beta}, & \text{pour } j \text{ pair,} \\ (j-1)^{\beta}, & \text{pour } j \text{ impair.} \end{cases}$$

Si $\beta \ge 1$ est un entier, $W^{per}(\beta, L) = \tilde{W}(\beta, L)$ (voir le Chapitre 1).

Étant donné le modèle (3.1), le statisticien dispose de la suite d'observations

$$y_j = \int_0^1 \varphi_j(t) dY(t) = \theta_j + \varepsilon\,\xi_j, \quad j = 1, 2, \ldots,$$

où les $\xi_j = \int_0^1 \varphi_j(x) dW(x)$ sont des v.a. i.i.d. de loi $\mathcal{N}(0,1)$. Définissons l'estimateur de f :

$$\hat{f}_\varepsilon(x) = \sum_{j=1}^\infty \ell_j^* y_j \varphi_j(x), \tag{3.2}$$

où

$$\ell_j^* = (1 - \kappa^* a_j)_+, \tag{3.3}$$

$$\kappa^* = \left(\frac{\beta}{(2\beta+1)(\beta+1)Q} \right)^{\frac{\beta}{2\beta+1}} \varepsilon^{\frac{2\beta}{2\beta+1}}. \tag{3.4}$$

Notons que $\hat{f}_\varepsilon$ est un estimateur par projection avec poids. Le nombre de termes non-nuls $N = \max\{j : \ell_j^* > 0\}$ dans la somme (3.2) est fini, donc on peut écrire

$$\hat{f}_\varepsilon(x) = \sum_{j=1}^N \ell_j^* y_j \varphi_j(x).$$

Il est facile de voir que $N = N_\varepsilon$ tend vers l'infini à la vitesse $\varepsilon^{-2/(2\beta+1)}$ quand $\varepsilon \to 0$.

Théorème 3.1 (Théorème de Pinsker, 1980.) *Soit $\beta > 0, L > 0$. Alors*

$$\lim_{\varepsilon \to 0} \sup_{f \in \tilde{W}(\beta,L)} \varepsilon^{-\frac{4\beta}{2\beta+1}} \mathbf{E}_f \|\hat{f}_\varepsilon - f\|_2^2 = \liminf_{\varepsilon \to 0} \inf_{T_\varepsilon} \sup_{f \in \tilde{W}(\beta,L)} \varepsilon^{-\frac{4\beta}{2\beta+1}} \mathbf{E}_f \|T_\varepsilon - f\|_2^2 = C^*.$$

où $\inf_{T_\varepsilon}$ *désigne la borne inférieure sur l'ensemble de tous les estimateurs,* $\mathbf{E}_f$ *désigne l'espérance par rapport à la loi de l'observation* $\mathbf{X}$ *dans le modèle (3.1),* $\|\cdot\|_2$ *est la norme de* $L_2([0,1], dx)$ *et*

$$C^* = L^{\frac{2}{2\beta+1}} (2\beta+1)^{\frac{1}{2\beta+1}} \left(\frac{\beta}{\pi(\beta+1)} \right)^{\frac{2\beta}{2\beta+1}} \tag{3.5}$$

$$= [Q\,(2\beta+1)]^{\frac{1}{2\beta+1}} \left(\frac{\beta}{\beta+1} \right)^{\frac{2\beta}{2\beta+1}}$$

avec $Q = L^2/\pi^{2\beta}$.

On appelle la valeur C^* définie dans (3.5) *constante de Pinsker*.

Le Théorème 3.1 implique que l'estimateur (3.2) est asymptotiquement efficace sur $(\tilde{W}(\beta,L), \|\cdot\|_2)$ au sens de la Définition 2.2 :

$$\lim_{\varepsilon \to 0} \sup_{f \in \tilde{W}(\beta, L)} \frac{\mathbf{E}_f \|\hat{f}_\varepsilon - f\|_2^2}{\mathcal{R}_\varepsilon^*} = 1, \tag{3.6}$$

où $\mathcal{R}_\varepsilon^*$ est le risque minimax,

$$\mathcal{R}_\varepsilon^* \stackrel{\triangle}{=} \inf_{T_\varepsilon} \sup_{f \in \tilde{W}(\beta, L)} \mathbf{E}_f \|T_\varepsilon - f\|_2^2.$$

Notons qu'il s'agit ici d'une version légèrement modifiée de la Définition 2.2, avec le paramètre asymptotique réel ε tendant vers 0 au lieu de l'entier n tendant vers ∞.

Un résultat semblable au Théorème 3.1 est vrai pour le modèle de régression non-paramétrique

$$Y_i = f(i/n) + \xi_i, \quad i = 1, \ldots, n, \tag{3.7}$$

où les ξ_i sont des v.a. i.i.d. de loi $\mathcal{N}(0, \sigma^2)$, $\sigma^2 > 0$. Pour établir la correspondance avec le modèle de bruit blanc gaussien (3.1), il faut prendre $\varepsilon = \sigma/\sqrt{n}$, comme le montre le résultat suivant.

Théorème 3.2 *Il existe $\hat{f}_n$, estimateur de f tel que*

$$\lim_{n \to \infty} \sup_{f \in \mathcal{F}} \mathbf{E}_f \left(n^{\frac{2\beta}{2\beta+1}} \|\hat{f}_n - f\|_2^2 \right) = \lim_{n \to \infty} \inf_{T_n} \sup_{f \in \mathcal{F}} \mathbf{E}_f \left(n^{\frac{2\beta}{2\beta+1}} \|T_n - f\|_2^2 \right)$$

$$= C^* \sigma^{\frac{4\beta}{2\beta+1}},$$

où $\inf_{T_n}$ *désigne la borne inférieure sur l'ensemble de tous les estimateurs,* $\mathbf{E}_f$ *désigne l'espérance par rapport à la loi de $(Y_1, \ldots, Y_n)$ dans le modèle (3.7) et* $\mathcal{F} = W(\beta, L)$, $\beta \in \{1, 2, \ldots\}$, $L > 0$, *ou bien* $\mathcal{F} = \tilde{W}(\beta, L)$, $\beta \geq 1$, $L > 0$.

Ce théorème est dû à Nussbaum (1985). Sa démonstration est essentiellement similaire à celle du Théorème 3.1, néanmoins plus longue et plus technique. Pour cette raison, nous démontrons ici seulement le Théorème 3.1.

Considérons la classe de tous les *estimateurs linéaires*, i.e. les estimateurs de la forme

$$f_{\varepsilon, \lambda}(x) = \sum_{j=1}^{\infty} \lambda_j y_j \varphi_j(x) \tag{3.8}$$

avec des poids $\lambda_j \in \mathbf{R}$ tels que la suite

$$\lambda = (\lambda_1, \lambda_2, \ldots)$$

appartient à $\ell^2(\mathbf{N})$; l'équation (3.8) signifie que $f_{\varepsilon, \lambda}$ est la limite en moyenne quadratique de la série aléatoire figurant dans le membre de droite.

Notons que $\hat{f}_\varepsilon$ défini dans (3.2) est un estimateur linéaire. Puisque $\hat{f}_\varepsilon$ est asymptotiquement efficace parmi tous les estimateurs au sens minimax (cf. (3.6)), il s'ensuit que $\hat{f}_\varepsilon$ est asymptotiquement efficace au sens minimax parmi les estimateurs linéaires, i.e.

$$\lim_{\varepsilon \to 0} \frac{\sup_{f \in \tilde{W}(\beta, L)} \mathbf{E}_f \|\hat{f}_\varepsilon - f\|_2^2}{\inf_\lambda \sup_{f \in \tilde{W}(\beta, L)} \mathbf{E}_f \|f_{\varepsilon, \lambda} - f\|_2^2} = 1.$$

Ici et dans la suite on notera $\inf_\lambda = \inf_{\lambda \in \ell^2(\mathbf{N})}$. Avant de démontrer le Théorème 3.1, essayons de nous convaincre de cette optimalité linéaire.

3.2 Lemme du minimax linéaire

Les résultats de ce paragraphe concernent le modèle de suite gaussienne

$$y_j = \theta_j + \varepsilon \xi_j, \quad j = 1, 2, \ldots, \tag{3.9}$$

avec $\theta = (\theta_1, \theta_2, \ldots) \in \ell^2(\mathbf{N})$ et $0 < \varepsilon < 1$, les ξ_j étant des v.a. i.i.d. de loi $\mathcal{N}(0, 1)$. On observe la suite aléatoire

$$y = (y_1, y_2, \ldots).$$

Rappelons qu'une telle suite d'observations est disponible si le statisticien travaille initialement avec le modèle de bruit blanc gaussien (3.1) : dans ce cas on peut prendre $y_j = \int_0^1 \varphi_j(t) dY(t)$ et $\theta_j = \int_0^1 \varphi_j(t) f(t) dt$, où $\{\varphi_j\}$ est la base trigonométrique (cf. § 1.11). Posons

$$\hat{\theta}_j(\lambda) = \lambda_j y_j, \quad j = 1, 2, \ldots,$$
$$\hat{\theta}(\lambda) = (\hat{\theta}_1(\lambda), \hat{\theta}_2(\lambda), \ldots).$$

D'après (1.98), le risque de l'estimateur linéaire $f_{\varepsilon, \lambda}$ vaut

$$\begin{aligned} \mathbf{E}_f \|f_{\varepsilon, \lambda} - f\|_2^2 &= \mathbf{E}_\theta \|\hat{\theta}(\lambda) - \theta\|^2 \\ &= \sum_{j=1}^{\infty} [(1 - \lambda_j)^2 \theta_j^2 + \varepsilon^2 \lambda_j^2] \\ &\triangleq R(\lambda, \theta), \end{aligned}$$

où $\mathbf{E}_\theta$ désigne l'espérance par rapport à la loi de y dans le modèle (3.9). Par conséquent, le risque minimax linéaire pour le modèle (3.1) est égal au risque minimax linéaire pour le modèle (3.9) :

$$\inf_\lambda \sup_{f \in \tilde{W}(\beta, L)} \mathbf{E}_f \|f_{\varepsilon, \lambda} - f\|_2^2 = \inf_\lambda \sup_{\theta \in \Theta(\beta, Q)} \mathbf{E}_\theta \|\hat{\theta}(\lambda) - \theta\|^2. \tag{3.10}$$

Les résultats de ce paragraphe permetteront d'obtenir la relation

$$\inf_\lambda \sup_{\theta \in \Theta(\beta, Q)} \mathbf{E}_\theta \|\hat{\theta}(\lambda) - \theta\|^2 = C^* \varepsilon^{\frac{4\beta}{2\beta+1}} (1 + o(1)), \quad \varepsilon \to 0, \tag{3.11}$$

où C^* est la constante de Pinsker définie dans (3.5).

Introduisons maintenant l'ellipsoïde général

$$\Theta = \Big\{ \theta = \{\theta_j\} : \sum_{j=1}^{\infty} a_j^2 \theta_j^2 \le Q \Big\}, \tag{3.12}$$

où les $a_j \ge 0$ sont des coefficients arbitraires et $Q > 0$.

Définition 3.1 *Le* **risque minimax linéaire** *sur l'ellipsoïde Θ est défini par*

$$R^L = \inf_{\lambda} \sup_{\theta \in \Theta} R(\lambda, \theta).$$

Un estimateur linéaire $\hat{\theta}(\lambda^*)$ avec $\lambda^* \in \ell^2(\mathbf{N})$ est appelé respectivement **estimateur minimax linéaire** *ou* **estimateur asymptotiquement minimax linéaire** *si*

$$\sup_{\theta \in \Theta} R(\lambda^*, \theta) = R^L$$

ou

$$\lim_{\varepsilon \to 0} \frac{\sup_{\theta \in \Theta} R(\lambda^*, \theta)}{R^L} = 1.$$

Il est facile de voir que

$$\inf_{\lambda} R(\lambda, \theta) = \sum_{j=1}^{\infty} \frac{\varepsilon^2 \theta_j^2}{\varepsilon^2 + \theta_j^2} \, . \tag{3.13}$$

Introduisons maintenant l'équation

$$\frac{\varepsilon^2}{\kappa} \sum_{j=1}^{\infty} a_j (1 - \kappa a_j)_+ = Q \tag{3.14}$$

et étudions s'il existe des solutions $\kappa = \kappa(\varepsilon) > 0$ de (3.14). Cette équation va jouer un rôle important dans la suite.

Lemme 3.1 *Si $a_j \ge 0$ est une suite croissante et $a_j \to +\infty$, alors il existe une unique solution à (3.14) donnée par*

$$\kappa = \frac{\varepsilon^2 \sum_{m=1}^{N} a_m}{Q + \sum_{m=1}^{N} \varepsilon^2 a_m^2} \, , \tag{3.15}$$

avec

$$N = \max \Big\{ j : \varepsilon^2 \sum_{m=1}^{j} a_m (a_j - a_m) < Q \Big\} < +\infty.$$

DÉMONSTRATION. Notons que la suite $\tilde{a}_j = \sum_{m=1}^{j} a_m(a_j - a_m)$ est croissante, et $\tilde{a}_j \to +\infty$. Alors, la valeur N définie dans l'énoncé du lemme est finie. Pour tout $j \leq N$,

$$\varepsilon^2 \sum_{m=1}^{N} a_m(a_N - a_m) \geq \varepsilon^2 \sum_{m=1}^{N} a_m(a_j - a_m).$$

Il en résulte, vu la définition de N, que

$$\forall j \leq N: \quad Q > \varepsilon^2 \sum_{m=1}^{N} a_m(a_j - a_m). \tag{3.16}$$

Par ailleurs, pour tout $j > N$, grâce à cette même définition, on obtient

$$\varepsilon^2 \sum_{m=1}^{N} a_m(a_j - a_m) \geq \varepsilon^2 \sum_{m=1}^{N} a_m(a_{N+1} - a_m) \tag{3.17}$$

$$= \varepsilon^2 \sum_{m=1}^{N+1} a_m(a_{N+1} - a_m) \geq Q.$$

Vu (3.15) – (3.17), on a $1 - \kappa a_j > 0$ pour $j \leq N$ et $1 - \kappa a_j \leq 0$ pour $j > N$. Alors,

$$N = \max\{j : a_j < 1/\kappa\}. \tag{3.18}$$

A l'aide de (3.15) et (3.18), on obtient

$$\frac{\varepsilon^2}{\kappa} \sum_{j=1}^{\infty} a_j(1 - \kappa a_j)_+ = \frac{\varepsilon^2}{\kappa} \sum_{j=1}^{N} a_j(1 - \kappa a_j) = Q.$$

Cela signifie que la valeur κ définie dans (3.15) est une solution de (3.14). L'unicité de cette solution découle du fait que la fonction

$$\frac{\varepsilon^2}{t} \sum_{j=1}^{\infty} a_j(1 - ta_j)_+ = \varepsilon^2 \sum_{j=1}^{\infty} a_j(1/t - a_j)_+$$

est strictement décroissante en t pour $0 < t \leq 1/\min\{a_j : a_j > 0\}$. Or, toute solution κ de (3.14) doit nécessairement vérifier $\kappa \leq 1/\min\{a_j : a_j > 0\}$ car dans le cas contraire $\kappa a_j > 1$ pour tout j tel que $a_j \neq 0$, et le membre de gauche dans (3.14) devient nul. ∎

Supposons maintenant qu'une solution κ de (3.14) existe. Par exemple, c'est vrai sous les conditions du Lemme 3.1. Pour une telle solution, posons

$$\ell_j \stackrel{\triangle}{=} (1 - \kappa a_j)_+, \quad j = 1, 2, \ldots, \qquad \ell = (\ell_1, \ell_2, \ldots), \tag{3.19}$$

$$\mathcal{D}^* \stackrel{\triangle}{=} \varepsilon^2 \sum_{j=1}^{\infty} (1 - \kappa a_j)_+ = \varepsilon^2 \sum_{j=1}^{\infty} \ell_j,$$

pourvu que la dernière somme soit finie.

Lemme 3.2 *(Kuks et Olman (1971), Pinsker (1980)). Supposons que Θ est un ellipsoïde général (3.12), où $Q > 0$ et la suite $a_j \geq 0$ est telle que $\mathrm{Card}\{j : a_j = 0\} < \infty$. Supposons aussi qu'une solution κ de (3.14) existe et que $\mathcal{D}^* < \infty$. Soit ℓ défini par (3.19). Alors le risque $R(\lambda, \theta)$ vérifie*

$$\inf_\lambda \sup_{\theta \in \Theta} R(\lambda, \theta) = \sup_{\theta \in \Theta} \inf_\lambda R(\lambda, \theta) = \sup_{\theta \in \Theta} R(\ell, \theta) = \mathcal{D}^*. \qquad (3.20)$$

DÉMONSTRATION. On a toujours

$$\sup_{\theta \in \Theta} \inf_\lambda R(\lambda, \theta) \leq \inf_\lambda \sup_{\theta \in \Theta} R(\lambda, \theta) \leq \sup_{\theta \in \Theta} R(\ell, \theta).$$

Il reste donc à montrer que

$$\sup_{\theta \in \Theta} R(\ell, \theta) \leq \mathcal{D}^* \qquad (3.21)$$

et

$$\sup_{\theta \in \Theta} \inf_\lambda R(\lambda, \theta) \geq \mathcal{D}^*. \qquad (3.22)$$

Démonstration de (3.21). Pour tout $\theta \in \Theta$:

$$R(\ell, \theta) = \sum_{i=1}^\infty ((1 - \ell_i)^2 \theta_i^2 + \varepsilon^2 \ell_i^2)$$

$$= \varepsilon^2 \sum_{i=1}^\infty \ell_i^2 + \sum_{i:a_i>0}^\infty (1 - \ell_i)^2 a_i^{-2} a_i^2 \theta_i^2 \quad (\text{car } \ell_i = 1 \text{ si } a_i = 0)$$

$$\leq \varepsilon^2 \sum_{i=1}^\infty \ell_i^2 + Q \sup_{i:a_i>0} [(1 - \ell_i)^2 a_i^{-2}]$$

$$\leq \varepsilon^2 \sum_{i=1}^\infty \ell_i^2 + Q\kappa^2 \quad (\text{car } 1 - \kappa a_i \leq \ell_i \leq 1)$$

$$= \varepsilon^2 \sum_{i=1}^\infty \ell_i^2 + \varepsilon^2 \kappa \sum_{i=1}^\infty a_i \ell_i \quad (\text{d'après (3.14)})$$

$$= \varepsilon^2 \sum_{i=1}^\infty \ell_i(\ell_i + \kappa a_i)$$

$$= \varepsilon^2 \sum_{i:\ell_i \neq 0} \ell_i(\ell_i + \kappa a_i) = \varepsilon^2 \sum_{i:\ell_i \neq 0} \ell_i = \mathcal{D}^*. \qquad (3.23)$$

Démonstration de (3.22). Notons V l'ensemble de toutes les suites $v = (v_1, v_2, \ldots)$, telles que $v_j \in \mathbf{R}$, sans restriction, si $a_j = 0$, et

$$v_j^2 = \frac{\varepsilon^2 (1 - \kappa a_j)_+}{\kappa a_j}, \quad \text{si } a_j > 0. \qquad (3.24)$$

Alors, vu (3.14), $V \subset \Theta$. Par conséquent,

$$
\begin{aligned}
\sup_{\theta \in \Theta} \inf_{\lambda} R(\lambda, \theta) &\geq \sup_{v \in V} \inf_{\lambda} \sum_{i=1}^{\infty} [(1 - \lambda_i)^2 v_i^2 + \varepsilon^2 \lambda_i^2] \\
&= \sup_{v \in V} \left[\sum_{i:a_i=0} \frac{v_i^2 \varepsilon^2}{v_i^2 + \varepsilon^2} + \sum_{i:a_i>0} \frac{v_i^2 \varepsilon^2}{v_i^2 + \varepsilon^2} \right] \\
&= \varepsilon^2 \mathrm{Card}\{i : a_i = 0\} + \sum_{i:a_i>0} \frac{\varepsilon^4 (1 - \kappa a_i)_+}{\varepsilon^2 (\kappa a_i + (1 - \kappa a_i)_+)} \\
&= \varepsilon^2 \mathrm{Card}\{i : a_i = 0\} + \varepsilon^2 \sum_{i:a_i>0} (1 - \kappa a_i)_+ \\
&= \varepsilon^2 \sum_{i=1}^{\infty} (1 - \kappa a_i)_+ = \mathcal{D}^*.
\end{aligned}
$$

∎

L'estimateur $\hat{\theta}(\ell)$ associé à la suite de poids ℓ définie par (3.19) et (3.14) est appelé *estimateur de Pinsker* pour l'ellipsoïde (général) Θ. Le Lemme 3.2 montre alors que l'estimateur de Pinsker est un estimateur minimax linéaire sur Θ. Etudions maintenant plus en détail le cas de l'ellipsoïde particulier $\Theta(\beta, Q)$.

Lemme 3.3 *Considérons l'ellipsoïde $\Theta = \Theta(\beta, Q)$ défini par (3.12) avec $Q > 0$ et*

$$
a_j = \begin{cases} j^\beta, & \text{pour } j \text{ pair,} \\ (j-1)^\beta, & \text{pour } j \text{ impair,} \end{cases}
$$

où $\beta > 0$. Alors :
(i) la solution κ de (3.14) existe, elle est unique et vérifie

$$
\kappa = \kappa^*(1 + o(1)) \quad \text{quand} \quad \varepsilon \to 0, \tag{3.25}
$$

pour κ^* défini dans (3.4) ;
(ii)

$$
\mathcal{D}^* = C^* \varepsilon^{\frac{4\beta}{2\beta+1}} (1 + o(1)) \quad \text{quand} \quad \varepsilon \to 0, \tag{3.26}
$$

où C^* est la constante de Pinsker ;
(iii)

$$
\max_{j \geq 2} v_j^2 a_j^2 = O(\varepsilon^{\frac{2}{2\beta+1}}) \quad \text{quand} \quad \varepsilon \to 0, \tag{3.27}
$$

où v_j^2 est défini dans (3.24).

DÉMONSTRATION. (i) On a

$$
a_1 = 0, \quad a_{2m} = a_{2m+1} = (2m)^\beta, \quad m = 1, 2, \ldots
$$

L'existence de l'unique solution de (3.14) résulte du Lemme 3.1. De plus, vu (3.14),

$$
Q = \frac{\varepsilon^2}{\kappa} \sum_{j=2}^{\infty} a_j (1 - \kappa a_j)_+
$$

$$
= \frac{2\varepsilon^2}{\kappa} \sum_{m=1}^{\infty} (2m)^{\beta} (1 - \kappa(2m)^{\beta})_+ = \frac{2\varepsilon^2}{\kappa} \sum_{m=1}^{M} (2m)^{\beta} (1 - \kappa(2m)^{\beta})
$$

avec $M = \lfloor (1/\kappa)^{1/\beta} /2 \rfloor$. Or, pour $a > 0$,

$$
\sum_{m=1}^{M} m^a = \frac{M^{a+1}}{a+1}(1 + o(1)) \qquad \text{quand } M \to \infty,
$$

d'où l'on obtient

$$
Q = \frac{\varepsilon^2 \beta}{(2\beta+1)(\beta+1)\kappa^{(2\beta+1)/\beta}}(1 + o(1)) \qquad \text{quand } \kappa \to 0.
$$

Il en résulte que la solution κ de (3.14) vérifie

$$
\kappa = \left(\frac{\beta}{(2\beta+1)(\beta+1)Q} \right)^{\frac{\beta}{2\beta+1}} \varepsilon^{\frac{2\beta}{2\beta+1}}(1 + o(1)) \qquad \text{quand } \varepsilon \to 0.
$$

(ii) En procédant de la même manière et en utilisant (3.25), on obtient

$$
\mathcal{D}^* = \varepsilon^2 \sum_{j=1}^{\infty} (1 - \kappa a_j)_+ = \varepsilon^2 + 2\varepsilon^2 \sum_{m=1}^{M} (1 - \kappa(2m)^{\beta})
$$

$$
= \varepsilon^2 + 2\varepsilon^2 \left[M - 2^{\beta} \kappa \frac{M^{\beta+1}}{\beta+1}(1 + o(1)) \right]
$$

$$
= [Q(2\beta+1)]^{\frac{1}{2\beta+1}} \left(\frac{\beta}{\beta+1} \right)^{\frac{2\beta}{2\beta+1}} \varepsilon^{\frac{4\beta}{2\beta+1}}(1 + o(1))
$$

$$
= C^* \varepsilon^{\frac{4\beta}{2\beta+1}}(1 + o(1)).
$$

(iii) Pour montrer (3.27) on note que $v_j^2 = 0$ pour $j > N$, tandis que $a_N < 1/\kappa$, donc

$$
v_j^2 a_j^2 = \frac{\varepsilon^2 a_j (1 - \kappa a_j)_+}{\kappa} \le \frac{\varepsilon^2 a_N}{\kappa} \le \frac{\varepsilon^2}{\kappa^2} = O(\varepsilon^{\frac{2}{2\beta+1}}) \qquad \text{quand } \varepsilon \to 0.
$$

Corollaire 3.1 *Soit* $\hat{\theta}(\ell)$ *l'estimateur de Pinsker sur l'ellipsoïde* $\Theta(\beta, Q)$ *avec* $\beta > 0$ *et* $Q > 0$. *Alors*

$$\inf_{\lambda} \sup_{\theta \in \Theta(\beta, Q)} \mathbf{E}_\theta \|\hat{\theta}(\lambda) - \theta\|^2 = \sup_{\theta \in \Theta(\beta, Q)} \mathbf{E}_\theta \|\hat{\theta}(\ell) - \theta\|^2 \qquad (3.28)$$

$$= C^* \varepsilon^{\frac{4\beta}{2\beta+1}} (1 + o(1))$$

quand $\varepsilon \to 0$, *où* C^* *est la constante de Pinsker.*

La démonstration est immédiate d'après (3.20) et (3.26).

Exercice 3.1 *Considérons un* ellipsoïde exponentiel :

$$\Theta = \Big\{ \theta = \{\theta_j\}_{j=1}^\infty : \sum_{j=1}^\infty e^{2\alpha j} \theta_j^2 \le Q \Big\}, \qquad (3.29)$$

où $\alpha > 0$ *et* $Q > 0$.

(1) Donner l'expression asymptotique, quand $\varepsilon \to 0$, *du risque minimax linéaire sur* Θ.

(2) Montrer que l'estimateur par projection simple :

$$\hat{\theta}_k = y_k I(k \le N^*), \quad k = 1, 2, \dots,$$

avec un entier $N^* = N^*(\varepsilon)$ *convenablement choisi, est un estimateur asymptotiquement minimax linéaire sur l'ellipsoïde (3.29). Il partage donc cette propriété avec l'estimateur de Pinsker sur ce même ellipsoïde.*

3.3 Démonstration du Théorème de Pinsker

La démonstration du Théorème 3.1 consiste à établir la *majoration du risque* :

$$\sup_{f \in \tilde{W}(\beta, L)} \mathbf{E}_f \|\hat{f}_\varepsilon - f\|_2^2 \le C^* \varepsilon^{\frac{4\beta}{2\beta+1}} (1 + o(1)), \qquad (3.30)$$

quand $\varepsilon \to 0$, et la *minoration du risque minimax* :

$$\mathcal{R}_\varepsilon^* \triangleq \inf_{T_\varepsilon} \sup_{f \in \tilde{W}(\beta, L)} \mathbf{E}_f \|T_\varepsilon - f\|_2^2 \ge C^* \varepsilon^{\frac{4\beta}{2\beta+1}} (1 + o(1)), \qquad (3.31)$$

quand $\varepsilon \to 0$.

3.3.1 Majoration du risque

Puisque

$$\hat{f}_\varepsilon(x) = \sum_{j=1}^\infty \ell_j^* y_j \varphi_j(x) \quad \text{avec} \quad \ell_j^* = (1 - \kappa^* a_j)_+ \, ,$$

on peut écrire

$$\mathbf{E}_f \|\hat{f}_\varepsilon - f\|_2^2 = \mathbf{E}_\theta \|\hat{\theta}(\ell^*) - \theta\|^2 = R(\ell^*, \theta), \tag{3.32}$$

où θ est la suite des coefficients de Fourier de f et ℓ^* est la suite de poids définis par (3.3) :

$$\ell^* = (\ell_1^*, \ell_2^*, \ldots).$$

Nous montrons maintenant que le risque maximal de $\hat{\theta}(\ell^*)$ sur $\Theta(\beta, Q)$ se comporte asymptotiquement de la même manière que celui de l'estimateur de Pinsker $\hat{\theta}(\ell)$. Comme la définition de $\hat{\theta}(\ell^*)$ est explicite et plus simple que celle de $\hat{\theta}(\ell)$, nous allons appeler $\hat{\theta}(\ell^*)$ *estimateur de Pinsker simplifié*.

Comme dans la démonstration de (3.21), on obtient, pour tout $\theta \in \Theta(\beta, Q)$,

$$R(\ell^*, \theta) \le \varepsilon^2 \sum_{j=1}^\infty (\ell_j^*)^2 + Q(\kappa^*)^2.$$

Notons $M^* = \lfloor (1/\kappa^*)^{1/\beta} /2 \rfloor$, $M = \lfloor (1/\kappa)^{1/\beta} /2 \rfloor$, où κ est la solution de (3.14). En procédant comme dans la démonstration du Lemme 3.3 et en utilisant (3.25), on obtient

$$
\begin{aligned}
\varepsilon^2 \sum_{j=1}^\infty (\ell_j^*)^2 + Q(\kappa^*)^2 &= \varepsilon^2 + 2\varepsilon^2 \sum_{m=1}^{M^*} (1 - \kappa^* (2m)^\beta)^2 + Q\kappa^2 (1 + o(1)) \\
&= \varepsilon^2 + 2\varepsilon^2 \left(M^* - 2^{\beta+1} \kappa^* \frac{(M^*)^{\beta+1}}{\beta + 1} \right. \\
&\qquad \left. + 4^\beta (\kappa^*)^2 \frac{(M^*)^{2\beta+1}}{2\beta + 1} \right) (1 + o(1)) + Q\kappa^2 (1 + o(1)) \\
&= \varepsilon^2 + 2\varepsilon^2 \left(M - 2^{\beta+1} \kappa \frac{M^{\beta+1}}{\beta + 1} \right. \\
&\qquad \left. + 4^\beta \kappa^2 \frac{M^{2\beta+1}}{2\beta + 1} \right) (1 + o(1)) + Q\kappa^2 (1 + o(1)) \\
&= \left[\varepsilon^2 + 2\varepsilon^2 \sum_{m=1}^{M} (1 - \kappa (2m)^\beta)^2 + Q\kappa^2 \right] (1 + o(1)) \\
&= \left[\varepsilon^2 \sum_{j=1}^\infty \ell_j^2 + Q\kappa^2 \right] (1 + o(1)) \\
&= \mathcal{D}^* (1 + o(1)) \quad \text{quand } \varepsilon \to 0,
\end{aligned}
$$

où la dernière égalité résulte de (3.23). Alors,

$$\sup_{\theta \in \Theta(\beta, Q)} R(\ell^*, \theta) \le \mathcal{D}^* (1 + o(1)) \quad \text{quand } \varepsilon \to 0. \tag{3.33}$$

La borne supérieure (3.30) découle de (3.33) et de (3.26), si l'on observe que

$$\sup_{f \in \tilde{W}(\beta, L)} \mathbf{E}_f \|\hat{f}_\varepsilon - f\|_2^2 = \sup_{\theta \in \Theta(\beta, Q)} R(\ell^*, \theta).$$

3.3.2 Minoration du risque minimax

Préliminaires : *un problème Bayésien en dimension 1.*

Etudions le modèle statistique avec une seule observation gaussienne $x \in \mathbf{R}$:

$$x = a + \varepsilon \xi, \quad a \in \mathbf{R}, \quad \xi \sim \mathcal{N}(0, 1), \quad \varepsilon > 0. \tag{3.34}$$

Pour un estimateur $\hat{a} = \hat{a}(x)$ du paramètre a, définissons son risque quadratique $\mathbf{E}\left[(\hat{a} - a)^2\right]$, ainsi que son *risque Bayésien* par rapport à la loi a priori $\mathcal{N}(0, s^2)$ avec $s > 0$:

$$\mathcal{R}^B(\hat{a}) = \int \mathbf{E}\left[(\hat{a} - a)^2\right] \mu_s(a) da \tag{3.35}$$

$$= \int_{\mathbf{R}^2} (\hat{a}(x) - a)^2 \mu_\varepsilon(x - a) \mu_s(a) \, dx \, da,$$

où

$$\mu_s(u) = \frac{1}{s} \varphi\left(\frac{u}{s}\right)$$

et $\varphi(\cdot)$ désigne la densité de la loi $\mathcal{N}(0, 1)$. *L'estimateur Bayésien* $\hat{a}^B$ est défini comme celui qui fournit le minimum, parmi tous les estimateurs, du risque Bayésien :

$$\hat{a}^B = \arg\min_{\hat{a}} \mathcal{R}^B(\hat{a}).$$

Explicitons $\hat{a}^B$. On peut représenter le risque Bayésien sous la forme

$$\mathcal{R}^B(\hat{a}) = I\!\!E\left[(\hat{a}(x) - a)^2\right],$$

où $I\!\!E$ désigne l'espérance par rapport à la loi du couple gaussien (x, a) tel que $x = a + \varepsilon \xi$, a étant gaussienne de loi $\mathcal{N}(0, s^2)$ indépendante de ξ. D'après un calcul classique de probabilités, $\hat{a}^B$ et $\mathcal{R}^B(\hat{a})$ sont exprimés en termes de l'espérance et de la variance conditionnelles :

$$\hat{a}^B = I\!\!E(a|x),$$
$$\mathcal{R}^B(\hat{a}^B) = \min_{\hat{a}} \mathcal{R}^B(\hat{a}) = I\!\!E\left[\mathrm{Var}(a|x)\right].$$

Puisque le couple (x, a) est gaussien, la variance $\mathrm{Var}(a|x)$ ne dépend pas de x et elle est donnée, ainsi que $I\!\!E(a|x)$, par le lemme suivant.

Lemme 3.4 *L'estimateur Bayésien du paramètre a dans le modèle (3.34) est*

$$\hat{a}^B = \frac{s^2}{\varepsilon^2 + s^2} \, x,$$

et le minimum du risque Bayésien vaut

$$\mathcal{R}^B(\hat{a}^B) = \mathrm{Var}(a|x) \equiv \frac{s^2 \varepsilon^2}{\varepsilon^2 + s^2} \, .$$

La démonstration de la borne (3.31) sera divisée en 4 étapes.

Étape 1. *Réduction à une famille paramétrique.*

Soit $N = \max\{j : \ell_j > 0\}$, où les ℓ_j sont les poids de Pinsker (3.19), et soient

$$\Theta_N = \Big\{\theta^N = (\theta_2, \ldots, \theta_N) \in \mathbf{R}^{N-1} : \sum_{j=2}^{N} a_j^2 \theta_j^2 \leq Q\Big\}$$

et

$$\mathcal{F}_N = \Big\{f_{\theta^N}(x) = \sum_{j=2}^{N} \theta_j \varphi_j(x) : (\theta_2, \ldots, \theta_N) \in \Theta_N\Big\}.$$

L'ensemble $\mathcal{F}_N$ est une famille paramétrique de dimension finie $N-1$, et

$$\mathcal{F}_N \subset \tilde{W}(\beta, L),$$

donc

$$\mathcal{R}_\varepsilon^* \geq \inf_{T_\varepsilon} \sup_{f \in \mathcal{F}_N} \mathbf{E}_f \|T_\varepsilon - f\|_2^2.$$

Pour tout $f \in \mathcal{F}_N$ et tout T_ε il existe un vecteur aléatoire $\hat{\theta}^N = (\hat{\theta}_2, \ldots, \hat{\theta}_N) \in \Theta_N$ tel que, presque sûrement,

$$\|T_\varepsilon - f\|_2 \geq \Big\|\sum_{j=2}^{N} \hat{\theta}_j \varphi_j - f\Big\|_2. \tag{3.36}$$

En effet, si la réalisation Y est telle que $T_\varepsilon \in L_2[0,1]$, il suffit de prendre comme estimateur $\sum_{j=2}^{N} \hat{\theta}_j \varphi_j$ la projection dans $L_2[0,1]$ de T_ε sur $\mathcal{F}_N$ (en effet, l'ensemble $\mathcal{F}_N$ est convexe et fermé). Si $T_\varepsilon \notin L_2[0,1]$, le membre de gauche dans (3.36) vaut $+\infty$ et l'inégalité (3.36) est triviale pour tout $(\hat{\theta}_2, \ldots, \hat{\theta}_N) \in \Theta_N$.

En posant $\mathbf{E}_\theta \overset{\triangle}{=} \mathbf{E}_{f_{\theta^N}}$ et en utilisant (3.36), on obtient

$$\mathcal{R}_\varepsilon^* \geq \inf_{\hat{\theta}^N \in \Theta_N} \sup_{\theta^N \in \Theta_N} \mathbf{E}_\theta \Big\|\sum_{j=2}^{N} (\hat{\theta}_j - \theta_j)\varphi_j\Big\|_2^2$$

$$= \inf_{\hat{\theta}^N \in \Theta_N} \sup_{\theta^N \in \Theta_N} \mathbf{E}_\theta \Big[\sum_{j=2}^{N} (\hat{\theta}_j - \theta_j)^2\Big]. \tag{3.37}$$

Étape 2. *Minoration du risque minimax par le risque Bayésien.*

Introduisons la densité de probabilité suivante par rapport à la mesure de Lebesgue sur $\mathbf{R}^{N-1}$:

$$\mu(\theta^N) = \prod_{k=2}^{N} \mu_{s_k}(\theta_k), \quad \theta^N = (\theta_2, \ldots, \theta_N),$$

où

$$s_k^2 = (1 - \delta)v_k^2 \quad \text{avec } 0 < \delta < 1,$$

pour v_k^2 défini dans (3.24). Le support de la densité μ est $\mathbf{R}^{N-1}$. Par ailleurs, compte tenu de (3.37), on peut minorer le risque minimax $\mathcal{R}_\varepsilon^*$ par le risque Bayésien, de sorte que

$$\mathcal{R}_\varepsilon^* \geq \inf_{\hat{\theta}^N \in \Theta_N} \sum_{k=2}^N \int_{\Theta_N} \mathbf{E}_\theta \left[(\hat{\theta}_k - \theta_k)^2 \right] \mu(\theta^N) d\theta^N \geq I^* - r^*, \quad (3.38)$$

où le terme principal du risque Bayésien I^* et le résidu r^* sont donnés par

$$I^* = \inf_{\hat{\theta}^N} \sum_{k=2}^N \int_{\mathbf{R}^{N-1}} \mathbf{E}_\theta \left[(\hat{\theta}_k - \theta_k)^2 \right] \mu(\theta^N) d\theta^N,$$

$$r^* = \sup_{\hat{\theta}^N \in \Theta_N} \sum_{k=2}^N \int_{\Theta_N^c} \mathbf{E}_\theta \left[(\hat{\theta}_k - \theta_k)^2 \right] \mu(\theta^N) d\theta^N$$

avec $\Theta_N^c = \mathbf{R}^{N-1} \setminus \Theta_N$. Pour démontrer la borne (3.31), il ne reste alors qu'à établir la minoration du risque Bayésien principal suivante :

$$I^* \geq C^* \varepsilon^{\frac{4\beta}{2\beta+1}} (1 + o(1)) \quad \text{quand } \varepsilon \to 0, \quad (3.39)$$

et de montrer que le résidu r^* est négligéable :

$$r^* = o(\varepsilon^{\frac{4\beta}{2\beta+1}}) \quad \text{quand } \varepsilon \to 0. \quad (3.40)$$

En effet, (3.31) résulte de (3.38) – (3.40).

Étape 3. *Minoration du risque Bayésien principal.*

Le risque Bayésien principal I^* est une somme de $N - 1$ termes dont chacun ne dépend que d'une seule coordonnée $\hat{\theta}_k$. Alors

$$I^* = \inf_{\hat{\theta}^N} \sum_{k=2}^N \int_{\mathbf{R}^{N-1}} \mathbf{E}_\theta \left[(\hat{\theta}_k - \theta_k)^2 \right] \mu(\theta^N) d\theta^N$$

$$\geq \sum_{k=2}^N \inf_{\hat{\theta}_k} \int_{\mathbf{R}^{N-1}} \mathbf{E}_\theta \left[(\hat{\theta}_k - \theta_k)^2 \right] \mu(\theta^N) d\theta^N. \quad (3.41)$$

Notons $\mathbf{P}_\theta = \mathbf{P}_{f_{\theta^N}}$, $\mathbf{P}_f$ étant la loi de $\mathbf{X} = \{Y(t), t \in [0,1]\}$ dans le modèle (3.1). En particulier, $\mathbf{P}_0$ est la loi de $\{\varepsilon W(t), t \in [0,1]\}$, W étant le processus de Wiener standard. En utilisant le Théorème de Girsanov (Lemme A.5 dans l'Annexe) et la définition de f_{θ^N}, on peut écrire le rapport de vraisemblance sous la forme

$$\frac{d\mathbf{P}_\theta}{d\mathbf{P}_0}(\mathbf{X}) = \exp\left(\varepsilon^{-2}\sum_{j=2}^{N}\theta_j y_j - \frac{\varepsilon^{-2}}{2}\sum_{j=2}^{N}\theta_j^2\right)$$

$$\stackrel{\triangle}{=} S(y_2,\ldots,y_N,\theta^N)$$

avec

$$y_j = \int_0^1 \varphi_j(t)dY(t), \quad j=2,\ldots,N.$$

Remarquons que, grâce à l'inégalité de Jensen, il suffit de considérer des estimateurs $\hat{\theta}_k$ qui ne dépendent que de $y_2,\ldots,y_N$:

$$\mathbf{E}_\theta\left[(\hat{\theta}_k(\mathbf{X}) - \theta_k)^2\right]$$

$$= \mathbf{E}_0\left[\frac{d\mathbf{P}_\theta}{d\mathbf{P}_0}(\mathbf{X})(\hat{\theta}_k(\mathbf{X}) - \theta_k)^2\right]$$

$$= \mathbf{E}_0\left[\mathbf{E}_0\left[(\hat{\theta}_k(\mathbf{X}) - \theta_k)^2\Big| y_2,\ldots,y_N\right] S(y_2,\ldots,y_N,\theta^N)\right]$$

$$\geq \mathbf{E}_0\left[(\bar{\theta}_k(y_2,\ldots,y_N) - \theta_k)^2 S(y_2,\ldots,y_N,\theta^N)\right]$$

$$= \mathbf{E}_\theta\left[(\bar{\theta}_k(y_2,\ldots,y_N) - \theta_k)^2\right],$$

où $\bar{\theta}_k(y_2,\ldots,y_N) = \mathbf{E}_0(\hat{\theta}_k(\mathbf{X})|y_2,\ldots,y_N)$. On a alors

$$\inf_{\hat{\theta}_k}\int_{\mathbf{R}^{N-1}}\mathbf{E}_\theta\left[(\hat{\theta}_k - \theta_k)^2\right]\mu(\theta^N)d\theta^N \tag{3.42}$$

$$\geq \inf_{\bar{\theta}_k(\cdot)}\int_{\mathbf{R}^{N-1}}\mathbf{E}_\theta\left[(\bar{\theta}_k(y_2,\ldots,y_N) - \theta_k)^2\right]\mu(\theta^N)d\theta^N$$

$$= \inf_{\bar{\theta}_k(\cdot)}\int_{\mathbf{R}^{N-1}}\int_{\mathbf{R}^{N-1}}(\bar{\theta}_k(u_2,\ldots,u_N) - \theta_k)^2\prod_{j=2}^{N}\left[\mu_\varepsilon(u_j - \theta_j)\mu_{s_j}(\theta_j)du_jd\theta_j\right]$$

$$\geq \int_{\mathbf{R}^{N-2}}\int_{\mathbf{R}^{N-2}}I_k(\{u_j\}_{j\neq k})\prod_{j\neq k}\left[\mu_\varepsilon(u_j - \theta_j)\mu_{s_j}(\theta_j)du_jd\theta_j\right],$$

où $\inf_{\bar{\theta}_k(\cdot)}$ désigne la borne inférieure sur l'ensemble de toutes les fonctions boréliennes $\bar{\theta}_k(\cdot)$ sur $\mathbf{R}^{N-1}$, $\{u_j\}_{j\neq k} \stackrel{\triangle}{=} (u_2,\ldots,u_{k-1},u_{k+1},\ldots,u_N)$ et

$$I_k(\{u_j\}_{j\neq k}) \stackrel{\triangle}{=} \inf_{\bar{\theta}_k(\cdot)}\int_{\mathbf{R}^2}(\bar{\theta}_k(u_2,\ldots,u_N) - \theta_k)^2\mu_\varepsilon(u_k - \theta_k)\mu_{s_k}(\theta_k)du_kd\theta_k.$$

Pour tout $\{u_j\}_{j\neq k}$ fixé, on obtient

$$I_k(\{u_j\}_{j\neq k}) \geq \inf_{\bar{\theta}_k(\cdot)}\int_{\mathbf{R}^2}(\bar{\theta}_k(u_k) - \theta_k)^2\mu_\varepsilon(u_k - \theta_k)\mu_{s_k}(\theta_k)du_kd\theta_k \tag{3.43}$$

$$= \frac{s_k^2\varepsilon^2}{\varepsilon^2 + s_k^2} \qquad \text{(vu le Lemme 3.4)},$$

où $\inf_{\tilde{\theta}_k(\cdot)}$ désigne la borne inférieure sur l'ensemble de toutes les fonctions boréliennes $\tilde{\theta}_k(\cdot)$ sur $\mathbf{R}$. L'inégalité (3.41) combinée avec (3.42) et (3.43), entraîne :

$$I^* \geq \sum_{k=2}^N \frac{s_k^2 \varepsilon^2}{\varepsilon^2 + s_k^2} = (1-\delta) \sum_{k=2}^N \frac{\varepsilon^2 v_k^2}{\varepsilon^2 + (1-\delta)v_k^2}$$

$$\geq (1-\delta) \sum_{k=2}^N \frac{\varepsilon^2 v_k^2}{\varepsilon^2 + v_k^2} = (1-\delta)\varepsilon^2 \sum_{k=2}^\infty (1 - \kappa a_k)_+ \qquad \text{(vu (3.22))}$$

$$= (1-\delta)(\mathcal{D}^* - \varepsilon^2) = (1-\delta)C^* \varepsilon^{\frac{4\beta}{2\beta+1}}(1 + o(1)) \quad \text{quand} \quad \varepsilon \to 0.$$

On peut alors conclure en faisant tendre δ vers 0.

Étape 4. *Démonstration de (3.40), i.e. du fait que le résidu est négligeable.*

Notons $\|\theta^N\|^2 = \sum_{k=2}^N \theta_k^2$ et $d_N = \sup_{\theta^N \in \Theta_N} \|\theta^N\|$. On a

$$r^* = \sup_{\hat{\theta}^N \in \Theta_N} \int_{\Theta_N^c} \mathbf{E}_\theta \|\hat{\theta}^N - \theta^N\|^2 \mu(\theta^N) d\theta^N$$

$$\leq 2 \int_{\Theta_N^c} (d_N^2 + \|\theta^N\|^2)\mu(\theta^N)d\theta^N$$

$$\leq 2 \left[d_N^2 I\!\!P_\mu(\Theta_N^c) + \left(I\!\!P_\mu(\Theta_N^c) I\!\!E_\mu \|\theta^N\|^4 \right)^{1/2} \right] \qquad \text{(Cauchy – Schwarz)},$$

où $I\!\!P_\mu$ et $I\!\!E_\mu$ désignent respectivement la mesure de probabilité et l'espérance associées à la densité μ. Par ailleurs,

$$d_N^2 = \sup_{\theta^N \in \Theta_N} \sum_{k=2}^N \theta_k^2 \leq \frac{1}{a_2^2} \sup_{\theta^N \in \Theta_N} \sum_{k=2}^N a_k^2 \theta_k^2 \leq \frac{Q}{a_2^2}.$$

Compte tenu de l'indépendance entre θ_k et θ_j,

$$I\!\!E_\mu \|\theta^N\|^4 = I\!\!E_\mu \left[\left(\sum_{k=2}^N \theta_k^2 \right)^2 \right] = \sum_{k \neq j} I\!\!E_\mu(\theta_k^2) I\!\!E_\mu(\theta_j^2) + \sum_{k=2}^N I\!\!E_\mu(\theta_k^4)$$

$$= \sum_{k \neq j} s_k^2 s_j^2 + 3 \sum_{k=2}^N s_k^4$$

$$\leq 3 \left(\sum_{k=2}^N s_k^2 \right)^2 \leq 3a_2^{-4} \left(\sum_{k=2}^N a_k^2 s_k^2 \right)^2 \leq 3a_2^{-4} Q^2,$$

où la dernière inégalité s'obtient si l'on note que, d'après la définition de s_k^2, (3.14) et (3.24),

$$\sum_{k=2}^{N} a_k^2 s_k^2 = (1 - \delta) \sum_{k=2}^{N} a_k^2 v_k^2, \quad \text{et} \quad \sum_{k=2}^{N} a_k^2 v_k^2 = Q. \tag{3.44}$$

On déduit de ce qui précède que

$$r^* \leq 2a_2^{-2} Q \left(I\!\!P_\mu(\Theta_N^c) + \sqrt{3 I\!\!P_\mu(\Theta_N^c)} \right) \leq 6a_2^{-2} Q \sqrt{I\!\!P_\mu(\Theta_N^c)}. \tag{3.45}$$

Pour démontrer (3.40), il suffit alors de prouver que

$$I\!\!P_\mu(\Theta_N^c) = o\left(\varepsilon^{\frac{8\beta}{2\beta+1}} \right) \quad \text{quand} \quad \varepsilon \to 0. \tag{3.46}$$

Or, en utilisant (3.44) et le fait que $I\!\!E_\mu(\theta_k^2) = s_k^2 = (1 - \delta)v_k^2$, on obtient

$$I\!\!P_\mu(\Theta_N^c) = I\!\!P_\mu \left(\sum_{k=2}^{N} a_k^2 \theta_k^2 > Q \right) \tag{3.47}$$

$$= I\!\!P_\mu \left(\sum_{k=2}^{N} a_k^2 (\theta_k^2 - I\!\!E_\mu(\theta_k^2)) > Q - (1 - \delta) \sum_{k=2}^{N} a_k^2 v_k^2 \right)$$

$$= I\!\!P_\mu \left(\sum_{k=2}^{N} a_k^2 (\theta_k^2 - I\!\!E_\mu(\theta_k^2)) > \delta Q \right)$$

$$= \mathbf{P} \left(\sum_{k=2}^{N} Z_k > \frac{\delta}{1 - \delta} \sum_{k=2}^{N} b_k^2 \right)$$

avec $b_k^2 = a_k^2 s_k^2$, $Z_k = (\xi_k^2 - 1)b_k^2$, les ξ_k étant des variables i.i.d. de loi $\mathcal{N}(0,1)$. La dernière probabilité est évaluée à l'aide du lemme suivant.

Lemme 3.5 *Pour tout $0 < t < 1$, on a*

$$\mathbf{P} \left(\sum_{k=2}^{N} Z_k \geq t \sum_{k=2}^{N} b_k^2 \right) \leq \exp \left(-\frac{t^2 \sum_{k=2}^{N} b_k^2}{8 \max_{2 \leq k \leq N} b_k^2} \right).$$

DÉMONSTRATION. Fixons $x > 0$, $\gamma > 0$. D'après l'inégalité de Markov,

$$\mathbf{P} \left(\sum_{k=2}^{N} Z_k \geq x \right) \leq \exp(-\gamma x) \prod_{k=2}^{N} \mathbf{E} \left[\exp(\gamma Z_k) \right].$$

Or,

$$\mathbf{E} \left[\exp(\gamma Z_k) \right] = \frac{1}{\sqrt{2\pi}} \int \exp \left(\gamma(\xi^2 - 1)b_k^2 - \frac{\xi^2}{2} \right) d\xi$$

$$= \exp(-\gamma b_k^2)(1 - 2\gamma b_k^2)^{-1/2} \leq \exp(2(\gamma b_k^2)^2),$$

dès que $\gamma b_k^2 < 1/4$. En effet, $e^{-x}(1-2x)^{-1/2} \le e^{2x^2}$ si $0 < x < 1/4$. On en déduit que

$$\mathbf{P}\left(\sum_{k=2}^{N} Z_k \ge x\right) \le \exp\left(-\gamma x + 2\gamma^2 \sum_{k=2}^{N} b_k^4\right)$$

$$\le \exp\left(-\gamma x + 2\gamma^2 \max_{2 \le k \le N} b_k^2 \sum_{k=2}^{N} b_k^2\right),$$

dès que $0 < \gamma < \dfrac{1}{4 \max_{2 \le k \le N} b_k^2}$. On peut alors conclure en posant

$$x = t \sum_{k=2}^{N} b_k^2, \qquad \gamma = \frac{t}{4 \max_{2 \le k \le N} b_k^2}$$

avec $0 < t < 1$.   ∎

A l'aide de (3.47) et du Lemme 3.5, on obtient, pour $0 < \delta < 1/2$,

$$\mathbb{P}_\mu(\Theta_N^c) \le \exp\left(-\frac{\delta^2}{8(1-\delta)^2} \frac{\sum_{k=2}^{N} a_k^2 s_k^2}{\max_{2 \le k \le N} a_k^2 s_k^2}\right). \tag{3.48}$$

Or, d'après (3.44), $\sum_{k=2}^{N} a_k^2 s_k^2 = (1-\delta)Q$ et d'après (3.27), $\max_{2 \le k \le N} a_k^2 s_k^2 = O(\varepsilon^{\frac{2}{2\beta+1}})$. Par conséquent, pour une constante $C > 0$,

$$\mathbb{P}_\mu(\Theta_N^c) \le \exp\left(-C\varepsilon^{-\frac{2}{2\beta+1}}\right),$$

d'où découlent (3.46) et (3.40). La borne (3.31) est ainsi démontrée.   ∎

Remarques.

(1) Les calculs effectués dans ce paragraphe donnent aussi un résultat analogue à celui du Théorème 3.1 pour le modèle de suite gaussienne (3.9), à savoir :

$$\inf_{\hat{\theta}_\varepsilon} \sup_{\theta \in \Theta(\beta,Q)} \mathbf{E}_\theta \|\hat{\theta}_\varepsilon - \theta\|^2 = \sup_{\theta \in \Theta(\beta,Q)} \mathbf{E}_\theta \|\hat{\theta}(\ell^*) - \theta\|^2$$

$$= C^* \varepsilon^{\frac{4\beta}{2\beta+1}}(1 + o(1)), \quad \varepsilon \to 0, \tag{3.49}$$

où $\inf_{\hat{\theta}_\varepsilon}$ désigne la borne inférieure sur l'ensemble de tous les estimateurs de θ.

(2) Le Théorème 3.1 reste vrai si, dans la définition de l'estimateur $\hat{f}_\varepsilon$, on remplace les poids ℓ_j^* par les poids minimax linéaires ℓ_j donnés par (3.19). Pour s'en convaincre, il suffit de comparer (3.28) et (3.49).

(3) Dans la définition de la densité a priori μ_k, le choix de δ fixé n'est pas le seul possible. On peut prendre $\delta = \delta_\varepsilon$ dépendant de ε et ne convergeant pas trop rapidement vers 0 lorsque $\varepsilon \to 0$, par exemple $\delta_\varepsilon = (\log 1/\varepsilon)^{-1}$. Il est facile de voir que dans ce cas aussi (3.48) implique (3.46).

(4) Un raisonnement similaire à la démonstration du Lemme 3.5 prouve que

$$\mathbb{P}_\mu \left((1 - 2\delta)Q \leq \sum_{k=2}^{N} a_k^2 \theta_k^2 \leq Q \right) \to 1 \quad \text{quand} \quad \varepsilon \to 0$$

à une vitesse exponentielle. Comme (3.46), cette relation reste vraie si $\delta = \delta_\varepsilon$ dépend de ε et ne converge pas trop rapidement vers 0 lorsque $\varepsilon \to 0$. Ceci signifie que presque toute la masse de la loi a priori $\mathbb{P}_\mu$ est concentrée dans un petit voisinage de l'ensemble $\{\theta : \sum_k a_k^2 \theta_k^2 = Q\}$, la frontière de l'ellipsoïde $\Theta(\beta, Q)$. Les θ appartenant à ce voisinage peuvent être interprétés comme les plus défavorables pour l'estimation.

Par ailleurs, la loi $\mathbb{P}_\mu$ dépend de ε ; autrement dit, les valeurs θ les plus défavorables sont différentes pour différents ε. En effet, on peut montrer qu'il n'existe pas de θ^* fixe (i.e. indépendant de ε) appartenant à l'ellipsoïde $\Theta(\beta, Q)$ et tel que

$$\mathbf{E}_{\theta^*} \|\hat{\theta}(\ell^*) - \theta^*\|^2 = C^* \varepsilon^{\frac{4\beta}{2\beta+1}} (1 + o(1)), \quad \varepsilon \to 0.$$

Nous reviendrons sur cette propriété au § 3.8.

Exercice 3.2 *Supposons que l'on observe*

$$y_j = \theta_j + \xi_j, \quad j = 1, \ldots, d, \tag{3.50}$$

où les variables aléatoires ξ_j sont i.i.d. de loi $\mathcal{N}(0, 1)$. On considère l'estimation du paramètre $\theta = (\theta_1, \ldots, \theta_d)$. Posons $\Theta(Q) = \{\theta \in \mathbf{R}^d : \|\theta\|^2 \leq Qd\}$, $Q > 0$, où $\|\cdot\|$ désigne la norme euclidienne de $\mathbf{R}^d$, et définissons le risque minimax

$$\mathcal{R}_d^*(\Theta(Q)) = \inf_{\hat{\theta}} \sup_{\theta \in \Theta(Q)} \mathbf{E}_\theta \left[\frac{1}{d} \|\hat{\theta} - \theta\|^2 \right],$$

où $\mathbf{E}_\theta$ est l'espérance par rapport à la loi jointe de $(y_1, \ldots, y_d)$ vérifiant (3.50). Montrer que

$$\lim_{d \to \infty} \mathcal{R}_d^*(\Theta(Q)) = \frac{Q}{Q + 1}.$$

Indication : *pour la minoration du risque, utiliser le schéma de Pinsker avec la loi a priori $\mathcal{N}(0, \delta Q)$, $0 < \delta < 1$, pour chaque coordonnée du vecteur θ.*

3.4 Phénomène de Stein

Dans ce paragraphe, nous allons étudier les deux modèles paramétriques gaussiens suivants.

Modèle 1.

C'est la version tronquée du modèle de suite gaussienne :

$$y_j = \theta_j + \varepsilon\xi_j, \quad j = 1, \dots, d,$$

avec $0 < \varepsilon < 1$, les ξ_j étant des v.a. i.i.d. de loi $\mathcal{N}(0,1)$. Dans ce paragraphe, on notera y, θ, ξ les vecteurs de dimension d :

$$y = (y_1, \dots, y_d), \quad \theta = (\theta_1, \dots, \theta_d), \quad \xi = (\xi_1, \dots, \xi_d) \sim \mathcal{N}_d(0, I),$$

où $\mathcal{N}_d(0, I)$ désigne la loi normale standard en dimension d. On peut donc écrire

$$y = \theta + \varepsilon\xi, \quad \xi \sim \mathcal{N}_d(0, I). \tag{3.51}$$

Le problème statistique consiste à estimer le paramètre inconnu $\theta \in \mathbf{R}^d$.

Modèle 2.

On observe les vecteurs aléatoires $X_1, \dots, X_n$ vérifiant

$$X_i = \theta + \eta_i, \ i = 1, \dots, n,$$

avec $\theta \in \mathbf{R}^d$, les η_i étant des vecteurs gaussiens i.i.d. de loi $\mathcal{N}_d(0, I)$. Le problème statistique consiste à estimer θ. Le vecteur $\bar{X} = n^{-1}\sum_{i=1}^n X_i$ est une statistique exhaustive dans ce modèle. On peut écrire

$$\bar{X} = \theta + \frac{1}{\sqrt{n}}\,\xi = \theta + \varepsilon\xi$$

avec

$$\varepsilon = \frac{1}{\sqrt{n}} \quad \text{et} \quad \xi = \frac{1}{\sqrt{n}}\sum_{i=1}^n \eta_i \sim \mathcal{N}_d(0, I).$$

Dans ce paragraphe, $\mathbf{E}_\theta$ désignera l'espérance relative à la loi de y dans le Modèle 1 ou à celle de $\bar{X}$ dans le Modèle 2 et $\|\cdot\|$ désignera la norme euclidienne de $\mathbf{R}^d$. Dans la suite, on notera indifféremment $\|\theta\|$ la norme de $\ell^2(\mathbf{N})$ ou la norme euclidienne de $\mathbf{R}^d$ de θ selon que $\theta \in \ell^2(\mathbf{N})$ ou $\theta \in \mathbf{R}^d$.

Le Modèle 1 avec $\varepsilon = 1/\sqrt{n}$ est équivalent au Modèle 2 au sens suivant : quelle que soit la fonction borélienne $\hat{\theta} : \mathbf{R}^d \to \mathbf{R}^d$, le risque quadratique $\mathbf{E}_\theta\|\hat{\theta}(y) - \theta\|^2$ de l'estimateur $\hat{\theta}(y)$ dans le Modèle 1 avec $\varepsilon = 1/\sqrt{n}$ est égal au risque $\mathbf{E}_\theta\|\hat{\theta}(\bar{X}) - \theta\|^2$ de l'estimateur $\hat{\theta}(\bar{X})$ dans le Modèle 2.

Le Modèle 1 sera utile dans le contexte d'applications à l'estimation non-paramétrique. D'autre part, le Modèle 2 est classique en statistique paramétrique. Compte tenu de l'équivalence des deux modèles, il suffira, pour arriver à nos résultats, d'étudier le Modèle 1, les calculs étant analogues pour le Modèle 2.

Définition 3.2 *Un estimateur* θ^* *du paramètre* θ *est dit* **inadmissible** *sur* $\Theta \subseteq \mathbf{R}^d$ *par rapport au risque quadratique s'il existe un autre estimateur* $\hat{\theta}$ *tel que*

$$\mathbf{E}_\theta \|\hat{\theta} - \theta\|^2 \le \mathbf{E}_\theta \|\theta^* - \theta\|^2 \quad \text{pour tout } \theta \in \Theta$$

et il existe $\theta_0 \in \Theta$ *tel que*

$$\mathbf{E}_{\theta_0} \|\hat{\theta} - \theta_0\|^2 < \mathbf{E}_{\theta_0} \|\theta^* - \theta_0\|^2.$$

L'estimateur θ^* *est dit* **admissible** *dans le cas contraire.*

Le risque quadratique de l'estimateur $\bar{X}$ dans le Modèle 2 vaut

$$\mathbf{E}_\theta \|\bar{X} - \theta\|^2 = \frac{d}{n} = d\varepsilon^2, \quad \forall \, \theta \in \mathbf{R}^d.$$

Ce risque est donc constant comme fonction de θ.

En considérant le Modèle 2, Stein (1956) a montré que si $d \ge 3$ l'estimateur $\bar{X}$ est inadmissible. Cette propriété se nomme *phénomène de Stein*. En outre, Stein a proposé un estimateur qui est meilleur que $\bar{X}$ partout sur $\mathbf{R}^d$ si $d \ge 3$. La construction est basée sur une contraction qui rapproche les valeurs de $\bar{X}$ vers 0 en fonction de $\|\bar{X}\|$.

3.4.1 Contraction de Stein et estimateur de James – Stein

Expliquons l'idée de la contraction de Stein pour le Modèle 1, le raisonnement pour le Modèle 2 étant analogue. Pour ce faire, nous aurons besoin des résultats préliminaires suivants.

Lemme 3.6 (Lemme de Stein, 1981.) *Supposons qu'une fonction* f : $\mathbf{R}^d \to \mathbf{R}$ *vérifie*

(i) $f(u_1, \ldots, u_d)$ *est absolument continue en chaque coordonnée* u_i *pour presque toutes les valeurs (pour la mesure de Lebesgue sur* $\mathbf{R}^{d-1}$*) des autres coordonnées* $(u_j, j \ne i)$,

(ii)

$$\mathbf{E}_\theta \left| \frac{\partial f(y)}{\partial y_i} \right| < \infty, \qquad i = 1, \ldots, d.$$

Alors

$$\mathbf{E}_\theta \left[(\theta_i - y_i) f(y) \right] = -\varepsilon^2 \mathbf{E}_\theta \left[\frac{\partial f}{\partial y_i}(y) \right], \qquad i = 1, \ldots, d.$$

DÉMONSTRATION. Nous utiliserons essentiellement l'intégration par parties avec une légère modification due au fait que la fonction f n'est pas différentiable au sens usuel.

Notons d'abord qu'il suffit de prouver le lemme pour $\theta = 0$ et $\varepsilon = 1$. En effet, le vecteur aléatoire $\zeta = \varepsilon^{-1}(y - \theta)$ suit la loi $\mathcal{N}_d(0, I)$ et alors, pour $\tilde{f}(y) = f(\varepsilon y + \theta)$, on a

$$\mathbf{E}_\theta\left[\varepsilon^{-1}(\theta_i - y_i)f(y)\right] = -\mathbf{E}\left[\zeta_i \tilde{f}(\zeta)\right], \qquad \mathbf{E}\left[\frac{\partial f}{\partial \zeta_i}(\zeta)\right] = \varepsilon \mathbf{E}\left[\frac{\partial \tilde{f}}{\partial \zeta_i}(\zeta)\right],$$

où $\zeta_1, \ldots, \zeta_d$ sont les coordonnées de ζ. Clairement, f vérifie la condition (ii) du lemme si et seulement si $\tilde{f}$ satisfait à l'inégalité

$$\mathbf{E}\left|\frac{\partial \tilde{f}(\zeta)}{\partial \zeta_i}\right| < \infty, \qquad i = 1, \ldots, d, \tag{3.52}$$

où $\zeta \sim \mathcal{N}_d(0, I)$. Il suffit donc de prouver que, pour toute fonction $\tilde{f}$ vérifiant la condition (i) du lemme et (3.52), on a

$$\mathbf{E}[\zeta_i \tilde{f}(\zeta)] = \mathbf{E}\left[\frac{\partial \tilde{f}}{\partial \zeta_i}(\zeta)\right]. \tag{3.53}$$

Sans perte de généralité, choisissons dans la suite $i = 1$. Le résultat du lemme sera démontré si l'on montre que

$$\mathbf{E}\left[\zeta_1 \tilde{f}(\zeta)|\zeta_2, \ldots, \zeta_d\right] = \mathbf{E}\left[\frac{\partial \tilde{f}}{\partial \zeta_1}(\zeta)\Big| \zeta_2, \ldots, \zeta_d\right]. \tag{3.54}$$

Puisque les variables ζ_j sont mutuellement indépendantes de loi $\mathcal{N}(0, 1)$, l'égalité (3.54) sera démontrée si l'on montre que, pour presque tout $\zeta_2, \ldots, \zeta_d$ par rapport à la mesure de Lebesgue sur $\mathbf{R}^{d-1}$,

$$\int_{-\infty}^{\infty} u \tilde{f}(u, \zeta_2, \ldots, \zeta_d) e^{-u^2/2} du = \int_{-\infty}^{\infty} \frac{\partial \tilde{f}}{\partial u}(u, \zeta_2, \ldots, \zeta_d) e^{-u^2/2} du.$$

Posons $h(u) = \tilde{f}(u, \zeta_2, \ldots, \zeta_d)$. Pour compléter la démonstration, il reste à vérifier que, pour toute fonction absolument continue $h : \mathbf{R} \to \mathbf{R}$ telle que

$$\int_{-\infty}^{\infty} |h'(u)| e^{-u^2/2} du < \infty,$$

on a

$$\int_{-\infty}^{\infty} u h(u) e^{-u^2/2} du = \int_{-\infty}^{\infty} h'(u) e^{-u^2/2} du. \tag{3.55}$$

Montrons cela. On utilisera le fait suivant :

$$e^{-u^2/2} = \begin{cases} \int_u^\infty ze^{-z^2/2}dz, & u > 0, \\ -\int_{-\infty}^u ze^{-z^2/2}dz, & u < 0. \end{cases}$$

Alors

$$\int_{-\infty}^\infty h'(u)e^{-u^2/2}du = \int_0^\infty h'(u)\Big[\int_u^\infty ze^{-z^2/2}dz\Big]du$$

$$-\int_{-\infty}^0 h'(u)\Big[\int_{-\infty}^u ze^{-z^2/2}dz\Big]du$$

$$= \int_0^\infty ze^{-z^2/2}\Big[\int_0^z h'(u)du\Big]dz$$

$$-\int_{-\infty}^0 ze^{-z^2/2}\Big[\int_z^0 h'(u)du\Big]dz$$

$$= \Big(\int_0^\infty + \int_{-\infty}^0\Big)\{ze^{-z^2/2}[h(z) - h(0)]\}dz$$

$$= \int_{-\infty}^\infty zh(z)e^{-z^2/2}dz,$$

d'où découle (3.55). ∎

Lemme 3.7 *Soit $d \geq 3$. Alors, pour tout $\theta \in \mathbf{R}^d$,*

$$0 < \mathbf{E}_\theta\left(\frac{1}{\|y\|^2}\right) < \infty.$$

DÉMONSTRATION. D'après (3.51),

$$\mathbf{E}_\theta\left(\frac{1}{\|y\|^2}\right) = \frac{1}{\varepsilon^2}\mathbf{E}\left(\frac{1}{\|\varepsilon^{-1}\theta + \xi\|^2}\right),$$

où $\xi \sim \mathcal{N}_d(0, I)$ est le vecteur gaussien standard de dimension d. Vu la symétrie sphérique de la loi $\mathcal{N}_d(0, I)$,

$$\forall v, v' \in \mathbf{R}^d : \|v\| = \|v'\| \implies \|\xi + v\| \overset{\text{loi}}{=} \|\xi + v'\|, \tag{3.56}$$

où $\overset{\text{loi}}{=}$ désigne l'égalité en loi. En effet, comme les normes de v et v' sont égales, il existe une matrice orthogonale Γ telle que $v' = \Gamma v$. Puisque $\Gamma\xi \overset{\text{loi}}{=} \xi$, on obtient (3.56). En particulier,

$$\mathbf{E}\left(\frac{1}{\|\varepsilon^{-1}\theta + \xi\|^2}\right) = \mathbf{E}\left(\frac{1}{\|v_0 + \xi\|^2}\right)$$

avec $v_0 = (\|\theta\|/\varepsilon, 0, \ldots, 0)$. Or,

$$\mathbf{E}\left(\frac{1}{\|v_0 + \xi\|^2}\right) = \frac{1}{(\sqrt{2\pi})^d} \int_{\mathbf{R}^d} \exp(-\|x\|^2/2)\|v_0 + x\|^{-2}dx$$

$$= \frac{1}{(\sqrt{2\pi})^d} \exp\left(-\frac{\|\theta\|^2}{2\varepsilon^2}\right) \times$$

$$\int_{\mathbf{R}^d} \exp\left(\frac{u_1\|\theta\|}{\varepsilon} - \frac{\|u\|^2}{2}\right)\|u\|^{-2}du$$

avec $u = (u_1, \ldots, u_d)$. Comme $xy \le 3x^2 + y^2/3$ pour $x \ge 0, y \ge 0$, on a $|u_1|\|\theta\|/\varepsilon \le 3\|\theta\|^2/\varepsilon^2 + \|u\|^2/3$. Alors,

$$\mathbf{E}\left(\frac{1}{\|v_0 + \xi\|^2}\right) \le \frac{1}{(\sqrt{2\pi})^d} \exp\left(\frac{5\|\theta\|^2}{2\varepsilon^2}\right) \int_{\mathbf{R}^d} \exp\left(-\frac{\|u\|^2}{6}\right)\|u\|^{-2}du.$$

Pour conclure, il suffit de noter que si $d \ge 3$, il existe une constante $C > 0$ telle que

$$\int_{\mathbf{R}^d} \exp\left(-\frac{\|u\|^2}{6}\right)\|u\|^{-2}du = C\int_0^\infty e^{-r^2/6}r^{d-3}dr < \infty.$$

∎

Stein a introduit la classe des estimateurs de la forme

$$\hat{\theta} = g(y)y,$$

où $g : \mathbf{R}^d \to \mathbf{R}$ est une fonction à choisir. Les coordonnées du vecteur $\hat{\theta} = (\hat{\theta}_1, \ldots, \hat{\theta}_d)$ sont donc de la forme

$$\hat{\theta}_j = g(y)y_j.$$

D'autre part, le vecteur aléatoire y est un estimateur naturel de θ, analogue à la moyenne arithmétique $\bar{X}$ dans le Modèle 2. Son risque vaut

$$\mathbf{E}_\theta\|y - \theta\|^2 = d\varepsilon^2.$$

Cherchons une fonction g telle que le risque de l'estimateur $\hat{\theta} = g(y)y$ soit plus petit que celui de y. Évidemment,

$$\mathbf{E}_\theta\|\hat{\theta} - \theta\|^2 = \sum_{i=1}^d \mathbf{E}_\theta\left[(g(y)y_i - \theta_i)^2\right]$$

$$= \sum_{i=1}^d \left\{\mathbf{E}_\theta\left[(y_i - \theta_i)^2\right] + 2\mathbf{E}_\theta\left[(\theta_i - y_i)(1 - g(y))y_i\right]\right.$$

$$\left. + \mathbf{E}_\theta\left[y_i^2(1 - g(y))^2\right]\right\}.$$

Supposons maintenant que la fonction g est telle que les conditions du Lemme 3.6 soient vérifiées pour $f_i(y) = (1 - g(y))y_i$, $i = 1, \ldots, d$. Alors,

$$\mathbf{E}_\theta[(\theta_i - y_i)(1 - g(y))y_i] = -\varepsilon^2 \mathbf{E}_\theta \left[1 - g(y) - y_i \frac{\partial g}{\partial y_i}(y) \right],$$

et

$$\mathbf{E}_\theta \left[(\hat{\theta}_i - \theta_i)^2 \right] = \varepsilon^2 - 2\varepsilon^2 \mathbf{E}_\theta \left[1 - g(y) - y_i \frac{\partial g}{\partial y_i}(y) \right] + \mathbf{E}_\theta \left[y_i^2 (1 - g(y))^2 \right].$$

En prenant la somme sur i, on obtient

$$\mathbf{E}_\theta \|\hat{\theta} - \theta\|^2 = d\varepsilon^2 + \mathbf{E}_\theta[W(y)] \tag{3.57}$$

avec

$$W(y) = -2\varepsilon^2 d(1 - g(y)) + 2\varepsilon^2 \sum_{i=1}^{d} y_i \frac{\partial g}{\partial y_i}(y) + \|y\|^2 (1 - g(y))^2.$$

Pour que le risque de $\hat{\theta}$ soit plus petit que celui de y, il suffit de choisir g de façon que

$$\mathbf{E}_\theta[W(y)] < 0.$$

Afin de satisfaire à cette inégalité, Stein (1956) a proposé de chercher g parmi les fonctions de la forme

$$g(y) = 1 - \frac{c}{\|y\|^2}$$

avec une constante $c > 0$ convenablement choisie. Si g est de cette forme, les fonctions f_i définies par $f_i(y) = (1 - g(y))y_i$ vérifient les conditions du Lemme 3.6, donc on obtient (3.57) avec

$$W(y) = -2\varepsilon^2 d \frac{c}{\|y\|^2} + 2\varepsilon^2 \sum_{i=1}^{d} y_i^2 \frac{2c}{\|y\|^4} + \frac{c^2}{\|y\|^2} \tag{3.58}$$

$$= \frac{1}{\|y\|^2} \left(-2dc\varepsilon^2 + 4\varepsilon^2 c + c^2 \right).$$

La valeur c fournissant le minimum de (3.58) vaut

$$c_{opt} = \varepsilon^2(d - 2).$$

La fonction g et l'estimateur $\hat{\theta} = g(y)y$ associés à ce choix valent respectivement

$$g(y) = 1 - \frac{\varepsilon^2(d - 2)}{\|y\|^2},$$

et

$$\hat{\theta}_{JS} = \left(1 - \frac{\varepsilon^2(d-2)}{\|y\|^2}\right) y. \tag{3.59}$$

On appelle $\hat{\theta}_{JS}$ *estimateur de James − Stein* de θ (James et Stein (1961)). Si la norme $\|y\|$ est assez grande, la fonction g effectue une contraction de y vers 0, que l'on appelle *contraction de Stein* (en anglais "Stein's shrinkage"). Si $c = c_{opt}$,

$$W(y) = -\frac{\varepsilon^4(d-2)^2}{\|y\|^2}. \tag{3.60}$$

Notons que $-\infty < \mathbf{E}_\theta[W(y)] < 0$ dès que $d \geq 3$, d'après le Lemme 3.7. On supposera dans la suite que $d \geq 3$. Si $d \geq 3$, le risque de l'estimateur de James − Stein vérifie

$$\mathbf{E}_\theta\|\hat{\theta}_{JS} - \theta\|^2 = d\varepsilon^2 - \mathbf{E}_\theta\left(\frac{\varepsilon^4(d-2)^2}{\|y\|^2}\right) < \mathbf{E}_\theta\|y - \theta\|^2$$

pour tout $\theta \in \mathbf{R}^d$.

CONCLUSION : si $d \geq 3$, l'estimateur de James − Stein $\hat{\theta}_{JS}$ (qui est biaisé) est meilleur que l'estimateur y (sans biais) pour tout $\theta \in \mathbf{R}^d$, et par conséquent, l'estimateur y n'est pas admissible dans le Modèle 1.

De façon similaire, pour le Modèle 2 l'estimateur de James − Stein s'obtient si l'on remplace y par $\bar{X}$ et ε par $1/\sqrt{n}$ dans (3.59) :

$$\hat{\theta}_{JS} = \left(1 - \frac{d-2}{n\|\bar{X}\|^2}\right) \bar{X}. \tag{3.61}$$

Vu l'équivalence des Modèles 1 et 2, (3.61) est meilleur que l'estimateur $\bar{X}$ pour tout $\theta \in \mathbf{R}^d$ si $d \geq 3$. On a donc démontré le résultat suivant.

Théorème 3.3 (Phénomène de Stein.) *Soit $d \geq 3$. Alors l'estimateur $\hat{\theta} = y$ est inadmissible sur $\mathbf{R}^d$ dans le Modèle 1 et l'estimateur $\hat{\theta} = \bar{X}$ est inadmissible sur $\mathbf{R}^d$ dans le Modèle 2.*

Il est intéressant d'évaluer l'amélioration fournie par $\hat{\theta}_{JS}$ par rapport à y. Pour $\theta = 0$, le risque de l'estimateur de James − Stein vaut

$$\mathbf{E}_0\|\hat{\theta}_{JS}\|^2 = d\varepsilon^2 - \varepsilon^4(d-2)^2\mathbf{E}\left(\frac{1}{\|\varepsilon\xi\|^2}\right) = 2\varepsilon^2,$$

car $\mathbf{E}\left(\|\xi\|^{-2}\right) = 1/(d-2)$ (vérifiez ceci à titre d'exercice). Donc, pour $\theta = 0$ l'amélioration est dans le rapport

$$\frac{\mathbf{E}_0\|\hat{\theta}_{JS}\|^2}{\mathbf{E}_0\|y\|^2} = \frac{2}{d}, \tag{3.62}$$

une valeur constante qui ne dépend pas de ε. Par contre, pour tout $\theta \neq 0$ le rapport des risques quadratiques de $\hat{\theta}_{JS}$ et de y tend vers 1 lorsque $\varepsilon \to 0$ (cf. Lehmann et Casella (1998), p. 407), l'amélioration étant donc négligeable dans l'asymptotique.

3.4.2 Autres estimateurs à contraction

Le calcul précédent montre qu'il existe toute une famille d'estimateurs qui sont meilleurs que y dans le Modèle 1 : il suffit de prendre $c > 0$ dans la définition de g, de sorte que $-2dc\varepsilon^2 + 4\varepsilon^2 c + c^2 < 0$. Par exemple, si $c = \varepsilon^2 d$, on obtient *l'estimateur de Stein* :

$$\hat{\theta}_S \triangleq \left(1 - \frac{\varepsilon^2 d}{\|y\|^2}\right) y.$$

Cet estimateur est meilleur que y pour $d \geq 5$ mais il est moins bon que $\hat{\theta}_{JS}$ pour $d \geq 3$.

Des estimateurs encore plus performants correspondent aux fonctions g positives :

$$g(y) = \left(1 - \frac{c}{\|y\|^2}\right)_+$$

avec $c > 0$. Par exemple, pour $c = \varepsilon^2(d-2)$ et $c = \varepsilon^2 d$ on obtient respectivement *les estimateurs de James – Stein et de Stein à poids positif* :

$$\hat{\theta}_{JS+} = \left(1 - \frac{\varepsilon^2(d-2)}{\|y\|^2}\right)_+ y$$

et

$$\hat{\theta}_{S+} = \left(1 - \frac{\varepsilon^2 d}{\|y\|^2}\right)_+ y.$$

Lemme 3.8 *Pour tout $d \geq 1$ et tout $\theta \in \mathbf{R}^d$:*

$$\mathbf{E}_\theta \|\hat{\theta}_{JS+} - \theta\|^2 < \mathbf{E}_\theta \|\hat{\theta}_{JS} - \theta\|^2, \qquad \mathbf{E}_\theta \|\hat{\theta}_{S+} - \theta\|^2 < \mathbf{E}_\theta \|\hat{\theta}_S - \theta\|^2.$$

La démonstration de ce lemme est donnée dans l'Annexe (Lemme A.6).

On voit donc que les estimateurs $\hat{\theta}_{JS+}$ et $\hat{\theta}_{S+}$ sont respectivement meilleurs que $\hat{\theta}_{JS}$ et $\hat{\theta}_S$. Bien que meilleurs que y, ces quatre estimateurs sont inadmissibles (pour l'inadmissibilité de $\hat{\theta}_{JS+}$ et $\hat{\theta}_{S+}$, voir, par exemple, Lehmann et Casella (1998), p. 357). Cependant, on ne peut améliorer l'estimateur $\hat{\theta}_{JS+}$ qu'en des termes d'ordre petit, ce qui signifie qu'il est "très proche" de l'admissibilité. Notons aussi qu'un estimateur admissible de θ est disponible, mais sa construction est plus compliquée que celle de $\hat{\theta}_{JS+}$ (Strawderman (1971)).

Lemme 3.9 *Soit $\theta \in \mathbf{R}^d$. Pour tout $d \geq 4$,*

$$\mathbf{E}_\theta \|\hat{\theta}_S - \theta\|^2 \leq \frac{d\varepsilon^2 \|\theta\|^2}{\|\theta\|^2 + d\varepsilon^2} + 4\varepsilon^2 \tag{3.63}$$

et, pour tout $d \geq 1$,

$$\mathbf{E}_\theta \|\hat{\theta}_{S+} - \theta\|^2 \leq \frac{d\varepsilon^2 \|\theta\|^2}{\|\theta\|^2 + d\varepsilon^2} + 4\varepsilon^2. \tag{3.64}$$

DÉMONSTRATION. On démontre d'abord (3.63). Vu (3.57) et (3.58) avec $c = \varepsilon^2 d$, on obtient

$$\mathbf{E}_\theta \|\hat{\theta}_S - \theta\|^2 = d\varepsilon^2 + (-2dc\varepsilon^2 + 4\varepsilon^2 c + c^2)\mathbf{E}_\theta\left(\frac{1}{\|y\|^2}\right)$$

$$= d\varepsilon^2 - (d^2 - 4d)\varepsilon^4 \mathbf{E}_\theta\left(\frac{1}{\|y\|^2}\right).$$

D'après l'inégalité de Jensen,

$$\mathbf{E}_\theta\left(\frac{1}{\|y\|^2}\right) \geq \frac{1}{\mathbf{E}_\theta \|y\|^2} = \frac{1}{\|\theta\|^2 + \varepsilon^2 d}.$$

Donc,

$$\mathbf{E}_\theta \|\hat{\theta}_S - \theta\|^2 \leq d\varepsilon^2 - \frac{\varepsilon^4 d(d-4)}{\|\theta\|^2 + \varepsilon^2 d} = \frac{d\varepsilon^2 \|\theta\|^2}{\|\theta\|^2 + \varepsilon^2 d} + \frac{4\varepsilon^4 d}{\|\theta\|^2 + \varepsilon^2 d},$$

d'où découle (3.63).

Démonstration de (3.64). Vu le Lemme 3.8 et (3.63), il suffit de montrer (3.64) pour $d \leq 3$. Notons que la fonction $f(y) = (1 - g(y))y_i$ vérifie les hypothèses du Lemme 3.6 si $g(y) = (1 - \varepsilon^2 d/\|y\|^2)_+$. En particulier,

$$\frac{\partial g(y)}{\partial y_i} = \frac{2\varepsilon^2 d y_i}{\|y\|^4} I(\|y\|^2 > \varepsilon^2 d).$$

Alors, d'après la formule (3.57),

$$\mathbf{E}_\theta \|\hat{\theta}_{S+} - \theta\|^2 = d\varepsilon^2 + \mathbf{E}_\theta[W(y)],$$

où

$$W(y) = \left(\|y\|^2 - 2\varepsilon^2 d\right) I(\|y\|^2 \leq \varepsilon^2 d) + \frac{\varepsilon^4 d(4-d)}{\|y\|^2} I(\|y\|^2 > \varepsilon^2 d)$$

$$\leq \frac{\varepsilon^4 d(4-d)}{\|y\|^2} I(\|y\|^2 > \varepsilon^2 d).$$

Si $d \leq 3$, la dernière expression est inférieure ou égale à $\varepsilon^2(4-d)$. Par conséquent, pour $d \leq 3$,

$$\mathbf{E}_\theta \|\hat{\theta}_{S+} - \theta\|^2 \leq 4\varepsilon^2,$$

d'où découle (3.64).   ∎

3.4.3 Superefficacité

L'estimateur $\bar{X}$ est asymptotiquement efficace sur $(\mathbf{R}^d, \|\cdot\|)$ dans le Modèle 2 au sens de la Définition 2.2 et l'estimateur y est asymptotiquement efficace sur $(\mathbf{R}^d, \|\cdot\|)$ dans le Modèle 1 pour $\varepsilon = 1/\sqrt{n}$. En fait, ces estimateurs sont non seulement asymptotiquement efficaces, mais aussi minimax au sens exact pour tout n (ou ε) fixé (cf. Lehmann et Casella (1998), p. 350). En particulier, le risque minimax associé au Modèle 1 est égal au risque maximal de y :

$$\inf_{\hat{\theta}_\varepsilon} \sup_{\theta \in \mathbf{R}^d} \mathbf{E}_\theta \|\hat{\theta}_\varepsilon - \theta\|^2 = \sup_{\theta \in \mathbf{R}^d} \mathbf{E}_\theta \|y - \theta\|^2 = d\varepsilon^2,$$

où $\inf_{\hat{\theta}_\varepsilon}$ désigne la borne inférieure sur l'ensemble de tous les estimateurs de θ. Ceci implique que le risque maximal de tout estimateur asymptotiquement efficace dans le Modèle 1 est $d\varepsilon^2(1 + o(1))$ quand $\varepsilon \to 0$.

Définition 3.3 *On dit qu'un estimateur θ_ε^* est **superefficace** dans le Modèle 1 si*

$$\limsup_{\varepsilon \to 0} \frac{\mathbf{E}_\theta \|\theta_\varepsilon^* - \theta\|^2}{d\varepsilon^2} \leq 1, \quad \forall \, \theta \in \mathbf{R}^d, \tag{3.65}$$

*et s'il existe $\theta = \bar{\theta} \in \mathbf{R}^d$ tel que l'inégalité dans (3.65) est stricte. Les points $\bar{\theta}$ vérifiant l'inégalité stricte sont appelés **points de superefficacité** de θ_ε^*.*

On déduit de ce qui précède que $\hat{\theta}_{JS}$ est superefficace, avec comme seul point de superefficacité $\bar{\theta} = 0$, pour $d \geq 3$. De façon similaire, $\hat{\theta}_S$ est superefficace lorsque $d \geq 5$. En utilisant le Lemme 3.8, on obtient le résultat suivant.

Proposition 3.1 *Les estimateurs $\hat{\theta}_{JS}$ et $\hat{\theta}_{JS+}$ sont superefficaces dans le Modèle 1 si $d \geq 3$. Les estimateurs $\hat{\theta}_S$ et $\hat{\theta}_{S+}$ sont superefficaces dans le Modèle 1 si $d \geq 5$.*

Notons que le concept de superefficacité est en un certain sens moins fort que celui d'admissibilité, car c'est un concept asymptotique. Par exemple, les estimateurs énumérés dans la Proposition 3.1 ne sont pas admissibles, mais ils sont superefficaces. Or, généralement il n'y a pas de rapport direct entre la superefficacité et l'admissibilité. Ainsi, en dimension $d = 1$, l'estimateur y est admissible (cf. Lehmann et Casella (1998), p. 324), mais il n'est pas superefficace.

Notons aussi que la superefficacité n'est pas une conséquence du phénomène de Stein. En effet, en dimension $d = 1$, le phénomène de Stein ne se produit pas, mais il existe des estimateurs superefficaces, comme celui de Hodges (voir, par exemple, Ibragimov et Hasminskii (1981), p.91).

Le Cam (1953) a montré que, pour tout d fini (i.e. dans le cas paramétrique), l'ensemble des points de superefficacité d'un estimateur est nécessairement un ensemble de mesure de Lebesgue nulle. Donc, en gros, on peut ne pas tenir compte du phénomène de superefficacité dans le cas paramétrique. On verra au § 3.8 que dans le modèle de suite gaussienne (où $d = \infty$) la situation est totalement différente : il existe des estimateurs qui sont superefficaces partout sur un ensemble "massif" comme, par exemple, l'ellipsoïde $\Theta(\beta, Q)$.

3.5 Principe d'estimation sans biais du risque

Revenons maintenant au modèle de suite gaussienne

$$y_j = \theta_j + \varepsilon \xi_j, \quad j = 1, 2, \dots$$

Un estimateur linéaire de la suite $\theta = (\theta_1, \theta_2, \dots)$ est un estimateur de la forme

$$\hat{\theta}(\lambda) = (\hat{\theta}_1, \hat{\theta}_2, \dots) \quad \text{avec} \quad \hat{\theta}_j = \lambda_j y_j,$$

où $\lambda = \{\lambda_j\}_{j=1}^{\infty} \in \ell^2(\mathbf{N})$ est une suite de poids. Le risque de $\hat{\theta}(\lambda)$ vaut

$$R(\lambda, \theta) = \mathbf{E}_\theta \|\hat{\theta}(\lambda) - \theta\|^2 = \sum_{j=1}^{\infty} \left[(1 - \lambda_j)^2 \theta_j^2 + \varepsilon^2 \lambda_j^2 \right].$$

Cherchons maintenant à optimiser le choix de λ. Supposons que λ appartient à une classe de suites Λ telle que $\Lambda \subseteq \ell^2(\mathbf{N})$. Quelques exemples de classes Λ présentant un intérêt dans le contexte de l'estimation non-paramétrique seront examinés ci-après. Une suite λ optimale en moyenne quadratique est une solution du problème de minimisation :

$$\lambda^{oracle}(\Lambda, \theta) = \arg\min_{\lambda \in \Lambda} R(\lambda, \theta),$$

si une telle solution existe. L'applicaton $\theta \mapsto \hat{\theta}(\lambda^{oracle}(\Lambda, \theta))$ est un oracle au sens de la Définition 1.10. On peut l'appeler *oracle linéaire à poids de classe Λ*. Comme θ est inconnu, il est impossible de calculer l'oracle à l'aide des données observées, donc $\hat{\theta}(\lambda^{oracle}(\Lambda, \theta))$ n'est pas un estimateur. Par abus de langage, on attribuera également le nom d'oracle à la suite de poids correspondante $\lambda^{oracle}(\Lambda, \theta)$.

La question qui se pose alors est la suivante : peut-on construire un estimateur dont le risque converge vers celui de l'oracle, i.e. vers $\min_{\lambda \in \Lambda} R(\lambda, \theta)$ quand $\varepsilon \to 0$?

Une méthode générale pour répondre à cette question est basée sur l'idée de *l'estimation sans biais du risque*. Elle remonte à Mallows (1973), Akaike (1974) et Stein (1981). Pour expliquer cette idée dans notre contexte, notons que

$$\|\hat{\theta}(\lambda) - \theta\|^2 = \sum_k (\lambda_k^2 y_k^2 - 2\lambda_k y_k \theta_k + \theta_k^2)$$

pour λ, θ, y tels que la somme du membre de droite est finie. Posons

$$\mathcal{J}(\lambda) \triangleq \sum_k (\lambda_k^2 y_k^2 - 2\lambda_k (y_k^2 - \varepsilon^2)).$$

Alors

$$\mathbf{E}_\theta[\mathcal{J}(\lambda)] = \mathbf{E}_\theta \|\hat{\theta}(\lambda) - \theta\|^2 - \sum_k \theta_k^2 = R(\lambda, \theta) - \sum_k \theta_k^2.$$

Autrement dit, $\mathcal{J}(\lambda)$ est un estimateur sans biais du risque $R(\lambda, \theta)$, modulo le terme $\sum_k \theta_k^2$ qui ne dépend pas de λ. Donc, on peut espérer que la minimisation de $\mathcal{J}(\lambda)$ en λ donne un résultat proche de la minimisation de $R(\lambda, \theta)$ en λ.

Définissons

$$\tilde{\lambda} = \tilde{\lambda}(\Lambda) = \arg\min_{\lambda \in \Lambda} \mathcal{J}(\lambda).$$

La suite $\tilde{\lambda} = (\tilde{\lambda}_1, \tilde{\lambda}_2, \ldots)$ est une suite aléatoire dont les éléments $\tilde{\lambda}_j = \tilde{\lambda}_j(y)$ dépendent, généralement, de toutes les données $y = (y_1, y_2, \ldots)$. A l'aide des poids $\tilde{\lambda}$, on définit un estimateur non-linéaire

$$\tilde{\theta}(\Lambda) = \hat{\theta}(\tilde{\lambda}) = \{\tilde{\theta}_j\},$$

où

$$\tilde{\theta}_j = \tilde{\lambda}_j(y) y_j, \quad j = 1, 2, \ldots$$

Le rôle de $\tilde{\theta}(\Lambda)$ est d'imiter le comportement de l'oracle $\hat{\theta}(\lambda^{oracle}(\Lambda, \theta))$: comme on le verra dans le paragraphe suivant, sous des conditions assez générales le risque de $\tilde{\theta}(\Lambda)$ est, en effet, au moins aussi petit que celui de l'oracle pour ε assez petit. Cette propriété nous permettra d'interpréter $\tilde{\theta}(\Lambda)$ comme un estimateur adaptatif : il s'adapte à l'oracle inconnu.

Définition 3.4 *Soit $\Theta \subseteq \ell^2(\mathbf{N})$ une classe de suites et $\Lambda \subseteq \ell^2(\mathbf{N})$ une classe de poids. Un estimateur θ_ε^* de θ dans le modèle (3.9) est dit **adaptatif à l'oracle** $\lambda^{oracle}(\Lambda, \cdot)$ sur Θ s'il existe une constante $C < \infty$ telle que*

$$\mathbf{E}_\theta \|\theta_\varepsilon^* - \theta\|^2 \leq C \inf_{\lambda \in \Lambda} \mathbf{E}_\theta \|\hat{\theta}(\lambda) - \theta\|^2$$

pour tout $\theta \in \Theta$ et $0 < \varepsilon < 1$.

*Un estimateur θ_ε^* de θ est dit **adaptatif à l'oracle** $\lambda^{oracle}(\Lambda, \cdot)$ **au sens exact** sur Θ s'il vérifie*

$$\mathbf{E}_\theta \|\theta_\varepsilon^* - \theta\|^2 \leq (1 + o(1)) \inf_{\lambda \in \Lambda} \mathbf{E}_\theta \|\hat{\theta}(\lambda) - \theta\|^2$$

pour tout $\theta \in \Theta$, où $o(1)$ tend vers 0 quand $\varepsilon \to 0$ uniformément en $\theta \in \Theta$.

Nous étudierons ci-après des exemples de classes Λ, d'oracles $\lambda^{oracle}(\Lambda, \theta)$ et d'estimateurs $\tilde{\theta}(\Lambda)$ obtenus par le principe de minimisation de $\mathcal{J}(\lambda)$. Pour définir des classes Λ, deux remarques suivantes sont importantes.

(1) *Il suffit de considérer $\lambda_j \in [0, 1]$.* En effet, la projection sur $[0, 1]$ des $\lambda_j \notin [0, 1]$ ne fait que diminuer le risque $R(\lambda, \theta)$ de l'estimateur linéaire $\hat{\theta}(\lambda)$.

(2) *Il suffit, dans la plupart des cas, de supposer que $\lambda_j = 0$ pour $j > N_{\max}$* avec

$$N_{\max} = \lfloor 1/\varepsilon^2 \rfloor. \tag{3.66}$$

En effet, on suppose en général ici que $\theta \in \Theta(\beta, Q)$ pour $\beta > 0$, $Q > 0$. La situation typique est que θ correspond à une fonction continue, et dans ce cas $\beta \geq 1/2$. Le risque quadratique de l'estimateur linéaire est

$$R(\lambda, \theta) = \sum_{j=1}^{N_{\max}} \left[(1 - \lambda_j)^2 \theta_j^2 + \varepsilon^2 \lambda_j^2 \right] + r_0,$$

où le résidu r_0, pour $\theta \in \Theta(\beta, Q)$ et $\beta \geq 1/2$, est contrôlé comme suit :

$$
\begin{aligned}
r_0 &= \sum_{j > N_{\max}} \left[(1 - \lambda_j)^2 \theta_j^2 + \varepsilon^2 \lambda_j^2 \right] \\
&\leq \sum_{j > N_{\max}} \theta_j^2 + o(\varepsilon^2) \qquad (\text{car } 0 \leq \lambda_j \leq 1, \ \lambda \in \ell^2(\mathbf{N}), \ N_{\max} \to \infty) \\
&\leq N_{\max}^{-2\beta} \sum_{j > N_{\max}} (j - 1)^{2\beta} \theta_j^2 + o(\varepsilon^2) = o(N_{\max}^{-2\beta} + \varepsilon^2) = o(\varepsilon^2),
\end{aligned}
$$

lorsque $\varepsilon \to 0$.

Une autre raison de se restreindre à un nombre fini des coordonnées $\hat{\theta}_i$ vient du fait que l'on veut construire un estimateur calculable dans la pratique. A cette fin, on prend souvent une valeur $N_{\max}$ finie mais différente de (3.66).

Exemple 3.1 *Estimateurs à poids constant.*

Considérons le modèle de dimension finie

$$y_j = \theta_j + \varepsilon \xi_j, \quad j = 1, \ldots, d,$$

où $\xi_j \sim \mathcal{N}(0, 1)$. Introduisons la classe Λ de la forme

$$\Lambda_{const} = \{ \lambda \mid \lambda_j \equiv t, \ j = 1, \ldots, d, \ t \in [0, 1] \}.$$

L'estimateur à poids constant du vecteur $\theta = (\theta_1, \ldots, \theta_d)$ est défini par

$$\hat{\theta}(t) = ty = (ty_1, \ldots, ty_d).$$

On voit facilement que le minimum du risque quadratique parmi les estimateurs à poids constant vaut

$$\min_t \mathbf{E}_\theta \| \hat{\theta}(t) - \theta \|^2 = \min_t \sum_{i=1}^d [(1 - t)^2 \theta_i^2 + \varepsilon^2 t^2] = \frac{d\varepsilon^2 \|\theta\|^2}{d\varepsilon^2 + \|\theta\|^2} \cdot \quad (3.67)$$

La valeur $t = t^*$ fournissant ce minimum,

$$t^* = \frac{\|\theta\|^2}{d\varepsilon^2 + \|\theta\|^2},$$

correspond à *l'oracle à poids constant* $\lambda^{oracle}(\Lambda_{const}, \theta) = (t^*, \ldots, t^*)$.
Pour les poids $\lambda = (t, \ldots, t)$ appartenant à Λ_{const}, l'estimateur sans biais du risque s'écrit sous la forme

$$\mathcal{J}(\lambda) = \sum_{k=1}^{d} (t^2 y_k^2 - 2t(y_k^2 - \varepsilon^2)) = (t^2 - 2t)\|y\|^2 + 2td\varepsilon^2,$$

et le minimum de cette expression en $t \in [0, 1]$ est fourni par

$$\tilde{t} = \left(1 - \frac{d\varepsilon^2}{\|y\|^2}\right)_+.$$

L'estimateur $\tilde{\theta}$ correspondant est donc celui de Stein à poids positif

$$\tilde{\theta} = \tilde{\theta}(\Lambda_{const}) = \left(1 - \frac{d\varepsilon^2}{\|y\|^2}\right)_+ y = \hat{\theta}_{S+}.$$

D'après le Lemme 3.9,

$$\mathbf{E}_\theta\|\tilde{\theta} - \theta\|^2 \leq \frac{d\varepsilon^2\|\theta\|^2}{d\varepsilon^2 + \|\theta\|^2} + 4\varepsilon^2.$$

Ce résultat et (3.67) entraînent l'inégalité, que l'on appelera dans la suite *première inégalité d'oracle* :

$$\mathbf{E}_\theta\|\tilde{\theta} - \theta\|^2 \leq \min_t \mathbf{E}_\theta\|\hat{\theta}(t) - \theta\|^2 + 4\varepsilon^2. \qquad (3.68)$$

Exemple 3.2 *Estimateurs par projection.*

Considérons la classe de poids

$$\Lambda_{proj} = \{\lambda \mid \lambda_j = I\{j \leq N\}, \ N \in \{1, 2, \ldots, N_{\max}\}\}.$$

L'estimateur linéaire correspondant est de la forme

$$\hat{\theta}_j = \begin{cases} y_j, & 1 \leq j \leq N, \\ 0, & j > N. \end{cases}$$

C'est l'estimateur par projection simple, analogue à celui étudié au Chapitre 1 pour le modèle de régression non-paramétrique. Si $\lambda \in \Lambda_{proj}$, l'estimateur sans biais du risque s'écrit

$$\mathcal{J}(\lambda) = \sum_{k \leq N} (y_k^2 - 2(y_k^2 - \varepsilon^2)) = 2N\varepsilon^2 - \sum_{k \leq N} y_k^2,$$

et les poids $\tilde{\lambda}_j$ obtenus par le principe de minimisation de $\mathcal{J}(\lambda)$ sont donnés par

$$\tilde{\lambda}_j = I\{j \le \tilde{N}\} \qquad (3.69)$$

avec

$$\tilde{N} = \arg\min_{1 \le N \le N_{\max}} (2N\varepsilon^2 - \sum_{k \le N} y_k^2) \qquad (3.70)$$

(*méthode C_p de Mallows – Akaike*).

Exemple 3.3 *Estimateurs du type spline.*

D'après l'Exercice 1.6, l'estimateur spline est approximé par l'estimateur par projection avec poids défini à l'aide de

$$\lambda_j = \frac{1}{1 + \kappa \pi^2 a_j^2} ,$$

où $\kappa > 0$ et

$$a_j = \begin{cases} j^\beta, & \text{pour } j \text{ pair,} \\ (j-1)^\beta, & \text{pour } j \text{ impair.} \end{cases}$$

La classe d'estimateurs linéaires donnant une approximation des splines peut être définie comme

$$\Lambda_{spline} = \left\{ \lambda \mid \lambda_j = \frac{1}{1 + wa_j^2} I\{j \le N_{\max}\}, \ w \in W, \beta \in B \right\}$$

avec des ensembles appropriés $W \subseteq]0, +\infty[$ et $B \subseteq]0, +\infty[$, l'entier $N_{\max}$ étant défini par (3.66). L'estimateur du type spline adaptatif $\tilde{\theta}$ est basé sur les poids $\tilde{\lambda}(\Lambda_{spline})$ fournissant un minimum de $\mathcal{J}(\lambda)$ sur Λ_{spline}. Une définition similaire peut être donnée pour la classe

$$\Lambda'_{spline} = \left\{ \lambda \mid \lambda_j = \frac{1}{1 + wj^{2\beta}} I\{j \le N_{\max}\}, \ w \in W, \beta \in B \right\}.$$

Exemple 3.4 *Estimateurs du type Pinsker.*

Considérons la classe de poids

$$\Lambda_{Pinsk} = \{\lambda \mid \lambda_j = (1 - wa_j)_+ I\{j \le N_{\max}\}, \ w \in W, \beta \in B\}$$

où $W \subseteq]0, +\infty[$ et $B \subseteq]0, +\infty[$ sont des ensembles donnés et les a_j sont comme dans l'Exemple 3.3. Une classe similaire est

$$\Lambda'_{Pinsk} = \{\lambda \mid \lambda_j = (1 - wj^\beta)_+ I\{j \le N_{\max}\}, \ w \in W, \beta \in B\}.$$

Les poids de Pinsker (3.3) appartiennent a Λ_{Pinsk}, pour un choix assez général d'ensembles W et B. Notons aussi que, vu la définition (3.66) de $N_{\max}$, on obtient, pour $B \subset]1/2, \infty[$ et pour un choix raisonnable de W, que $(1 - wa_j)_+ I\{j \le N_{\max}\} = (1 - wa_j)_+$.

La méthode de minimisation de l'estimateur sans biais du risque $\mathcal{J}(\lambda)$ sur cette classe de vecteurs λ donne l'estimateur $\tilde{\theta}$ adaptatif du type Pinsker.

Les classes Λ définies dans les Exemples 3.1 – 3.4 sont des classes importantes particulières. Il sera utile d'introduire aussi deux "super-classes" : celles des poids monotones et des poids constants par blocs. La classe des poids monotones mérite le nom de "super-classe" car elle contient toutes les classes des Exemples 3.1 – 3.4 (en effet, les λ_j dans les Exemples 3.1 – 3.4 sont décroissants en fonction de j), mais aussi beaucoup d'autres classes intéressantes.

Exemple 3.5 *Estimateurs à poids monotones.*

On définit la classe de poids

$$\Lambda_{mon} = \{\lambda \mid 1 \geq \lambda_1 \geq \lambda_2 \geq \ldots \lambda_{N_{\max}} \geq 0,\ \lambda_j = 0,\ j > N_{\max}\},$$

et on appelle *oracle monotone* la suite

$$\lambda^{oracle}(\Lambda_{mon}, \theta) = \arg \min_{\lambda \in \Lambda_{mon}} R(\lambda, \theta).$$

Respectivement, le choix adaptatif de poids sur Λ_{mon} est défini par

$$\tilde{\lambda} = \tilde{\lambda}(\Lambda_{mon}) = \arg \min_{\lambda \in \Lambda_{mon}} \mathcal{J}(\lambda).$$

A première vue, la solution de ce problème de minimisation semble compliquée, mais elle est réalisable (voir Beran et Dümbgen (1998) pour les références concernant des algorithmes numériques).

Exemple 3.6 *Estimateurs à poids constants par blocs.*

Considérons une partition de l'ensemble $\{1, 2, \ldots, N_{\max}\}$ en blocs B_j, $j = 1, \ldots, J$:

$$\bigcup_{j=1}^{J} B_j = \{1, 2, \ldots, N_{\max}\}, \qquad B_k \cap B_j = \emptyset,\ k \neq j.$$

On suppose aussi que $\min\{k \in B_j\} > \max\{k \in B_{j-1}\}$. La classe de poids constants par blocs est définie par

$$\Lambda^* = \left\{\lambda \ \middle| \ \lambda_k = \sum_{j=1}^{J} t_j I(k \in B_j) :\ 0 \leq t_j \leq 1,\ j = 1, \ldots, J\right\}.$$

L'importance de cette classe réside dans la possibilité d'approximer des poids assez variés par les poids constants par blocs. La minimisation de $\mathcal{J}(\lambda)$ sur Λ^* est particulèrement facile et explicite. En effet, les coordonnées du vecteur

$$\tilde{\lambda} = \arg \min_{\lambda \in \Lambda^*} \mathcal{J}(\lambda)$$

sont constantes par blocs :

$$\tilde{\lambda}_k = \sum_{j=1}^{J} \tilde{\lambda}_{(j)} I(k \in B_j),$$

où

$$\tilde{\lambda}_{(j)} = \arg \min_{t \in [0,1]} \sum_{k \in B_j} (t^2 y_k^2 - 2t(y_k^2 - \varepsilon^2)).$$

Or,

$$\arg \min_{t \in \mathbf{R}} (t^2 \sum_{k \in B_j} y_k^2 - 2t \sum_{k \in B_j} (y_k^2 - \varepsilon^2)) = 1 - \frac{\varepsilon^2 T_j}{\|y\|_{(j)}^2} , \qquad (3.71)$$

où

$$\|y\|_{(j)}^2 \overset{\triangle}{=} \sum_{k \in B_j} y_k^2, \qquad T_j \overset{\triangle}{=} \operatorname{Card} B_j.$$

La projection de (3.71) sur $[0,1]$ donne

$$\tilde{\lambda}_{(j)} = \left(1 - \frac{\varepsilon^2 T_j}{\|y\|_{(j)}^2}\right)_+ , \quad j = 1, \dots, J.$$

Donc, l'estimateur adaptatif obtenu par la minimisation de $\mathcal{J}(\lambda)$ sur Λ^* est de la forme

$$\tilde{\theta}_k = \begin{cases} \tilde{\lambda}_{(j)} y_k, & k \in B_j, \ j = 1, \dots, J, \\ 0, & k > N_{\max}. \end{cases} \qquad (3.72)$$

CONCLUSION : la minimisation de $\mathcal{J}(\lambda)$ sur Λ^* donne les estimateurs de Stein à poids positif bloc par bloc.

Définition 3.5 *L'estimateur* $\tilde{\theta} = (\tilde{\theta}_1, \tilde{\theta}_2, \dots)$, *où* $\tilde{\theta}_k$ *est défini dans (3.72), est appelé* **estimateur de Stein par blocs**.

Remarque.

D'après les résultats du § 3.4, la contraction de Stein présente un intérêt seulement si $d \geq 3$. Donc, pour les blocs de taille $T_j \leq 2$ on peut remplacer $\tilde{\lambda}_{(j)}$ par 1 dans (3.72).

3.6 Inégalités d'oracle

L'objectif de ce paragraphe est d'établir quelques inégalités pour le risque de l'estimateur de Stein par blocs.

Soit $\tilde{\theta}$ l'estimateur de Stein par blocs. Définissons les vecteurs $\theta_{(j)}, \tilde{\theta}_{(j)} \in \mathbf{R}^{T_j}$:

$$\theta_{(j)} = (\theta_k, \ k \in B_j), \qquad \tilde{\theta}_{(j)} = (\tilde{\theta}_k, \ k \in B_j).$$

D'après la première inégalité d'oracle (3.68),

$$\mathbf{E}_\theta \|\tilde{\theta}_{(j)} - \theta_{(j)}\|_{(j)}^2 \leq \min_{t_j} \sum_{k \in B_j} [(1 - t_j)^2 \theta_k^2 + \varepsilon^2 t_j^2] + 4\varepsilon^2, \quad j = 1, \dots, J.$$

Par conséquent,

$$\mathbf{E}_\theta \|\tilde{\theta} - \theta\|^2 = \sum_{j=1}^J \mathbf{E}_\theta \|\tilde{\theta}_{(j)} - \theta_{(j)}\|_{(j)}^2 + \sum_{k > N_{\max}} \theta_k^2$$

$$\leq \sum_{j=1}^J \min_{t_j} \sum_{k \in B_j} [(1 - t_j)^2 \theta_k^2 + \varepsilon^2 t_j^2] + \sum_{k > N_{\max}} \theta_k^2 + 4J\varepsilon^2$$

$$= \min_{\lambda \in \Lambda^*} R(\lambda, \theta) + 4J\varepsilon^2.$$

On a donc démontré le résultat suivant.

Théorème 3.4 *Soit $\tilde{\theta}$ l'estimateur de Stein par blocs. Alors, pour tout $\theta \in \ell^2(\mathbf{N})$,*

$$\mathbf{E}_\theta \|\tilde{\theta} - \theta\|^2 \leq \min_{\lambda \in \Lambda^*} R(\lambda, \theta) + 4J\varepsilon^2. \tag{3.73}$$

Dans la suite, on appelle (3.73) *deuxième inégalité d'oracle*. Comme la première, cette inégalité est non-asymptotique, i.e. valable pour tout ε. Elle signifie que, modulo le terme résiduel $4J\varepsilon^2$ qui ne dépend pas de θ, l'estimateur de Stein par blocs $\tilde{\theta}$ imite *l'oracle constant par blocs*

$$\lambda^{oracle}(\Lambda^*, \theta) = \arg \min_{\lambda \in \Lambda^*} R(\lambda, \theta).$$

Montrons maintenant que l'oracle constant par blocs est presque aussi bon que l'oracle monotone. Une hypothèse sur le système de blocs sera nécessaire.

Hypothèse (C)
Il existe $\eta > 0$ tel que

$$\max_{1 \leq j \leq J-1} \frac{T_{j+1}}{T_j} \leq 1 + \eta.$$

Lemme 3.10 *Si l'Hypothèse (C) est vérifiée, on a, pour tout $\theta \in \ell^2(\mathbf{N})$,*

$$\min_{\lambda \in \Lambda^*} R(\lambda, \theta) \leq (1 + \eta) \min_{\lambda \in \Lambda_{mon}} R(\lambda, \theta) + \varepsilon^2 T_1.$$

DÉMONSTRATION. Il suffit de montrer que, pour toute suite $\lambda \in \Lambda_{mon}$, il existe une suite $\bar{\lambda} \in \Lambda^*$ telle que

$$R(\bar{\lambda}, \theta) \leq (1 + \eta)R(\lambda, \theta) + \varepsilon^2 T_1, \qquad \forall \theta \in \ell^2(\mathbf{N}). \tag{3.74}$$

On va montrer que l'inégalité (3.74) est vérifiée pour la suite $\bar{\lambda} = (\bar{\lambda}_1, \bar{\lambda}_2, \ldots)$ définie par

$$\bar{\lambda}_k = \begin{cases} \bar{\lambda}_{(j)} \overset{\triangle}{=} \max_{m \in B_j} \lambda_m, & \text{pour } k \in B_j, \ j = 1, \ldots, J, \\ 0, & \text{pour } k > N_{\max}. \end{cases}$$

Évidemment, $\bar{\lambda}_k \geq \lambda_k$ pour $k = 1, 2, \ldots$. Alors,

$$R(\bar{\lambda}, \theta) = \sum_{k=1}^{\infty} [(1 - \bar{\lambda}_k)^2 \theta_k^2 + \varepsilon^2 \bar{\lambda}_k^2] \leq \sum_{k=1}^{\infty} [(1 - \lambda_k)^2 \theta_k^2 + \varepsilon^2 \bar{\lambda}_k^2].$$

Puisque

$$R(\lambda, \theta) = \sum_{k=1}^{\infty} [(1 - \lambda_k)^2 \theta_k^2 + \varepsilon^2 \lambda_k^2],$$

pour compléter la démonstration, il suffit de montrer que

$$\varepsilon^2 \sum_{k=1}^{\infty} \bar{\lambda}_k^2 \leq (1 + \eta)\varepsilon^2 \sum_{k=1}^{\infty} \lambda_k^2 + \varepsilon^2 T_1. \tag{3.75}$$

Mais (3.75) découle de la chaîne d'inégalités :

$$\sum_{k=1}^{\infty} \bar{\lambda}_k^2 = \sum_{k \leq N_{\max}} \bar{\lambda}_k^2$$

$$\leq T_1 + \sum_{j=2}^{J} \sum_{k \in B_j} \bar{\lambda}_k^2 \qquad (\text{car } 0 \leq \bar{\lambda}_1 \leq 1)$$

$$= T_1 + \sum_{j=2}^{J} T_j \bar{\lambda}_{(j)}^2$$

$$\leq T_1 + (1 + \eta) \sum_{j=2}^{J} T_{j-1} \bar{\lambda}_{(j)}^2 \qquad (\text{Hypothèse (C)})$$

$$\leq T_1 + (1 + \eta) \sum_{j=2}^{J} \sum_{m \in B_{j-1}} \lambda_m^2 \qquad (\text{car } \bar{\lambda}_{(j)} \leq \lambda_m, \ \forall \ m \in B_{j-1})$$

$$= T_1 + (1 + \eta) \sum_{j=1}^{J-1} \sum_{m \in B_j} \lambda_m^2$$

$$\leq T_1 + (1 + \eta) \sum_{k=1}^{\infty} \lambda_k^2.$$

Théorème 3.5 *Supposons que les blocs vérifient l'Hypothèse (C). Alors, pour tout* $\theta \in \ell^2(\mathbf{N})$, *le risque de l'estimateur de Stein par blocs* $\tilde{\theta}$ *vérifie*

$$\mathbf{E}_\theta \|\tilde{\theta} - \theta\|^2 \leq (1 + \eta) \min_{\lambda \in \Lambda_{mon}} R(\lambda, \theta) + \varepsilon^2(T_1 + 4J). \qquad (3.76)$$

La démonstration de ce théorème est immédiate d'après le Théorème 3.4 et le Lemme 3.10.

On appelle (3.76) *troisième inégalité d'oracle*. Comme les deux premières, cette inégalité est non-asymptotique, i.e. valable pour tout ε. Elle signifie que si η est assez petit, l'estimateur de Stein par blocs $\tilde{\theta}$ imite l'oracle monotone, modulo le terme résiduel $\varepsilon^2(T_1 + 4J)$ qui ne dépend pas de θ.

La question qui se pose alors est : comment construire de bons systèmes de blocs, i.e. des systèmes $\{B_j\}$ telles que η et le terme résiduel $\varepsilon^2(T_1 + 4J)$ soient suffisamment petits ? Considérons quelques exemples.

Exemple 3.7 *Blocs dyadiques.*

Soit $T_j = 2^j$ pour $j = 1, \ldots, J - 1$. Cette hypothèse est utilisée dans le contexte de l'estimation par la méthode d'ondelettes (cf., e.g., Härdle, Kerkyacharian, Picard et Tsybakov (1998)). Alors, $\eta = 1$ dans l'Hypothèse (C) et le nombre total J de blocs $\{B_j\}$ vérifie $J \leq \log_2(2 + 1/\varepsilon^2)$, vu (3.66). L'inégalité (3.76) s'écrit donc sous la forme

$$\mathbf{E}_\theta \|\tilde{\theta} - \theta\|^2 \leq 2 \min_{\lambda \in \Lambda_{mon}} R(\lambda, \theta) + \varepsilon^2(2 + 4\log_2(2 + 1/\varepsilon^2)),$$

où $\tilde{\theta}$ est l'estimateur de Stein par blocs dyadiques (cf. Donoho et Johnstone (1995)). On constate que le terme résiduel est petit (de l'ordre de $\varepsilon^2 \log(1/\varepsilon)$), mais le risque de l'oracle dans le membre de droite est multiplié par 2. L'inégalité est donc assez grossière : elle ne garantit pas que le risque de $\tilde{\theta}$ approche celui de l'oracle, même asymptotiquement. Ceci s'explique par le fait que les longueurs T_j des blocs dyadiques croissent trop vite ; ce système de blocs n'est pas assez souple. Une meilleure performance est obtenue avec un autre système de blocs décrit dans l'exemple suivant.

Exemple 3.8 *Blocs faiblement géométriques.*

La construction est déterminée par une valeur $\rho_\varepsilon > 0$, telle que $\rho_\varepsilon \to 0$ quand $\varepsilon \to 0$. On prendra

$$\rho_\varepsilon = 1/\log(1/\varepsilon) \qquad (3.77)$$

mais il existe d'autres choix de ρ_ε qui amènent aux mêmes résultats. Les longueurs des blocs T_j sont définies par

$$T_1 = \lceil \rho_\varepsilon^{-1} \rceil = \lceil \log(1/\varepsilon) \rceil,$$
$$T_2 = \lfloor T_1(1 + \rho_\varepsilon) \rfloor,$$
$$\vdots \tag{3.78}$$
$$T_{J-1} = \lfloor T_1(1 + \rho_\varepsilon)^{J-2} \rfloor,$$
$$T_J = N_{\max} - \sum_{j=1}^{J-1} T_j,$$

où

$$J = \min\{m : T_1 + \sum_{j=2}^{m} \lfloor T_1(1 + \rho_\varepsilon)^{j-1} \rfloor \geq N_{\max}\}. \tag{3.79}$$

Notons que

$$T_J \leq \lfloor T_1(1 + \rho_\varepsilon)^{J-1} \rfloor.$$

Définition 3.6 *On appelle le système de blocs $\{B_j\}$ défini dans (3.77) – (3.79) avec $N_{\max}$ défini dans (3.66)* **système des blocs faiblement géométriques** *ou* **système BFG.** *On appelle l'estimateur de Stein par blocs correspondant* **estimateur de Stein-BFG.**

Les quantités η et J pour le système BFG sont données dans le lemme suivant.

Lemme 3.11 *Soit $\{B_j\}$ le système BFG. Alors il existe $0 < \varepsilon_0 < 1$ et $C > 0$ tels que :*
(i) $J \leq C \log^2(1/\varepsilon)$ pour tout $\varepsilon \in]0, \varepsilon_0[$,
(ii) l'Hypothèse (C) est vérifiée avec $\eta = 3\rho_\varepsilon$ pour tout $\varepsilon \in]0, \varepsilon_0[$.

DÉMONSTRATION. Supposons que ε est suffisamment petit pour que l'inégalité $\rho_\varepsilon < 1$ soit vérifiée et notons que

$$\lfloor x \rfloor \geq x - 1 \geq x(1 - \rho_\varepsilon), \qquad \forall x \geq \rho_\varepsilon^{-1}.$$

Alors,

$$\lfloor T_1(1 + \rho_\varepsilon)^{j-1} \rfloor \geq T_1(1 + \rho_\varepsilon)^{j-1}(1 - \rho_\varepsilon). \tag{3.80}$$

En utilisant (3.80), on obtient

$$T_1 + \sum_{j=2}^{J-1} \lfloor T_1(1 + \rho_\varepsilon)^{j-1} \rfloor \geq T_1\Big(1 + \sum_{j=1}^{J-2}(1 + \rho_\varepsilon)^j(1 - \rho_\varepsilon)\Big)$$
$$\geq \rho_\varepsilon^{-1}\Big(1 + \rho_\varepsilon^{-1}[(1 + \rho_\varepsilon)^{J-2} - 1](1 - \rho_\varepsilon^2)\Big).$$

Il s'ensuit, compte tenu de (3.79), que

$$\rho_\varepsilon^{-1}\Big(1 + \rho_\varepsilon^{-1}[(1 + \rho_\varepsilon)^{J-2} - 1](1 - \rho_\varepsilon^2)\Big) \leq N_{\max} \leq \varepsilon^{-2}.$$

On en déduit que pour une constante $C < \infty$ et pour ε assez petit,

$$(1 + \rho_\varepsilon)^{J-2} \leq C \rho_\varepsilon^2 / \varepsilon^2.$$

Il en découle (i). Pour démontrer (ii) on note que, vu (3.80),

$$\frac{T_{j+1}}{T_j} \leq \frac{\lfloor T_1(1+\rho_\varepsilon)^j \rfloor}{\lfloor T_1(1+\rho_\varepsilon)^{j-1} \rfloor} \leq \frac{(1+\rho_\varepsilon)^j}{(1+\rho_\varepsilon)^{j-1}(1-\rho_\varepsilon)}$$
$$= \frac{1+\rho_\varepsilon}{1-\rho_\varepsilon} \leq 1 + 3\rho_\varepsilon$$

si $\rho_\varepsilon \leq 1/3$. ∎

Corollaire 3.2 *Soit $\tilde{\theta}$ l'estimateur de Stein-BFG. Alors il existe des constantes $0 < \varepsilon_0 < 1$ et $C < \infty$ tels que*

$$\mathbf{E}_\theta \|\tilde{\theta} - \theta\|^2 \leq (1 + 3\rho_\varepsilon) \min_{\lambda \in \Lambda_{mon}} R(\lambda, \theta) + C\varepsilon^2 \log^2(1/\varepsilon) \tag{3.81}$$

pour tout $\theta \in \ell^2(\mathbf{N})$ et tout $0 < \varepsilon < \varepsilon_0$.

La démonstration est immédiate d'après le Théorème 3.5 et le Lemme 3.11.

Comme $\rho_\varepsilon = o(1)$, l'inégalité d'oracle (3.81) est asymptotiquement exacte. Plus précisément, elle entraîne le résultat asymptotique suivant.

Corollaire 3.3 *Soit $\tilde{\theta}$ l'estimateur de Stein-BFG et soit une suite $\theta \in \ell^2(\mathbf{N})$ telle que*

$$\frac{\min_{\lambda \in \Lambda} R(\lambda, \theta)}{\varepsilon^2 \log^2(1/\varepsilon)} \to \infty \quad quand \ \varepsilon \to 0,$$

pour une classe $\Lambda \subseteq \Lambda_{mon}$. Alors

$$\mathbf{E}_\theta \|\tilde{\theta} - \theta\|^2 \leq (1 + o(1)) \min_{\lambda \in \Lambda} R(\lambda, \theta) \quad quand \ \varepsilon \to 0. \tag{3.82}$$

Remarque.

Il est évident que l'inégalité (3.81) reste vraie si l'on remplace $\min_{\lambda \in \Lambda_{mon}}$ par $\min_{\lambda \in \Lambda}$, pour une classe $\Lambda \subset \Lambda_{mon}$. Ainsi, les inégalités (3.81) et (3.82) peuvent être appliquées aux classes $\Lambda = \Lambda_{proj}, \Lambda_{spline}, \Lambda_{Pinsk}$ etc. On voit donc que l'estimateur de Stein-BFG est asymptotiquement au moins aussi bon (mais, en effet, souvent meilleur) que les oracles qui correspondent à ces classes particulières. Autrement dit, l'estimateur de Stein-BFG est adaptatif aux oracles $\lambda^{oracle}(\Lambda_{proj}, \cdot), \lambda^{oracle}(\Lambda_{spline}, \cdot), \lambda^{oracle}(\Lambda_{Pinsk}, \cdot)$ au sens exact.

3.7 Adaptation au sens minimax

Supposons que θ appartient à l'ellipsoïde $\Theta = \Theta(\beta, Q)$ avec $\beta > 0$, $Q > 0$ et que l'on estime θ dans le modèle de suite gaussienne (3.9). Dans ce contexte, la Définition 2.2 de l'estimateur asymptotiquement efficace est concrétisée de la façon suivante.

Définition 3.7 *Un estimateur* θ_ε^* *de* θ *dans le modèle (3.9) est dit* **asymptotiquement efficace** *sur la classe* Θ *si*

$$\lim_{\varepsilon \to 0} \frac{\sup_{\theta \in \Theta} \mathbf{E}_\theta \|\theta_\varepsilon^* - \theta\|^2}{\inf_{\hat{\theta}_\varepsilon} \sup_{\theta \in \Theta} \mathbf{E}_\theta \|\hat{\theta}_\varepsilon - \theta\|^2} = 1,$$

où $\inf_{\hat{\theta}_\varepsilon}$ *désigne la borne inférieure sur l'ensemble de tous les estimateurs de* θ.

Le Corollaire 3.1 et (3.49) impliquent que l'estimateur de Pinsker simplifié $\hat{\theta}(\ell^*)$ ainsi que l'estimateur de Pinsker $\hat{\theta}(\ell)$ (où les suites de poids optimaux $\ell^* = (\ell_1^*, \ell_2^*, \ldots)$ et $\ell = (\ell_1, \ell_2, \ldots)$ sont définies dans (3.3) et (3.19) respectivement) sont asymptotiquement efficaces sur la classe $\Theta(\beta, Q)$.

Le défaut principal de ces deux estimateurs est qu'ils dépendent des paramètres β et Q qui sont inconnus dans la pratique.

Définition 3.8 *Un estimateur* θ_ε^* *de* θ *dans le modèle (3.9) est dit* **adaptatif au sens minimax exact** *sur la famille des classes* $\{\Theta(\beta, Q), \beta > 0, Q > 0\}$ *s'il est asymptotiquement efficace simultanément sur toutes les classes* $\Theta(\beta, Q)$, $\beta > 0, Q > 0$.

Évidemment, un estimateur adaptatif ne peut pas dépendre de paramètres β et Q des classes $\Theta(\beta, Q)$ individuelles.

Montrons que l'estimateur de Stein-BFG $\tilde{\theta}$ est adaptatif au sens minimax exact sur la famille des classes $\{\Theta(\beta, Q), \beta > 0, Q > 0\}$. Cette propriété de $\tilde{\theta}$ découle de l'inégalité d'oracle (3.81) et du Lemme 3.2. En effet, en prenant la borne supérieure de deux côtés de (3.81) par rapport à $\theta \in \Theta(\beta, Q)$, on obtient

$$\sup_{\theta \in \Theta(\beta, Q)} \mathbf{E}_\theta \|\tilde{\theta} - \theta\|^2 \le (1 + 3\rho_\varepsilon) \sup_{\theta \in \Theta(\beta, Q)} \min_{\lambda \in \Lambda_{mon}} R(\lambda, \theta) \qquad (3.83)$$
$$+ C\varepsilon^2 \log^2(1/\varepsilon).$$

Or, la suite ℓ fournissant le minimax linéaire (voir le Lemme 3.2) appartient à Λ_{mon} pour ε assez petit. En effet, les coefficients $\ell_j = (1 - \kappa a_j)_+$ dans (3.19) sont décroissants en j et $\ell_j = 0$ si $j > c\varepsilon^{-\frac{2}{2\beta+1}}$, pour une constante $c > 0$. Par conséquent, $\ell_j = 0$ si $j > N_{max}$, pour ε assez petit, car $N_{max} \sim 1/\varepsilon^2$, d'après (3.66). Il s'ensuit que, pour ε assez petit, $\min_{\lambda \in \Lambda_{mon}} R(\lambda, \theta) \le R(\ell, \theta)$ pour tout $\theta \in \Theta(\beta, Q)$. En portant cette inégalité dans (3.83), on obtient

$$\sup_{\theta \in \Theta(\beta,Q)} \mathbf{E}_\theta \|\tilde\theta - \theta\|^2 \leq (1 + 3\rho_\varepsilon) \sup_{\theta \in \Theta(\beta,Q)} R(\ell,\theta) + C\varepsilon^2 \log^2(1/\varepsilon)$$

$$= (1 + 3\rho_\varepsilon)\mathcal{D}^* + C\varepsilon^2 \log^2(1/\varepsilon) \quad \text{(vu le Lemme 3.2)}$$

$$= (1 + 3\rho_\varepsilon)C^* \varepsilon^{\frac{4\beta}{2\beta+1}}(1 + o(1))$$
$$+ C\varepsilon^2 \log^2(1/\varepsilon) \qquad \text{(vu (3.26))}$$

$$= C^* \varepsilon^{\frac{4\beta}{2\beta+1}}(1 + o(1)), \quad \varepsilon \to 0.$$

Nous avons donc démontré le résultat suivant.

Théorème 3.6 *L'estimateur de Stein-BFG $\tilde\theta$ est adaptatif au sens minimax exact sur la famille des ellipsoïdes de Sobolev $\{\Theta(\beta,Q), \beta > 0, Q > 0\}$.*

Ce théorème est le résultat principal sur l'adaptation dans la famille des classes $\Theta(\beta,Q)$. Il montre que l'estimateur de Stein-BFG $\tilde\theta$ est beaucoup plus attractif que les estimateurs de Pinsker $\hat\theta(\ell^*)$ et $\hat\theta(\ell)$: $\tilde\theta$ possède une propriété d'efficacité plus forte et sa construction ne dépend pas de β et Q. On voit aussi qu'il n'y a pas de prix à payer pour l'adaptation : le passage à l'estimateur indépendant de β et Q est possible sans augmentation du risque asymptotique. Finalement, notons que l'estimateur de Stein-BFG n'est pas le seul estimateur adaptatif au sens de la Définition 3.8 sur la famille des classes $\{\Theta(\beta,Q), \beta > 0, Q > 0\}$. Il existe plusieurs autres estimateurs jouissant de cette même propriété (cf. Efroimovich et Pinsker (1984), Golubev (1987), Golubev et Nussbaum (1992), Nemirovski (2000), Cavalier et Tsybakov (2001)). Il existe également des estimateurs possédant une propriété d'adaptation moins forte qui ne se manifeste qu'en termes de vitesses de convergence. Cette propriété est décrite par la définition suivante.

Définition 3.9 *Un estimateur θ_ε^* de θ dans le modèle (3.9) est dit **adaptatif au sens minimax** sur la famille des classes $\{\Theta(\beta,Q), \beta > 0, Q > 0\}$ s'il vérifie*

$$\sup_{\theta \in \Theta(\beta,Q)} \mathbf{E}_\theta \|\theta_\varepsilon^* - \theta\|^2 \leq C(\beta,Q)\psi_\varepsilon^2, \quad \forall\, \beta > 0, Q > 0, 0 < \varepsilon < 1,$$

où $\psi_\varepsilon = \varepsilon^{\frac{2\beta}{2\beta+1}}$ et $C(\beta,Q)$ est une constante finie qui ne dépend que de β et Q.

Par exemple, on peut montrer que l'estimateur de Mallows – Akaike avec les poids $\tilde\lambda_j$ définis par (3.69) – (3.70) est adaptatif au sens minimax sur la famille des classes $\{\Theta(\beta,Q), \beta > 0, Q > 0\}$, mais qu'il n'est pas adaptatif au sens minimax exact.

3.8 Inadmissibilité de l'estimateur de Pinsker

Montrons maintenant une autre conséquence de l'inégalité d'oracle (3.81), notamment que l'estimateur adaptatif $\tilde\theta$ est uniformément meilleur que l'estimateur de Pinsker sur tout ellipsoïde qui est strictement inclu dans $\Theta(\beta, Q)$, de sorte que l'estimateur de Pinsker est inadmissible. La propriété d'admissibilité est ici donnée par la Définition 3.2 avec les modifications suivantes : $\Theta \subseteq \ell^2(\mathbf{N})$ et $\|\cdot\|$ désigne la norme de $\ell^2(\mathbf{N})$.

Proposition 3.2 *Soit $\hat{\theta}(\ell)$ l'estimateur de Pinsker pour l'ellipsoïde $\Theta(\beta, Q)$ avec $\beta > 0, Q > 0$. Alors, pour tout $0 < Q' < Q$ il existe $\varepsilon_1 \in\ ]0, 1[$ tel que l'estimateur de Stein-BFG $\tilde{\theta}$ vérifie*

$$\mathbf{E}_\theta \|\tilde{\theta} - \theta\|^2 < \mathbf{E}_\theta \|\hat{\theta}(\ell) - \theta\|^2, \tag{3.84}$$

dès que $\theta \in \Theta(\beta, Q')$ et $\varepsilon \in\ ]0, \varepsilon_1[$. Par conséquent, $\hat{\theta}(\ell)$ est inadmissible sur $\Theta(\beta, Q')$ pour tout $\varepsilon \in\ ]0, \varepsilon_1[$.

DÉMONSTRATION. Soit $\ell' = (\ell'_1, \ell'_2, \ldots)$ la suite de poids analogue à ℓ^* pour l'ellipsoïde $\Theta(\beta, Q')$:

$$\ell'_j = (1 - \kappa' a_j)_+ \quad \text{avec} \quad \kappa' = \left(\frac{\beta}{(2\beta + 1)(\beta + 1)Q'} \right)^{\frac{\beta}{2\beta+1}} \varepsilon^{\frac{2\beta}{2\beta+1}}.$$

Notons que $\ell' \in \Lambda_{mon}$ pour ε assez petit.

D'après (3.81), pour tout $\theta \in \ell^2(\mathbf{N})$ et $0 < \varepsilon < \varepsilon_0$,

$$\begin{aligned}
\mathbf{E}_\theta \|\tilde{\theta} - \theta\|^2 &\leq (1 + 3\rho_\varepsilon) R(\ell', \theta) + C\varepsilon^2 \log^2(1/\varepsilon) \tag{3.85}\\
&= R(\ell, \theta) + 3\rho_\varepsilon R(\ell', \theta) + [R(\ell', \theta) - R(\ell, \theta)]\\
&\quad + C\varepsilon^2 \log^2(1/\varepsilon),
\end{aligned}$$

où ℓ est la suite des poids de Pinsker pour $\Theta(\beta, Q)$ définie dans (3.19). D'après (3.23), $\mathcal{D}^* = \varepsilon^2 \sum_{j=1}^\infty \ell_j^2 + Q\kappa^2$, ce qui implique, vu (3.25) et (3.26),

$$Q\kappa^2 = \frac{\mathcal{D}^*}{2\beta + 1}(1 + o(1)), \qquad \varepsilon^2 \sum_{j=1}^\infty \ell_j^2 = \frac{2\beta\mathcal{D}^*}{2\beta + 1}(1 + o(1)), \tag{3.86}$$

quand $\varepsilon \to 0$.

Notons que $\ell'_j \leq \ell_j$ pour tout j. De la même manière que dans (3.23) on obtient, pour tout $\theta \in \Theta(\beta, Q')$,

$$\begin{aligned}
\sum_{j=1}^\infty [(1 - \ell'_j)^2 - (1 - \ell_j)^2]\theta_j^2 &\leq Q' \sup_{j:a_j>0} \left([(1 - \ell'_j)^2 - (1 - \ell_j)^2]a_j^{-2} \right)\\
&\leq Q'[(\kappa')^2 - \kappa^2].
\end{aligned}$$

Cette inégalité et (3.25), (3.26), (3.86) impliquent que, pour tout $\theta \in \Theta(\beta, Q')$,

$$R(\ell', \theta) - R(\ell, \theta) = \sum_{j=1}^\infty [(1 - \ell'_j)^2 - (1 - \ell_j)^2]\theta_j^2 \tag{3.87}$$

$$+ \; \varepsilon^2 \sum_{j=1}^{\infty} [(\ell_j')^2 - \ell_j^2]$$

$$\leq \left[\varepsilon^2 \sum_{j=1}^{\infty} (\ell_j')^2 + Q(\kappa')^2 \right] - \varepsilon^2 \sum_{j=1}^{\infty} \ell_j^2 - Q'\kappa^2$$

$$= \mathcal{D}' - \frac{2\beta \mathcal{D}^*}{2\beta + 1}(1 + o(1))$$

$$- Q'\left(\frac{\beta}{(2\beta + 1)(\beta + 1)Q} \right)^{\frac{2\beta}{2\beta+1}} \varepsilon^{\frac{4\beta}{2\beta+1}}(1 + o(1)),$$

où

$$\mathcal{D}' = \varepsilon^2 \sum_{j=1}^{\infty} (\ell_j')^2 + Q(\kappa')^2 \qquad (3.88)$$

$$= [Q'(2\beta + 1)]^{\frac{1}{2\beta+1}} \left(\frac{\beta}{\beta + 1} \right)^{\frac{2\beta}{2\beta+1}} \varepsilon^{\frac{4\beta}{2\beta+1}}(1 + o(1)).$$

Vu (3.87) et (3.88), pour tout $\theta \in \Theta(\beta, Q')$ et tout ε assez petit,

$$R(\ell', \theta) - R(\ell, \theta)$$

$$\leq A Q^{\frac{1}{2\beta+1}} \left(\frac{\beta}{(2\beta + 1)(\beta + 1)} \right)^{\frac{2\beta}{2\beta+1}} \varepsilon^{\frac{4\beta}{2\beta+1}}(1 + o(1))$$

$$\leq -c_1 \varepsilon^{\frac{4\beta}{2\beta+1}}, \qquad (3.89)$$

où

$$A = (2\beta + 1)\left(\frac{Q'}{Q} \right)^{\frac{1}{2\beta+1}} - 2\beta - \frac{Q'}{Q},$$

$c_1 > 0$ est une constante ne dépendant que de β, Q et Q', et on a utilisé le fait que $(2\beta + 1)x^{\frac{1}{2\beta+1}} < 2\beta + x$ pour $0 \leq x < 1$. Par ailleurs, en vertu du Lemme 3.2, de (3.25) et de (3.26),

$$R(\ell', \theta) \leq \sup_{\theta \in \Theta(\beta, Q')} R(\ell', \theta) = \mathcal{D}'(1 + o(1)) \leq c_2 \varepsilon^{\frac{4\beta}{2\beta+1}} \qquad (3.90)$$

pour une constante $c_2 > 0$ ne dépendant que de Q' et β. En reportant (3.89) et (3.90) dans (3.85) on obtient

$$\mathbf{E}_\theta \|\tilde\theta - \theta\|^2 \leq R(\ell, \theta) + (3c_2\rho_\varepsilon - c_1)\varepsilon^{\frac{4\beta}{2\beta+1}} + C\varepsilon^2 \log^2(1/\varepsilon),$$

pour tout $\theta \in \Theta(\beta, Q')$ et tout ε assez petit. Pour conclure, il ne reste qu'à remarquer que $(3c_2\rho_\varepsilon - c_1)\varepsilon^{\frac{4\beta}{2\beta+1}} + C\varepsilon^2 \log^2(1/\varepsilon) < 0$ pour tout ε assez petit.

∎

On ne sait pas si l'on peut étendre l'inégalité (3.84) à la frontière de $\Theta(\beta, Q)$ et, par conséquent, si $\hat{\theta}(\ell)$ est inadmissible sur tout l'ensemble $\Theta(\beta, Q)$. On a cependant le résultat asymptotique suivant :

$$\limsup_{\varepsilon \to 0} \sup_{\theta \in \Theta(\beta, Q)} \frac{\mathbf{E}_\theta \|\tilde{\theta} - \theta\|^2}{\mathbf{E}_\theta \|\hat{\theta}(\ell) - \theta\|^2} \leq 1, \quad \forall\, \beta > 0, Q > 0. \qquad (3.91)$$

En effet, en utilisant (3.86) on obtient, pour tout $\theta \in \ell^2(\mathbf{N})$,

$$\mathbf{E}_\theta \|\hat{\theta}(\ell) - \theta\|^2 = \sum_{j=1}^\infty (1 - \ell_j)^2 \theta_j^2 + \varepsilon^2 \sum_{j=1}^\infty \ell_j^2 \geq \varepsilon^2 \sum_{j=1}^\infty \ell_j^2 \qquad (3.92)$$

$$= \frac{2\beta \mathcal{D}^*}{2\beta + 1}(1 + o(1)) \geq c_3 \varepsilon^{\frac{4\beta}{2\beta+1}},$$

pour ε assez petit, où $c_3 > 0$ est une constante ne dépendant que de β et Q. Par ailleurs, (3.81) implique

$$\mathbf{E}_\theta \|\tilde{\theta} - \theta\|^2 \leq (1 + 3\rho_\varepsilon)\mathbf{E}_\theta \|\hat{\theta}(\ell) - \theta\|^2 + C\varepsilon^2 \log^2(1/\varepsilon). \qquad (3.93)$$

L'inégalité (3.91) dérive directement de (3.92) et (3.93). Notons que (3.92) et (3.93) sont valables pour tout θ fixé dans $\ell^2(\mathbf{N})$, ce qui implique en fait l'inégalité plus forte que (3.91) :

$$\limsup_{\varepsilon \to 0} \sup_{\theta \in \ell^2(\mathbf{N})} \frac{\mathbf{E}_\theta \|\tilde{\theta} - \theta\|^2}{\mathbf{E}_\theta \|\hat{\theta}(\ell) - \theta\|^2} \leq 1. \qquad (3.94)$$

On peut aussi démontrer le résultat non-uniforme suivant.

Proposition 3.3 *Soit $\hat{\theta}(\ell)$ l'estimateur de Pinsker pour l'ellipsoïde $\Theta(\beta, Q)$ où $\beta > 0, Q > 0$. Alors, pour tout $\theta \in \Theta(\beta, Q)$ l'estimateur de Stein-BFG $\tilde{\theta}$ vérifie*

$$\lim_{\varepsilon \to 0} \frac{\mathbf{E}_\theta \|\tilde{\theta} - \theta\|^2}{\mathbf{E}_\theta \|\hat{\theta}(\ell) - \theta\|^2} = 0 \qquad (3.95)$$

et

$$\lim_{\varepsilon \to 0} \varepsilon^{-\frac{4\beta}{2\beta+1}} \mathbf{E}_\theta \|\tilde{\theta} - \theta\|^2 = 0. \qquad (3.96)$$

DÉMONSTRATION. Comme $\Lambda_{proj} \subset \Lambda_{mon}$, on obtient, en vertu de l'inégalité (3.81),

$$\mathbf{E}_\theta \|\tilde{\theta} - \theta\|^2 \leq (1 + 3\rho_\varepsilon) \min_{\lambda \in \Lambda_{proj}} R(\lambda, \theta) + C\varepsilon^2 \log^2(1/\varepsilon)$$

$$= (1 + 3\rho_\varepsilon) \min_{N \leq N_{max}} \Big(\sum_{i=N+1}^\infty \theta_i^2 + \varepsilon^2 N \Big) + C\varepsilon^2 \log^2(1/\varepsilon).$$

Posons $N_\varepsilon = \lceil \delta \varepsilon^{-\frac{2}{2\beta+1}} \rceil \geq \delta \varepsilon^{-\frac{2}{2\beta+1}}$ avec $\delta > 0$. Pour ε assez petit, $N_\varepsilon < N_{\max}$, vu (3.66). On obtient alors :

$$\min_{N \leq N_{\max}} \Big(\sum_{i=N+1}^{\infty} \theta_i^2 + \varepsilon^2 N \Big) \leq \sum_{i=N_\varepsilon}^{\infty} \theta_i^2 + \varepsilon^2 N_\varepsilon$$

$$\leq N_\varepsilon^{-2\beta} \sum_{i=N_\varepsilon}^{\infty} i^{2\beta} \theta_i^2 + \varepsilon^2 N_\varepsilon$$

$$\leq \delta^{-2\beta} \varepsilon^{\frac{4\beta}{2\beta+1}} \alpha_\varepsilon + \varepsilon^2 (\delta \varepsilon^{-\frac{2}{2\beta+1}} + 1),$$

où $\alpha_\varepsilon = \sum_{i=N_\varepsilon}^{\infty} i^{2\beta} \theta_i^2 = o(1)$ lorsque $\varepsilon \to 0$, pour tout $\theta \in \Theta(\beta, Q)$. Il s'ensuit que

$$\mathbf{E}_\theta \|\tilde\theta - \theta\|^2 \varepsilon^{-\frac{4\beta}{2\beta+1}} \leq \delta^{-2\beta} \alpha_\varepsilon + \delta(1 + o(1)).$$

En passant à la limite quand $\varepsilon \to 0$, on obtient

$$\limsup_{\varepsilon \to 0} \mathbf{E}_\theta \|\tilde\theta - \theta\|^2 \varepsilon^{-\frac{4\beta}{2\beta+1}} \leq \delta. \tag{3.97}$$

Comme $\delta > 0$ est arbitraire, on obtient (3.96). Finalement, (3.95) découle de (3.92) et (3.97). ∎

Remarques.

(1) A première vue, le résultat de la Proposition 3.3 semble surprenant : on peut améliorer l'estimateur de Pinsker en tous les points de l'ellipsoïde sur lequel cet estimateur est minimax. De plus, l'amélioration porte sur l'ordre de la vitesse de convergence. Cependant, il semblerait naturel, qu'au moins dans le cas le plus défavorable (i.e. quand θ est sur la frontière de l'ellipsoïde), l'estimateur de Pinsker ne puisse pas être amélioré. L'explication de ce paradoxe est simple : bien que la suite θ la plus défavorable appartienne à la frontière de l'ellipsoïde, elle dépend de ε (en effet, c'est la suite $\theta(\varepsilon) = \{v_j\}$, avec les v_j définis dans (3.24)), tandis que dans la Proposition 3.3 il s'agit d'une suite $\theta \in \ell^2(\mathbf{N})$ *fixée et indépendante de* ε. La vitesse de convergence vers 0 dans (3.95) et (3.96) n'est pas uniforme en θ : elle devient de plus en plus lente quand θ s'approche de la frontière de l'ellipsoïde $\Theta(\beta, Q)$.

(2) On peut renforcer le résultat (i) de la Proposition 3.3 de la manière suivante :

$$\lim_{\varepsilon \to 0} \frac{\mathbf{E}_\theta \|\tilde\theta - \theta'\|^2}{\inf_{\theta \in \ell^2(\mathbf{N})} \mathbf{E}_\theta \|\hat\theta(\ell) - \theta\|^2} = 0, \qquad \forall\, \theta' \in \Theta(\beta, Q). \tag{3.98}$$

En effet, il est facile de voir que l'on peut insérer le $\inf_{\theta \in \ell^2(\mathbf{N})}$ devant le signe d'espérance dans (3.92).

S'inspirant du cas fini-dimensionnel étudié au § 3.4, on peut suggérer une définition de superefficacité des estimateurs non-paramétriques dans le modèle de suite gaussienne (cf. Brown, Low et Zhao (1997)). On modifiera la Définition 3.3 de la superefficacité de façon suivante : au lieu de la quantité $d\varepsilon^2$ représentant le risque minimax dans le Modèle 1, p. 132 (modèle gaussien de dimension d), on introduira maintenant $C^*\varepsilon^{\frac{4\beta}{2\beta+1}}$, la valeur asymptotique du risque minimax sur l'ellipsoïde $\Theta(\beta, Q)$:

Définition 3.10 *On dit qu'un estimateur θ_ε^* est* **superefficace** *au point $\theta \in \Theta(\beta, Q)$ si*

$$\limsup_{\varepsilon \to 0} \frac{\mathbf{E}_\theta \|\theta_\varepsilon^* - \theta\|^2}{C^*\varepsilon^{\frac{4\beta}{2\beta+1}}} < 1,$$

où C^* est la constante de Pinsker.

Nous obtenons donc immédiatement le corollaire suivant de la Proposition 3.3.

Corollaire 3.4 *L'estimateur de Stein-BFG $\tilde{\theta}$ est superefficace en chaque point de $\Theta(\beta, Q)$ pour tout $\beta > 0$, $Q > 0$.*

La différence entre ce résultat et son analogue fini-dimensionnel donné au § 3.4 (cf. la Proposition 3.1) est spectaculaire. L'estimateur de Pinsker est un estimateur asymptotiquement efficace qui joue un rôle analogue à celui de l'estimateur asymptotiquement efficace y dans le Modèle 1 du § 3.4. A son tour, l'estimateur de Stein-BFG est un analogue de l'estimateur de Stein fini-dimensionnel du § 3.4. Si dans le cas fini-dimensionnel la superefficacité n'est possible que sur un ensemble de mesure de Lebesgue nulle (voir la remarque à la fin du § 3.4), dans la situation non-paramétrique il existe des estimateurs qui sont superefficaces partout.

Exercice 3.3 *On se place dans le cadre de l'Exercice 3.2.*

(1) Montrer que l'estimateur de Stein

$$\hat{\theta}_S = \left(1 - \frac{d}{\|y\|^2}\right) y$$

ainsi que l'estimateur de Stein à poids positif

$$\hat{\theta}_{S+} = \left(1 - \frac{d}{\|y\|^2}\right)_+ y$$

sont adaptatifs au sens minimax exact sur la famille des classes $\{\Theta(Q), Q > 0\}$ i.e., pour tout $Q > 0$,

$$\limsup_{d \to \infty} \sup_{\theta \in \Theta(Q)} \mathbf{E}_\theta \left(\frac{1}{d}\|\hat{\theta} - \theta\|^2\right) \le \frac{Q}{Q+1}$$

avec $\hat{\theta} = \hat{\theta}_S$ ou $\hat{\theta} = \hat{\theta}_{S+}$. (Ici il s'agit de l'adaptation au rayon inconnu Q de la boule $\Theta(Q)$.) Indication : utiliser le Lemme 3.9.

(2) Montrer que l'estimateur de Pinsker (i.e. l'estimateur minimax linéaire sur $\Theta(Q)$) est superefficace pour tout θ appartenant à l'intérieur de $\Theta(Q)$ et qu'il est inadmissible sur tout $\Theta(Q')$ tel que $0 < Q' < Q$.

Annexe

Cette Annexe contient les démonstrations de quelques résultats auxiliaires utilisés dans les Chapitres 1 à 3. Pour faciliter la lecture, nous reproduisons également ici les énoncés des résultats.

Lemme A.1 (Inégalité de Minkowski généralisée.) *Pour toute fonction borélienne g sur $\mathbf{R} \times \mathbf{R}$ on a*

$$\int \left(\int g(u,x)du \right)^2 dx \leq \left(\int \left(\int g^2(u,x)dx \right)^{1/2} du \right)^2.$$

DÉMONSTRATION. Il suffit de supposer que

$$\int \left(\int g^2(u,x)dx \right)^{1/2} du \overset{\triangle}{=} C_g < \infty,$$

car, dans le cas contraire, le résultat du lemme est trivial. Posons

$$S(x) = \int |g(u,x)|du.$$

Pour tout $f \in L_2(\mathbf{R})$,

$$\left| \int S(x)f(x)dx \right| \leq \int |f(x)| \int |g(u,x)|du \, dx$$

$$= \int du \int |f(x)||g(u,x)|dx \quad \text{(Tonelli – Fubini)}$$

$$\leq \|f\|_2 \int \left(\int g^2(u,x)dx \right)^{1/2} du \quad \text{(Cauchy – Schwarz)}$$

$$= C_g\|f\|_2$$

avec $\|f\|_2 = (\int f^2(x)dx)^{1/2}$. On en déduit que la fonctionnelle linéaire $f \mapsto \int S(x)f(x)dx$ est continue sur $L_2(\mathbf{R})$. Par conséquent, $S \in L_2(\mathbf{R})$ et

$$\|S\|_2 = \sup_{f \neq 0} \frac{\int Sf}{\|f\|_2} \leq C_g,$$

d'où découle le lemme.   ∎

Lemme A.2 *Si* $f \in L_2(\mathbf{R})$, *alors*

$$\lim_{\delta \to 0} \sup_{|t| \leq \delta} \int (f(x+t) - f(x))^2 dx = 0.$$

DÉMONSTRATION. Notons Φ la transformée de Fourier de f. Alors, pour $t \in \mathbf{R}$, la transformée de Fourier de $f(\cdot + t)$ est la fonction $\omega \mapsto \Phi(\omega)e^{\mathrm{i}t\omega}$. D'après le théorème de Plancherel, pour tout $t \in \mathbf{R}$,

$$\int (f(x+t) - f(x))^2 dx = \int |\Phi(\omega)|^2 |e^{\mathrm{i}t\omega} - 1|^2 d\omega$$

$$= 4 \int |\Phi(\omega)|^2 \sin^2(\omega t/2) d\omega.$$

Soit $0 < \delta < \pi^2$ et $|t| \leq \delta$, alors $\sin^2(\omega t/2) \leq \sin^2(\sqrt{\delta}/2)$, dès que $|\omega| \leq t^{-1/2}$, et on obtient

$$\int (f(x+t) - f(x))^2 dx \leq 4 \left[\int_{|\omega| \leq t^{-1/2}} |\Phi(\omega)|^2 \sin^2(\omega t/2) d\omega \right.$$

$$\left. + \int_{|\omega| > t^{-1/2}} |\Phi(\omega)|^2 d\omega \right]$$

$$\leq 4 \left[\sin^2(\sqrt{\delta}/2) \int |\Phi(\omega)|^2 d\omega \right.$$

$$\left. + \int_{|\omega| > \delta^{-1/2}} |\Phi(\omega)|^2 d\omega \right]$$

$$= o(1) \qquad \text{quand } \delta \to 0,$$

car $\Phi \in L_2(\mathbf{R})$.   ∎

Lemme A.3 *Soit* β *un entier*, $\beta \geq 1$, $L > 0$, *et* $\{\varphi_j\}_{j=1}^{\infty}$ *la base trigonométrique. Alors la fonction* $f = \sum_{j=1}^{\infty} \theta_j \varphi_j$ *appartient à* $W^{per}(\beta, L)$ *si et seulement si le vecteur* θ *de ses coefficients de Fourier appartient à l'ellipsoïde de* $\ell^2(\mathbf{N})$ *défini par*

$$\Theta(\beta, Q) = \left\{ \theta \in \ell^2(\mathbf{N}) : \sum_{j=1}^{\infty} a_j^2 \theta_j^2 \leq Q \right\},$$

où $Q = L^2/\pi^{2\beta}$ *et* a_j *est donné par (1.81)*.

DÉMONSTRATION.

1. Montrons d'abord que si $f \in W^{per}(\beta, L)$, alors $\theta \in \Theta(\beta, Q)$. Pour $f \in W^{per}(\beta, L)$ et $j = 1, \ldots, \beta$, définissons les coefficients de Fourier de $f^{(j)}$ par rapport à la base trigonométrique :

$$s_1(j) \triangleq \int_0^1 f^{(j)}(t)dt = f^{(j-1)}(1) - f^{(j-1)}(0) = 0,$$

$$s_{2k}(j) \triangleq \sqrt{2} \int_0^1 f^{(j)}(t) \cos(2\pi kt)dt,$$

$$s_{2k+1}(j) \triangleq \sqrt{2} \int_0^1 f^{(j)}(t) \sin(2\pi kt)dt, \quad \text{pour } k = 1, 2, \ldots,$$

et posons $s_{2k}(0) \triangleq \theta_{2k}$, $s_{2k+1}(0) \triangleq \theta_{2k+1}$. A l'aide de l'intégration par parties, on obtient les relations

$$s_{2k}(\beta) = \sqrt{2} f^{(\beta-1)}(t) \cos(2\pi kt) \Big|_0^1 \tag{A.1}$$

$$+ (2\pi k)\sqrt{2} \int_0^1 f^{(\beta-1)}(t) \sin(2\pi kt)dt$$

$$= (2\pi k)\sqrt{2} \int_0^1 f^{(\beta-1)}(t) \sin(2\pi kt)dt$$

$$= (2\pi k)s_{2k+1}(\beta - 1)$$

et

$$s_{2k+1}(\beta) = -(2\pi k)\sqrt{2} \int_0^1 f^{(\beta-1)}(t) \cos(2\pi kt)dt$$

$$= -(2\pi k)s_{2k}(\beta - 1). \tag{A.2}$$

En particulier, $s_{2k}^2(\beta) + s_{2k+1}^2(\beta) = (2\pi k)^2 (s_{2k}^2(\beta - 1) + s_{2k+1}^2(\beta - 1))$. Par récurrence on obtient

$$s_{2k}^2(\beta) + s_{2k+1}^2(\beta) = (2\pi k)^{2\beta}(\theta_{2k}^2 + \theta_{2k+1}^2), \quad \text{pour } k = 1, 2, \ldots. \tag{A.3}$$

Or,

$$\sum_{k=1}^{\infty} (2\pi k)^{2\beta}(\theta_{2k}^2 + \theta_{2k+1}^2) = \pi^{2\beta} \sum_{j=1}^{\infty} a_j^2 \theta_j^2, \tag{A.4}$$

ce qui implique, d'après l'égalité de Parseval,

$$\int_0^1 (f^{(\beta)}(t))^2 dt = \sum_{k=1}^{\infty} (s_{2k}^2(\beta) + s_{2k+1}^2(\beta)) = \pi^{2\beta} \sum_{j=1}^{\infty} a_j^2 \theta_j^2.$$

Comme $\int_0^1 (f^{(\beta)}(t))^2 dt \leq L^2$, on obtient que $\theta \in \Theta(\beta, Q)$.

2. Réciproquement, supposons que $\theta \in \Theta(\beta, Q)$ et montrons que la fonction f ayant pour coefficients de Fourier la suite θ vérifie $f \in W^{per}(\beta, L)$. Notons d'abord que si $\theta \in \Theta(\beta, Q)$ on a, pour $j = 0, 1, \ldots, \beta - 1$,

$$\sum_{k=1}^{\infty} k^j (|\theta_{2k}| + |\theta_{2k+1}|) \leq \sum_{k=1}^{\infty} k^{\beta-1} (|\theta_{2k}| + |\theta_{2k+1}|)$$

$$\leq \left(2 \sum_{k=1}^{\infty} k^{2\beta} (\theta_{2k}^2 + \theta_{2k+1}^2) \right)^{1/2} \left(\sum_{k=1}^{\infty} k^{-2} \right)^{1/2} < \infty.$$

Ceci implique que la série $f(x) = \sum_{j=1}^{\infty} \theta_j \varphi_j(x)$ ainsi que ses dérivées

$$f^{(j)}(x) = \sum_{k=1}^{\infty} (2\pi k)^j (\theta_{2k} \tilde{\varphi}_{2k,j}(x) + \theta_{2k+1} \tilde{\varphi}_{2k+1,j}(x)),$$

pour $j = 1, \ldots, \beta - 1$, convergent uniformément en $x \in [0, 1]$. Ici

$$\tilde{\varphi}_{2k,j}(x) = \sqrt{2} \frac{d^j}{du^j} (\cos u) \Big|_{u=2\pi kx}, \quad \tilde{\varphi}_{2k+1,j}(x) = \sqrt{2} \frac{d^j}{du^j} (\sin u) \Big|_{u=2\pi kx}.$$

Par périodicité des fonctions $\tilde{\varphi}_{m,j}$ on déduit que $f^{(j)}(0) = f^{(j)}(1)$ pour $j = 0, 1, \ldots, \beta - 1$.

Soient maintenant $\{s_m(\beta-1)\}_{m=1}^{\infty}$ les coefficients de Fourier de la fonction $f^{(\beta-1)}$. Définissons $\{s_m(\beta)\}_{m=1}^{\infty}$ à partir de $\{s_m(\beta-1)\}_{m=1}^{\infty}$ par (A.1) et (A.2) si $m \geq 2$ et posons $s_1(\beta) = 0$. D'après l'égalité de Parseval et (A.3) – (A.4), la fonction $g \in L_2[0,1]$ définie par la suite des coefficients de Fourier $\{s_m(\beta)\}_{m=1}^{\infty}$ vérifie

$$\int_0^1 g^2(x) dx = \sum_{m=1}^{\infty} s_m^2(\beta) \leq \pi^{2\beta} Q = L^2,$$

dès que $\theta \in \Theta(\beta, Q)$. Montrons maintenant que g est égale à la dérivée de la fonction $f^{(\beta-1)}$ presque partout. En effet, puisque la série de Fourier de toute fonction de $L_2[0,1]$ est intégrable terme par terme sur tout intervalle $[a, b] \subseteq [0, 1]$, on peut écrire

$$\int_a^b g(x) dx \equiv \int_a^b \sum_{k=1}^{\infty} (s_{2k}(\beta) \sqrt{2} \cos(2\pi kx) + s_{2k+1}(\beta) \sqrt{2} \sin(2\pi kx)) dx$$

$$= \sum_{k=1}^{\infty} (2\pi k)^{-1} (s_{2k}(\beta) \sqrt{2} \sin(2\pi kx) - s_{2k+1}(\beta) \sqrt{2} \cos(2\pi kx)) \Big|_a^b$$

$$= \sum_{k=1}^{\infty} (s_{2k}(\beta-1) \sqrt{2} \sin(2\pi kx) + s_{2k+1}(\beta-1) \sqrt{2} \cos(2\pi kx)) \Big|_a^b$$

$$= f^{(\beta-1)}(b) - f^{(\beta-1)}(a).$$

Ceci prouve que $f^{(\beta-1)}$ est absolument continue sur $[0,1]$ et que sa dérivée $f^{(\beta)}$ est égale à g presque partout sur $[0,1]$ par rapport à la mesure de Lebesgue. Alors, $\int_0^1 (f^{(\beta)})^2 \leq L^2$, ce qui finit la démonstration. ∎

Lemme A.4 (Inégalité de Hoeffding.) *Soient $Z_1,\ldots,Z_m$ des v.a. indépendantes telles que $a_i \leq Z_i \leq b_i$. Alors, pour tout $t > 0$,*

$$\mathbf{P}\left(\sum_{i=1}^m (Z_i - \mathbf{E}(Z_i)) \geq t\right) \leq \exp\left(-\frac{2t^2}{\sum_{i=1}^m (b_i - a_i)^2}\right).$$

DÉMONSTRATION. Il suffit d'étudier le cas où $\mathbf{E}(Z_i) = 0$, $i = 1,\ldots,m$. D'après l'inégalité de Markov, pour tout $v > 0$,

$$\mathbf{P}\left(\sum_{i=1}^m Z_i \geq t\right) \leq \exp(-vt)\mathbf{E}\left[\exp\left(v\sum_{i=1}^m Z_i\right)\right] \qquad (A.5)$$

$$= e^{-vt}\prod_{i=1}^m \mathbf{E}\left[e^{vZ_i}\right].$$

Or,

$$\mathbf{E}\left[e^{vZ_i}\right] \leq \exp(v^2(b_i - a_i)^2/8). \qquad (A.6)$$

En effet, grâce à la convexité de la fonction exponentielle,

$$e^{vx} \leq \frac{b_i - x}{b_i - a_i}e^{va_i} + \frac{x - a_i}{b_i - a_i}e^{vb_i}, \quad a_i \leq x \leq b_i.$$

En prenant les espérances et en utilisant que $\mathbf{E}(Z_i) = 0$ on obtient

$$\mathbf{E}\left[e^{vZ_i}\right] \leq \frac{b_i}{b_i - a_i}e^{va_i} - \frac{a_i}{b_i - a_i}e^{vb_i}$$

$$= (1 - s + se^{v(b_i-a_i)})e^{-sv(b_i-a_i)} \triangleq e^{g(u)},$$

où $u = v(b_i - a_i)$, $s = -a_i/(b_i - a_i)$ et $g(u) = -su + \log(1 - s + se^u)$. Il est facile de voir que $g(0) = g'(0) = 0$ et $g''(u) \leq 1/4$ pour tout u. En faisant le développement de Taylor de g, on obtient, pour un τ tel que $0 \leq \tau \leq 1$,

$$g(u) = u^2 g''(\tau u)/2 \leq u^2/8 = v^2(b_i - a_i)^2/8,$$

d'où découle (A.6). Grâce à (A.5) – (A.6),

$$\mathbf{P}\left(\sum_{i=1}^m Z_i \geq t\right) \leq e^{-vt}\prod_{i=1}^m \exp(v^2(b_i - a_i)^2/8)$$

$$= \exp\left(-\frac{2t^2}{\sum_{i=1}^m (b_i - a_i)^2}\right),$$

si l'on choisit $v = 4t / \sum_{i=1}^{m} (b_i - a_i)^2$. ∎

Notons $\mathcal{U}$ la tribu de parties de $C[0,1]$ engendrée par les ensembles cylindriques $\{Y(t_1) \in B_1, \ldots, Y(t_m) \in B_m\}$ avec les B_j boréliens de $\mathbf{R}$. Soit $\mathbf{P}_f$ la mesure de probabilité sur $(C[0,1], \mathcal{U})$ générée par le processus $\mathbf{X} = \{Y(t), 0 \leq t \leq 1\}$ vérifiant le modèle de bruit blanc gaussien (3.1) pour une fonction $f \in L_2[0,1]$. En particulier, $\mathbf{P}_0$ est la mesure qui correspond à la fonction $f \equiv 0$. Notons $\mathbf{E}_f$, $\mathbf{E}_0$ les espérances par rapport à $\mathbf{P}_f$ et $\mathbf{P}_0$ respectivement.

Lemme A.5 (Théorème de Girsanov.) *La mesure $\mathbf{P}_f$ est absolument continue par rapport à $\mathbf{P}_0$ avec pour dérivée de Radon-Nikodym*

$$\frac{d\mathbf{P}_f}{d\mathbf{P}_0}(\mathbf{X}) = \exp\left(\varepsilon^{-2} \int_0^1 f(t) dY(t) - \frac{\varepsilon^{-2}}{2} \int_0^1 f^2(t) dt \right).$$

En particulier, pour toute fonction mesurable $F : (C[0,1], \mathcal{U}) \to (\mathbf{R}, \mathcal{B}(\mathbf{R}))$,

$$\mathbf{E}_f[F(\mathbf{X})] = \mathbf{E}_0 \left[F(\mathbf{X}) \exp\left(\varepsilon^{-2} \int_0^1 f(t) dY(t) - \frac{\varepsilon^{-2}}{2} \int_0^1 f^2(t) dt \right) \right].$$

La démonstration de ce résultat est donnée, par exemple, dans Ibragimov et Hasminskii (1981), Appendix 2.

Lemme A.6 *On se place dans le cadre du § 3.4 avec le Modèle 1. Pour une constante finie $c > 0$, considérons l'estimateur*

$$\tilde{\theta} = g(y) y$$

avec

$$g(y) = 1 - \frac{c}{\|y\|^2}$$

et l'estimateur

$$\tilde{\theta}_+ = \left(1 - \frac{c}{\|y\|^2} \right)_+ y.$$

Alors, pour tout $\theta \in \mathbf{R}^d$,

$$\mathbf{E}_\theta \|\tilde{\theta}_+ - \theta\|^2 < \mathbf{E}_\theta \|\tilde{\theta} - \theta\|^2.$$

DÉMONSTRATION. Notons que $\mathbf{E}_\theta \|\tilde{\theta}_+ - \theta\|^2 < \infty$ pour tout $\theta \in \mathbf{R}^d$. Il suffit d'analyser le cas $d \geq 3$, car pour $d = 1$ et $d = 2$ on a $\mathbf{E}_\theta(\|y\|^{-2}) = +\infty$ (cf. la démonstration du Lemme 3.7) et $\mathbf{E}_\theta \|\tilde{\theta} - \theta\|^2 = +\infty$, $\forall\, \theta \in \mathbf{R}^d$. Si $d \geq 3$, l'espérance $\mathbf{E}_\theta \|\tilde{\theta} - \theta\|^2$ est finie, vu le Lemme 3.7.

On note, pour abréger, $g = g(y)$ et on écrit

$$\mathbf{E}_\theta \|\tilde{\theta} - \theta\|^2 = \mathbf{E}_\theta \left[g^2 \|y\|^2 - 2(\theta, y) g + \|\theta\|^2 \right],$$

où (θ, y) est le produit scalaire usuel entre θ et y dans $\mathbf{R}^d$. Par ailleurs,

$$\mathbf{E}_\theta \|\tilde\theta_+ - \theta\|^2 = \mathbf{E}_\theta \|ygI(g > 0) - \theta\|^2$$
$$= \mathbf{E}_\theta \left[g^2 \|y\|^2 I(g > 0) - 2(\theta, y)gI(g > 0) + \|\theta\|^2 \right].$$

Alors

$$\mathbf{E}_\theta \|\tilde\theta - \theta\|^2 - \mathbf{E}_\theta \|\tilde\theta_+ - \theta\|^2 = \mathbf{E}_\theta \left[g^2 \|y\|^2 I(g \le 0) - 2(\theta, y)gI(g \le 0) \right].$$

Si $\theta = 0$, le lemme est démontré, car le membre de droite est strictement positif. En effet, la définition du Modèle 1 implique que $\mathbf{E}_\theta \left[g^2 \|y\|^2 I(g \le 0) \right]$ est l'intégrale d'une fonction strictement positive sur un ensemble de mesure de Lebesgue non-nulle.

Soit maintenant $\theta \ne 0$. Supposons, sans perte de généralité, que $\theta_1 \ne 0$. Pour démontrer le lemme, il suffit alors de prouver que

$$-\mathbf{E}_\theta[(\theta, y)gI(g \le 0)] > 0. \tag{A.7}$$

Cette l'inégalité sera démontrée si l'on prouve que

$$-\mathbf{E}_\theta[\theta_i y_i gI(g \le 0)] > 0 \quad \text{pour tout } i \in \{1, \dots, d\} \text{ tel que } \theta_i \ne 0. \tag{A.8}$$

Montrons donc (A.8). Il suffit de le faire pour $i = 1$. En utilisant l'espérance conditionnelle, on obtient

$$-\mathbf{E}_\theta[\theta_1 y_1 gI(g \le 0)] = -\mathbf{E}_\theta \left[\theta_1 \mathbf{E}_\theta(y_1 gI(g \le 0) | y_1^2) \right]$$
$$= \mathbf{E}_\theta \left[\theta_1 \mathbf{E}_\theta(y_1 | y_1^2) \, \mathbf{E}_\theta(|g| I(g \le 0) | y_1^2) \right]. \tag{A.9}$$

Calculons l'espérance conditionnelle $\mathbf{E}_\theta(y_1 | y_1^2)$. Il est facile de voir que, pour tout $a \ge 0$,

$$\mathbf{E}_\theta(y_1 | y_1^2 = a^2) = a\mathbf{E}_\theta \left[\text{sign}(y_1) | \, |y_1| = a \right],$$

où $\text{sign}(y_1) = I(y_1 \ge 0) - I(y_1 < 0)$. Pour tout $\delta > 0$, $a \ge 0$, posons

$$E(\delta) \triangleq \mathbf{E}_\theta \left[\text{sign}(y_1) I(a \le |y_1| \le a + \delta) \right]$$
$$= \int_a^{a+\delta} \mathbf{E}_\theta \left[\text{sign}(y_1) | \, |y_1| = t \right] p(t)dt, \tag{A.10}$$

où $p(\cdot)$ est la densité de $|y_1|$. Comme $y_1 = \theta_1 + \varepsilon\xi_1$ avec $\xi_1 \sim \mathcal{N}(0, 1)$, on a

$$p(t) = \frac{1}{\varepsilon}\varphi\left(\frac{t - \theta_1}{\varepsilon}\right) + \frac{1}{\varepsilon}\varphi\left(\frac{-t - \theta_1}{\varepsilon}\right), \quad t \ge 0, \tag{A.11}$$

où φ est la densité de la loi $\mathcal{N}(0, 1)$. D'autre part,

$$E(\delta) = P_\theta(a \le y_1 \le a + \delta) - P_\theta(-a - \delta \le y_1 \le -a),$$

donc

$$E'(0) = p_{y_1}(a) - p_{y_1}(-a), \tag{A.12}$$

où $p_{y_1}(\cdot)$ est la densité de distribution de y_1, i.e.

$$p_{y_1}(a) = \frac{1}{\varepsilon} \varphi \left(\frac{a - \theta_1}{\varepsilon} \right).$$

En différenciant (A.10) en δ au point $\delta = 0$ et en utilisant (A.11) et (A.12), on obtient

$$\mathbf{E}_\theta \Big[\mathrm{sign}(y_1) \big|\, |y_1| = a \Big] = \frac{E'(0)}{p(a)}$$

$$= \frac{\varphi\left(\frac{a-\theta_1}{\varepsilon}\right) - \varphi\left(\frac{-a-\theta_1}{\varepsilon}\right)}{\varphi\left(\frac{a-\theta_1}{\varepsilon}\right) + \varphi\left(\frac{-a-\theta_1}{\varepsilon}\right)} = \tanh(a\theta_1/\varepsilon^2).$$

Il en résulte que, pour tout $a > 0$,

$$\theta_1 \mathbf{E}_\theta(y_1 | y_1^2 = a^2) = a\theta_1 \tanh(a\theta_1/\varepsilon^2) > 0, \tag{A.13}$$

car $u \tanh(u) > 0$ pour tout $u \neq 0$. Vu (A.9) et (A.13) on obtient

$$-\mathbf{E}_\theta[\theta_1 y_1 g I(g \leq 0)] = \mathbf{E}_\theta \Big[|y_1| \theta_1 \tanh(|y_1||\theta_1/\varepsilon^2) \, \mathbf{E}_\theta(|g| I(g \leq 0) | y_1^2) \Big]$$

$$= \mathbf{E}_\theta \Big[I(|y_1| < \sqrt{c}) |y_1| \theta_1 \tanh(|y_1||\theta_1/\varepsilon^2) \, \mathbf{E}_\theta(|g| I(g \leq 0) | y_1^2) \Big]. \tag{A.14}$$

En utilisant la définition du Modèle 1, il est facile de montrer que, pour $0 < a < \sqrt{c}$, $\mathbf{E}_\theta(|g| I(g \leq 0) | y_1^2 = a^2) > 0$, car il s'agit de l'intégrale d'une fonction strictement positive sur un ensemble de mesure de Lebesgue non-nulle. Cette remarque, (A.13) et (A.14) impliquent (A.8), d'où découle le lemme. ∎

Références

1. Akaike, H. (1973) Information theory and an extension of the maximum likelihood principle. Proc. 2nd Intern. Symp. Inf. Theory, Petrov P.N. and Csaki F. eds., Budapest, 267-281.

2. Assouad, P. (1983) Deux remarques sur l'estimation. *C.R. Acad. Sci. Paris*, **296**, 1021-1024.

3. Barron, A. (1986) Entropy and the central limit theorem. *Annals of Probability*, **14**, 336-342.

4. Belitser, E.N. et Levit, B.Ya. (1995) On minimax filtering on ellipsoids. *Mathematical Methods of Statistics*, **4**, 259-273.

5. Beran, R. et Dümbgen, L. (1998) Modulation estimators and confidence sets. *Annals of Statistics*, **26**, 1826-1856.

6. Bickel, P.J. et Ritov,Y. (1988) Estimating integrated squared density derivatives : sharp best order of convergence estimates. *Sankhya*, **50**, 381-393.

7. Birgé, L. (2001) A new look at an old result : Fano's Lemma. Prépublication n°.632, Laboratoire de Probabilités et Modèles Aléatoires, Universités Paris 6 - Paris 7.

8. Borovkov, A.A. (1987) *Statistique mathématique*. Mir, Moscou.

9. Bretagnolle, J. et Huber, C. (1979) Estimation des densités : risque minimax. *Z. für Wahrscheinlichkeitstheorie und verw. Geb.*, **47**, 199-137.

10. Brown, L. et Low, M. (1996). Asymptotic equivalence of nonparametric regression and white noise. *Annals of Statistics*, **24**, 2384-2398.

11. Brown, L.D., Low, M.G. et Zhao, L.H. (1997) Superefficiency in nonparametric function estimation. *Annals of Statistics*, **25**, 898-924.

12. Cavalier, L. et Tsybakov, A.B. (2001) Penalized blockwise Stein's method, monotone oracles and sharp adaptive estimation. *Mathematical Methods of Statistics*, **10**, 247-282.

13. Csiszár, I. (1967) Information-type measures of difference of probability distributions and indirect observations. *Studia Sci. Math. Hungarica*, **2**, 299-318.

14. Devroye, L. et Györfi, L. (1985) *Nonparametric Density Estimation : the L_1 View*. Springer, New York.

15. Donoho, D.L. et Johnstone, I.M. (1995) Adapting to unknown smoothness via wavelet shrinkage. *J.Amer. Statist. Assoc.*, **90**, 1200-1224.

16. Efroimovich, S.Yu. et Pinsker, M.S. (1984) Learning algorithm for nonparametric filtering. *Automation and Remote Control*, **11**, 1434-1440.

17. Efromovich, S. (1999) *Nonparametric Curve Estimation*. Springer, New York.

18. Fano, R.M. (1952) Class Notes for Transmission of Information. Course 6.574, MIT, Cambridge, Massachusetts.

19. Golubev, G.K. (1987) Adaptive asymptotically minimax estimates of smooth signals. *Problems of Information Transmission*, **23**, 57-67.

20. Golubev, G.K. et Nussbaum, M. (1992) Adaptive spline estimates in a nonparametric regression model. *Theory of Probability and its Applications*, **37**, 521-529.

21. Gushchin, A.A. (2002) On Fano's lemma and similar inequalities for the minimax risk. *Probability Theory and Mathematical Statistics*, **67**, 26-37.

22. Györfi, L., Kohler, M., Krzyżak, A. et Walk, H. (2002) *A Distribution-Free Theory of Nonparametric Regression*. Springer, New York.

23. Härdle, W., Kerkyacharian, G., Picard, D. et Tsybakov, A. (1998). *Wavelets, Approximation and Statistical Applications*. Lecture Notes in Statistics, n°. 129. Springer, New York.

24. Hart, J.D. (1997) *Nonparametric Smoothing and Lack-of-Fit Tests*. Springer, New York.

25. Hernández, E. et Weiss, G. (1996) *A First Course on Wavelets*. CRC Press, Boca Raton, New York.

26. Hoffmann, M. (1999) Adaptive estimation in diffusion processes. *Stochastic Processes and their Applications*, **79**, 135-163.

27. Ibragimov, I.A. et Hasminskii, R.Z. (1981) *Statistical Estimation : Asymptotic Theory*. Springer, New York.

28. Ibragimov, I.A. et Hasminskii, R.Z. (1982) On the bounds for quality of nonparametric regression estimation. *Theory of Probability and its Applications*, **27**, 81-94.

29. Ibragimov, I.A. et Hasminskii, R.Z. (1984) Asymptotic bounds on the quality of the nonparametric regression estimation in L_p. *J. of Soviet Mathematics*, **25**, 540-550.

30. Ibragimov, I.A., Nemirovskii, A.S. et Hasminskii, R.Z. (1986) Some problems of nonparametric estimation in Gaussian white noise. *Theory of Probability and its Applications*, **31**, 451-466.

31. James, W. et Stein, C. (1961) Estimation with quadratic loss. *Proc. Fourth Berkeley Symp. Math. Statist. Prob.*, **1**, 311-319.

32. Johnstone, I. M. (1998) *Function Estimation in Gaussian Noise : Sequence Models*. http ://www-stat.stanford.edu/

33. Kemperman, J. (1969) On the optimum rate of transmitting information. *Probability and Information Theory*, Lecture Notes in Mathematics, n°. 89. Springer, Berlin, 126-169.

34. Korostelev, A.P. et Tsybakov, A.B. (1993) *Minimax Theory of Image Reconstruction*. Lecture Notes in Statistics, n°. 82. Springer, New York.

35. Kuks, J.A. et Olman,V. (1971) A minimax linear estimator of regression coefficients. *Izv. Akad. Nauk Eston. SSR*, **20**, 480-482.

36. Kullback, S. (1967) A lower bound for discrimination information in terms of variation. *IEEE Trans. on Information Theory*, **13**, 126-127.

37. Le Cam, L. (1953) On some asymptotic properties of maximum likelihood and related Bayes estimates. *Univ. of California Publications in Statist.*, **1**, 277-330.

38. Le Cam, L. (1973) Convergence of estimates under dimensionality restrictions. *Annals of Statistics*, **1**, 38-53.

39. Lehmann, E.L. et Casella, G. (1998) *Theory of Point Estimation*. Springer, New York.

40. Lepski, O., Nemirovski, A. et Spokoiny,V. (1999) On estimation of the L_r norm of a regression function. *Probability Theory and Related Fields*, **113**, 221-253.

41. Mallat, S. (1999) *A Wavelet Tour of Signal Processing*. Academic Press, New York.

42. Mallows, C.L. (1973) Some comments on C_p. *Technometrics*, **15**, 661-675.

43. Meyer, Y. (1990) *Ondelettes et opérateurs*. Hermann, Paris.

44. Nadaraya, E. (1964) On estimating regression. *Theory of Probabilty and its Applications*, **9**, 141-142.

45. Nemirovskii, A.S. (1990) On necessary conditions for the efficient estimation of functionals of a nonparametric signal which is observed in white noise. *Theory of Probability and its Applications*, **35**, 83-91.

46. Nemirovski, A. (2000) *Topics in Non-parametric Statistics*. Ecole d'Eté de Probabilités de Saint-Flour XXVIII - 1998. Lecture Notes in Mathematics, n°. 1738. Springer, New York.

47. Nussbaum, M. (1985) Spline smoothing in regression models and asymptotic efficiency in L_2. *Annals of Statistics*, **13**, 984-997.

48. Parzen, E. (1962) On the estimation of a probability density function and mode. *Annals of Mathematical Statistics*, **33**, 1065-1076.

49. Pinsker, M.S. (1964) *Information and Information Stability of Random Variables and Processes*. Holden-Day, San Francisco.

50. Pinsker, M.S. (1980) Optimal filtering of square integrable signals in Gaussian white noise. *Problems of Information Transmission*, **16**, 120-133.

51. Polyak, B.T. et Tsybakov, A.B. (1990) Asymptotic optimality of C_p-criterion in projection-type regression estimation. *Theory of Probability and its Applications*, **35**, 293-306.

52. Rosenblatt, M. (1956) Remarks on some nonparametric estimates of a density function. *Annals of Mathematical Statistics*, **27**, 832-837.

53. Stein, C. (1956) Inadmissibility of the usual estimator of the mean of a multivariate distribution. *Proc. Third Berkeley Symp. Math. Statist. Prob.*, **1**, 197-206.

54. Stein, C.M. (1981) Estimation of the mean of a multivariate normal distribution. *Annals of Statistics*, **9**, 1135-1151.

55. Stone, C.J. (1980) Optimal rates of convergence for nonparametric estimators. *Annals of Statistics*, **8**, 1348-1360.

56. Stone, C.J. (1982) Optimal global rates of convergence for nonparametric regression. *Annals of Statistics*, **10**, 1040-1053.

57. Stone, C.J. (1984) An asymptotically optimal window selection rule for kernel density estimates. *Annals of Statistics*, **12**, 1285-1297.

58. Strawderman, W.E. (1971) Proper Bayes minimax estimators of the multivariate normal mean. *Annals of Mathematical Statistics*, **42**, 385-388.

59. Szegö, G. (1975) *Orthogonal Polynomials*. AMS, Providence, Rhode Island.

60. Vajda, I. (1986) *Theory of Statistical Inference and Information*. Kluwer, Dordrecht.

61. Wand, M.P. et Jones, M.C. (1995) *Kernel Smoothing*. Chapman and Hall, London.

62. Watson, G. (1964) Smooth regression analysis. *Sankhya, Ser.A*, **26**, 359-372.

Index

Druck und Bindung: Strauss Offsetdruck GmbH